Martin Krause

Entwurf eines vollimplantierbaren Sensor-Aktor-Wandlerbausteins für die apparative Hörrehabilitation

TUDpress

Studientexte zur Sprachkommunikation
Hg. von Rüdiger Hoffmann
ISSN 0940-6832
Bd. 70

Martin Krause

Entwurf eines vollimplantierbaren Sensor-Aktor-Wandlerbausteins für die apparative Hörrehabilitation

TUD*press*
2013

Die vorliegende Arbeit wurde unter dem Titel „Entwurf eines vollimplantierbaren Sensor-Aktor-Wandlerbausteins für die apparative Hörrehabilitation" von der Fakultät Elektrotechnik und Informationstechnik der Technischen Universität Dresden zur Erlangung des akademischen Grades eines Doktoringenieurs (Dr.-Ing.) als Dissertation genehmigt.

Vorsitzender: Prof. Dr.-Ing. habil. H. Malberg, TU Dresden

Gutachter: Prof. Dr.-Ing. habil. Rüdiger Hoffmann, TU Dresden
Prof. Dr.-Ing. habil. R. Werthschützky, TU Darmstadt

Tag der Einreichung: 19. März 2013
Vortrag mit Kolloquium: 10. September 2013

Bibliografische Information der Deutschen Nationalbibliothek
Die Deutsche Nationalbibliothek verzeichnet diese Publikation in der Deutschen Nationalbibliografie; detaillierte bibliografische Daten sind im Internet über http://dnb.d-nb.de abrufbar.

Bibliographic information published by the Deutsche Nationalbibliothek
The Deutsche Nationalbibliothek lists this publication in the Deutsche Nationalbibliografie; detailed bibliographic data are available in the Internet at http://dnb.d-nb.de.

ISBN 978-3-944331-31-7

Verlag der Wissenschaften GmbH
Bergstr. 70 | D-01069 Dresden
Tel.: +49 351 47969720 | Fax: +49 351 47960819
http://www.tudpress.de

Gesetzt vom Autor.
Printed in Germany.

Inhaltsverzeichnis

Größen, Einheiten und Benennungen

Größen und Einheiten

Symbol	Einheit	Bezeichnung
A	m^2	Fläche
A_{Eff}	m^2	mechanisch-akustischer Wandlerfaktor
A_r	dB	Amplitudenreserve
b	m	Breite
C	F	Kapazität
d	m	Durchmesser
d	C / N	piezoelektrische Ladungskonstante
D	dB	Einbaudämpfung
E	Pa	Elastizitätsmodul
f	Hz	Frequenz
F	N	Kraft
g	dB	Hörverstärkung
h	m	Höhe
h_L	m / Ns	mechanische Admittanz
$\underline{H}(f)$		komplexe Übertragungsfunktion
i	A	elektrischer Strom
k		elektromechanischer Kopplungsfaktor
l	m	Länge
L	H	Induktivität
L_P	dB	Schalldruckpegel
m	kg	Masse
M_{Ak}	kg / m^4	akustische Masse
n_K	m / N	mechanische Nachgiebigkeit
N_L		Lochanzahl
N_{Ak}	m^3 / Pa	akustische Nachgiebigkeit
p	Pa	Schalldruck
q	m^3 / s	Schallfluss/Volumenstrom
Q	C	elektrische Ladung
r	m	Radius
R	Ω	ohmscher Widerstand
s		Schichtanzahl
s	$m \cdot s^2 / kg$	elastische Konstante
t	s	Zeit
u	V	elektrische Spannung
$\ddot{u}$		Übersetzungsverhältnis
v	m / s	Geschwindigkeit

Symbol	Einheit	Bezeichnung
υ		Sensor-Aktor-Verstärkung, Reglerverstärkung
V	m^3	Volumen
w		Führungsgröße
x		Impedanz-Transformationsfaktor
X	Pa / V	elektrisch-akustischer Wandlerfaktor
Y	m / As	piezoelektrischer Wandlerfaktor
z	Ns / m	mechanische Impedanz
Z	Ns / m^5	akustische Impedanz
α	°	Winkel
γ_M		Restriktionsparameter
ε	As / Vm	Permittivität
ρ	m^3 / Pa	Dichte
φ	°	Phasenwinkel
ν		Querkontraktionszahl
ξ	m	Auslenkung/Stellweg
ω	Hz	Kreisfrequenz

Darstellungen

$\bar{x}$	Mittelwert
$\tilde{x}$	Amplitude gepulster Sinussignale
$\underline{x}$	komplexe Amplitude

Konstanten

Imaginäre Einheit	$j = \sqrt{-1}$
Kreiszahl	$\pi = 3,14159...$
Dichte von Luft (20°C)	$\rho_{Luft} = 1,2 \text{ kg} / \text{m}^3$
Erdbeschleunigung	$g = 9,81 \text{ m} / \text{s}^2$
Normaldruck	$p_0 = 101,3 \text{ kPa}$
Adiabatenkoeffizient (20°C)	$\kappa = 1,4$
elektrische Feldkonstante	$\varepsilon_0 = 8,854 \cdot 10^{-12} \text{ As} / \text{Vm}$

Abkürzungen

HdO	Hinter-dem-Ohr
IO	Im-Ohr
KE	Kompensationseinheit
FE	Finite-Elemente
TI / VI	teilimplantierbar / vollimplantierbar
PZT	Blei-Zirkonat-Titanat
PZN	Blei-Zirkonat-Niobat
PMN	Blei-Magnesium-Niobat

Indizes

TF	Trommelfell
Ak	Akustik
Amb	Amboss
St	Steigbügel
St,C	Steigbügel und Cochlea
S	Sensor
A	Aktor
KE	Kompensationseinheit
G	Gehäuse
0	Resonanzfrequenz
Orig	Originalmaßstab
Makro	makroskopischer Maßstab (10:1)

Vorwort

Die vorliegende Arbeit entstand während meiner wissenschaftlichen Tätigkeit am Lehrstuhl für Mikrosystemtechnik der Technischen Universität Dresden. An dieser Stelle möchte ich mich bei den Mitarbeitern der Arbeitsgruppe „Elektromechanische Systeme“ Dr. Eric Starke, Andreas Kunadt und Dr. Uwe Marschner bedanken, die mich durch zahlreiche Diskussionen unterstützt haben. Weiterhin danke ich allen Mitarbeitern des Lehrstuhles für Mikrosystemtechnik für die gute Zusammenarbeit.

Mein besonderer Dank gilt Herrn Prof. Dr.-Ing. habil. Günther Pfeifer. Er gab mir die Möglichkeit das interessante Thema dieser Arbeit zu untersuchen und hat diese Arbeit intensiv begleitet.

Ich danke zudem Herrn Prof. Dr.-Ing. habil. Rüdiger Hoffmann, Inhaber der Professur für Systemtheorie und Sprachtechnologie (IAS) an der Technischen Universität Dresden, für die Betreuung und Begutachtung dieser Arbeit. Herrn Prof. Dr.-Ing. habil. Roland Werthschützky vom Institut für Elektromechanische Konstruktionen (EMK) der Technischen Universität Darmstadt danke ich für die Übernahme des Zweitgutachtens.

Schließlich möchte ich mich bei meiner Familie und meinen Freunden bedanken, die mich während dieser Zeit stets unterstützt haben. Meiner Schwester Julia danke ich insbesondere für das Korrekturlesen des Manuskripts.

1 Motivation und Zielstellung

Motivation

Zur Behandlung von Schwerhörigkeiten werden neben externen Hörgeräten zunehmend auch teil- und vollimplantierbare Mittelohr-Hörsysteme eingesetzt. Diese kommen vor allem bei Hörstörungen des Mittelohrs, aber auch bei Innenohrschäden zum Einsatz. Gegenüber externen Hörgeräten besitzen implantierbare Systeme den Vorteil, dass sie den Gehörgang nicht verschließen. Dadurch werden Töne wie beispielsweise die eigene Stimme nicht verfälscht und Entzündungen im Gehörgang vermieden. Darüber hinaus sind im Besonderen vollimplantierbare Hörsysteme von außen nicht sichtbar. Sie können daher auch bei rauen Umgebungsbedingungen am Arbeitsplatz oder bei Freizeitaktivitäten getragen werden. Als Beispiele seien Staubarbeitsplätze oder Schwimmbäder genannt. Einen weiteren Vorteil von Mittelohr-Hörsystemen stellt die Möglichkeit zur Versorgung von Schallleitungsstörungen, wie sie beispielsweise bei einer Unterbrechung der Gehörknöchelchenkette auftreten, dar.

Bisher existieren nur wenige vollimplantierbare Systeme, d. h. mit implantierten Sensor- und Aktoreinheiten sowie implantierter Prozessoreinheit. Alle bekannten implantierbaren Hörsysteme arbeiten mit räumlich voneinander getrennten Sensoren und Aktoren. Weiterhin müssen die Systeme aufwendig in der Knochenhöhle des Mittelohres verankert werden. Bislang erfordert die Implantation solcher Hörsysteme aufgrund der getrennten Positionierung und Verankerung von Sensor- und Aktoreinheit ein hohes handwerkliches Können des Operateurs.

Zielstellung der Arbeit

Ausgehend von den Nachteilen aktueller Mittelohr-Hörsysteme wird in dieser Arbeit ein neuartiges Mittelohr-Hörsystem zur Versorgung von Schwerhörigkeiten untersucht. Das Besondere an diesem Hörsystem ist, dass die elektromechanischen Sensoren und Aktoren in einem gemeinsamen Gehäuse untergebracht sind. Abbildung 1.1 zeigt den Vorteil dieser einteiligen Lösung. Der Sensor-Aktor-Wandlerbaustein kann zwischen die Gehörknöchelchen Amboss und Steigbügel des Mittelohres geklemmt werden und ist somit nach Koch et al. [KO13] einfacher zu implantieren.

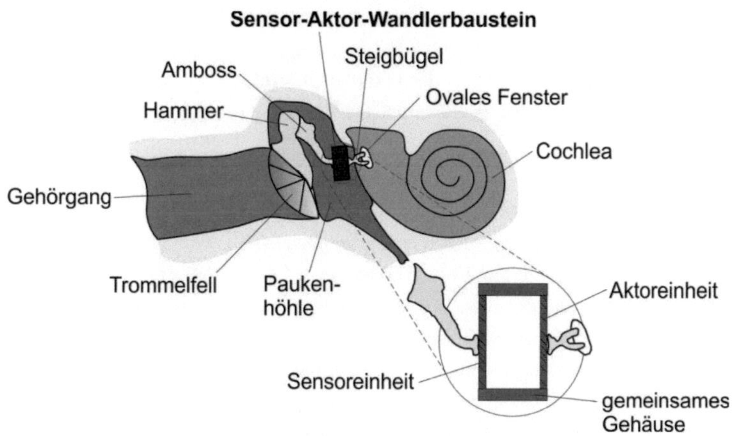

Abbildung 1.1: Einbauposition des Sensor-Aktor-Wandlerbausteins im Mittelohr

Weiterhin existiert zwischen dem Wandlerbaustein und der umgebenden Paukenhöhle keine feste Verbindung. Ausschließlich die elektrischen Leitungen werden zu einer Elektronikeinheit außerhalb des Wandlerbausteins geführt. Im Gegensatz zu anderen Mittelohr-Hörsystemen können bei dem Wandlerbaustein aufgrund des fehlenden Festlagers mechanische Schwingungen leicht von der Aktoreinheit über das gemeinsame Gehäuse zur Sensoreinheit übertragen werden. Diese mechanischen Rückkopplungen können ein Aufschwingen des Wandlerbausteins verursachen. Ein sehr schweres Gehäuse würde eine Reduzierung der Rückkopplung bewirken, jedoch gleichzeitig eine zu hohe mechanische Belastung für die Gehörknöchelchen darstellen.

Um dennoch eine mit anderen Mittelohr-Hörsystemen vergleichbare Hörverstärkung bei gleichzeitig stabilem Schwingungsverhalten des Wandlerbausteins zu gewährleisten, muss eine weitere Aktoreinheit mit einem elektromechanischen Antrieb in das Gehäuse eingebracht werden. Aufgabe dieser Einheit ist es, durch eine entgegengesetzt gerichtete Wegstellung am Gehäuse bzw. Krafteinleitung in das Wandlergehäuse die vom Aktor verursachte Gehäusebewegung zu reduzieren. Auf diese Weise kompensiert diese Einheit, folgend Kompensationseinheit (KE) genannt, die mechanische Rückkopplung auf den Sensor. Damit hat die KE die gleiche Wirkung wie ein schweres Gehäuse - die Rückkopplung ist geringer und ein Aufschwingen des Wandlerbausteins wird verhindert. Gleichzeitig bildet ein stabilisiertes Gehäuse ein virtuelles Stützlager für den Aktor und ermöglicht eine frequenzabhängige Anhebung der Hörverstärkung. Derartige, plattformstabilisierende Antriebe bzw. Systeme zur virtuellen Masseerhöhung kommen bereits erfolgreich in Kameras oder Raumstationen zum Einsatz. Abbildung 1.2 zeigt die Erweiterung des Wandlerbausteins um die Kompensationseinheit.

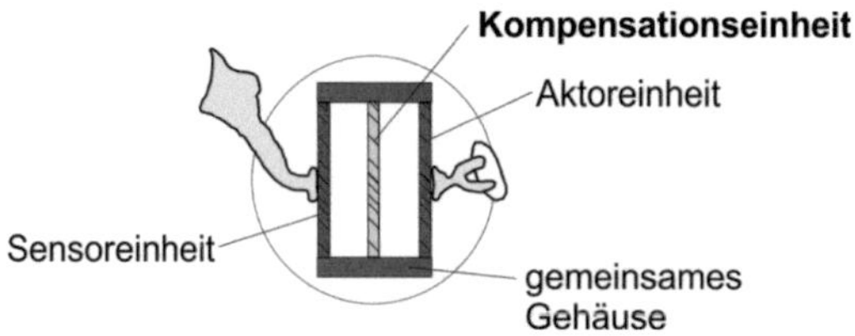

Abbildung 1.2: Sensor-Aktor-Wandlerbaustein mit Erweiterung um die Kompensationseinheit zur virtuellen Masseerhöhung

Da kein Hörsystem mit einer vergleichbaren Struktur existiert, gibt es bisher keine Aussagen über das Verhalten eines derartigen Wandlerbausteins. Es ist unklar, ob eine aktive Gehäusestabilisierung auch für den Einsatz in einem Hörsystem geeignet ist. Ziel dieser Arbeit ist die Analyse der Eignung des implantierbaren Sensor-Aktor-Wandlerbausteins mit KE für die apparative Hörrehabilitation. Die Ergebnisse dieser Arbeit sollen zudem zum Verständnis der komplexen Funktionsweise des neuartigen Wandlerbausteins beitragen und Parameter, die dessen dynamisches Verhalten beeinflussen, hervorheben.

Methodik

Um die Eignung des Sensor-Aktor-Wandlerbausteins als Mittelohr-Hörsystem zu untersuchen, muss zunächst die optimale Struktur des Wandlerbausteins herausgestellt werden. Dies kann nur durch einen simulationsgestützten und strukturierten Entwurfsprozess erfolgen, der die Analyse aller Bauteile des Wandlerbausteins, d. h. des Sensors, Aktors und der KE, einschließt. Als geeignete Entwurfsmethode wurde die Kombinierte Simulation [LE10] ausgewählt, welche die Vorteile von Netzwerk- und Finite-Elemente-Methoden (FE-Methoden) verbindet. Die Methode ermöglicht innerhalb kurzer Zeit die Auswahl geeigneter Bauteilstrukturen sowie deren gezielte Optimierung durch die Betrachtung einer Vielzahl von möglichen Varianten. Dabei steht stets die fertigungstechnische Machbarkeit der Strukturen im Vordergrund. Ein Schwerpunkt im simulationsgestützten Entwurfsprozess ist die Analyse der KE zur virtuellen Vergrößerung der Gehäusemasse. Anhand von Simulationen wird die bestmögliche Struktur dieser Einheit herausgestellt sowie der Einfluss verschiedener Parameter auf deren Kompensationswirkung untersucht.

Der Entwurfsprozess wird durch Messungen an einem Experimentalmodell des Wandlerbausteins abgeschlossen. Anhand der Messergebnisse lässt sich die durch den Wandlerbaustein erreichbare Hörverstärkung mit und ohne KE ermitteln. Basierend auf den Messergebnissen kann eine Aussage darüber getroffen werden, ob der Wandlerbaustein als vollimplantierbares Mittelohr-Hörsystem geeignet ist und von welchen Parametern die maximal erreichbare Hörverstärkung abhängt.

Gliederung der Arbeit

Zur Bestimmung der vom Sensor-Aktor-Wandlerbaustein zu erzielenden Hörverstärkung wird in Kapitel 2 der Aufbau, die Funktionsweise sowie die Leistungsfähigkeit externer Hörgeräte und aktueller Mittelohr-Hörsysteme zusammengefasst. Anschließend werden in Kapitel 3 die an den Wandlerbaustein angrenzenden Impedanzen des Mittel- und Innenohres mit Hilfe einer Literaturanalyse untersucht und durch ein bekanntes Netzwerkmodell abgebildet.

Der Aufbau des Wandlerbausteins unterscheidet sich stark von dem existierender Mittelohr-Hörsysteme. Kapitel 4 beschreibt daher die Struktur und Funktionsweise des Wandlerbausteins im Detail sowie die spezifischen Herausforderungen, die mit dem neuartigen Aufbau einhergehen. In diesem Kapitel werden zudem die für den Entwurfsprozess geltenden technischen Spezifikationen definiert.

Der simulationsgestützte Entwurf des Wandlerbausteins mit Netzwerk- und FE-Methoden ist ein Schwerpunkt dieser Arbeit. In Kapitel 5 wird der Wandlerbaustein bzw. dessen einzelne Komponenten mit Hilfe von Netzwerk- und FE-Modellen abgebildet. Anschließend erfolgt in Kapitel 6 die Auswahl und Optimierung der einzelnen Bauteile hinsichtlich ihrer Aufgabe im Wandlerbaustein. Für die Auswahl einer geeigneten KE sind zusätzlich eine Strukturanalyse sowie die Betrachtung von Parametern, die die Kompensationswirkung beeinflussen, notwendig.

Ein weiterer Kernpunkt dieser Arbeit ist die Untersuchung des dynamischen Verhaltens eines physikalischen Experimentalmodells des Wandlerbausteins in Kapitel 7. Dabei steht besonders der Vergleich der erreichbaren Hörverstärkung bei inaktiver und aktiver KE im Vordergrund. Zudem wird der Einfluss verschiedener Parameter auf die Hörverstärkung analysiert. Den Abschluss der Betrachtungen bildet ein Ausblick auf mögliche Herausforderungen bei der Miniaturisierung des Wandlerbausteins in Kapitel 8. Eine Zusammenfassung der wichtigsten Ergebnisse dieser Arbeit gibt Kapitel 9.

2 Externe Hörgeräte und implantierbare Mittelohr-Hörsysteme

In dieser Arbeit wird ein neuartiges vollimplantierbares Mittelohr-Hörsystem zur Versorgung von Schwerhörigkeiten untersucht. Implantierbare Mittelohr-Hörsysteme werden nach Büchner [BU09] bereits zur Versorgung von Schallleitungsschwerhörigkeiten, Innenohrschwerhörigkeiten sowie kombinierten Hörstörungen eingesetzt. Aufbau, Funktionsweise und erzielbare Hörverstärkung dieser implantierbaren Hörsysteme unterscheiden sich dabei stark von denen klassischer externer Hörgeräte.

Dieses Kapitel beschreibt zunächst die Funktionsweise und Leistungsfähigkeit externer Hörgeräte unterschiedlicher Bauform. Vor- und Nachteile dieser Geräte werden anschließend denen aktueller implantierbarer Mittelohr-Hörsysteme gegenübergestellt. Die von den Mittelohr-Hörsystemen erzielte Hörverstärkung dient schließlich als Referenz für den Entwurf des neuartigen vollimplantierbaren Wandlerbausteins.

2.1 Externe Hörgeräte

Externe Hörgeräte zur Versorgung von Schwerhörigkeiten lassen sich hinsichtlich ihrer Bauform in die Gruppen „Hinter-dem-Ohr-Geräte“ (HdO-Geräte) und „Im-Ohr-Geräte“ (IO-Geräte) einteilen. Dabei besitzen HdO-Geräte mit ca. 90 % den dominierenden Marktanteil [KI09]. Basierend auf der Arbeit von Kießling [KI09] wird folgend der Aufbau und die Funktionsweise dieser beiden externen Hörgerätetypen näher erläutert.

Hinter-dem-Ohr-Geräte

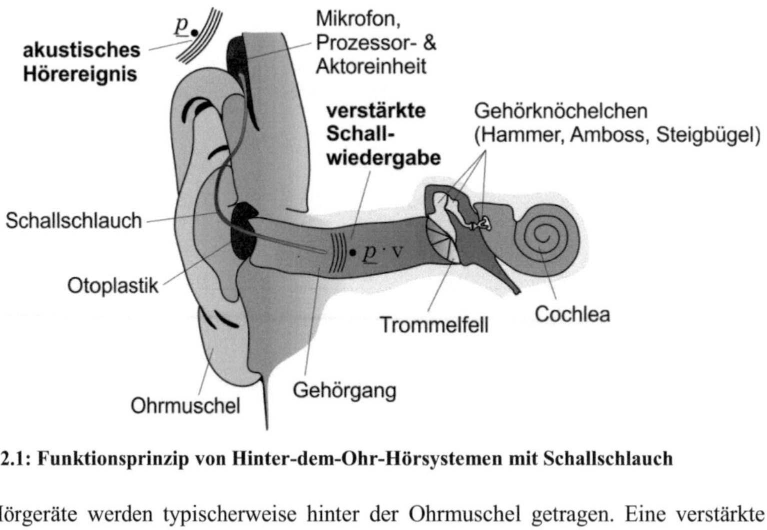

Abbildung 2.1: Funktionsprinzip von Hinter-dem-Ohr-Hörsystemen mit Schallschlauch

HdO-Hörgeräte werden typischerweise hinter der Ohrmuschel getragen. Eine verstärkte Wahrnehmung von Hörereignissen wird bei diesen Geräten durch die Erhöhung des dargebotenen akustischen Schalldruckes $\underline{p}$ am Trommelfell bewirkt. Das Funktionsprinzip dieses Hörgerätetyps zeigt

Abbildung 2.1. Der Schalldruck wird von einem Mikrofon im Gerät aufgenommen und in ein elektrisches Signal umgewandelt. Das um den Faktor v verstärkte und mit einer Signalverarbeitung angepasste Signal wird anschließend von einem Lautsprecher wiedergegeben. Mittels eines dünnen Schallschlauches wird das Schallsignal über den Gehörgang zum Trommelfell geleitet. Ein Nachteil von HdO-Geräten mit Schallschlauch ist, dass die Übertragungsfunktion des Schlauches das vom Aktor erzeugte Schallsignal verändert. Diese Änderungen müssen durch die Prozessoreinheit kompensiert werden.

Bei dieser Art von Hörsystemen ist der Gehörgang durch ein Ohrpassstück (Otoplastik) verschlossen. Durch geeignete Signalverarbeitungsalgorithmen zur Rückkopplungsunterdrückung lassen sich mittlerweile auch offene Otoplastiken realisieren, die den Gehörgang nicht luftdicht abschließen. Dadurch ergibt sich die Möglichkeit, durch Anpassungen an der Otoplastik (z. B. Bohrungen in der Otoplastik) die Wiedergabeeigenschaften von Hörgeräten gezielt zu beeinflussen. Zudem ermöglichen offene Otoplastiken eine natürlichere Wahrnehmung der eigenen Stimme.

Ex-Hörer-Geräte

Bei einer weiteren Variante von HdO-Geräten befindet sich der Aktor des Systems im Gehörgang. Auf diese Weise wird Signaländerungen durch den Schallschlauch begegnet. Abbildung 2.2 zeigt schematisch den Aufbau dieses Hörgerätetyps.

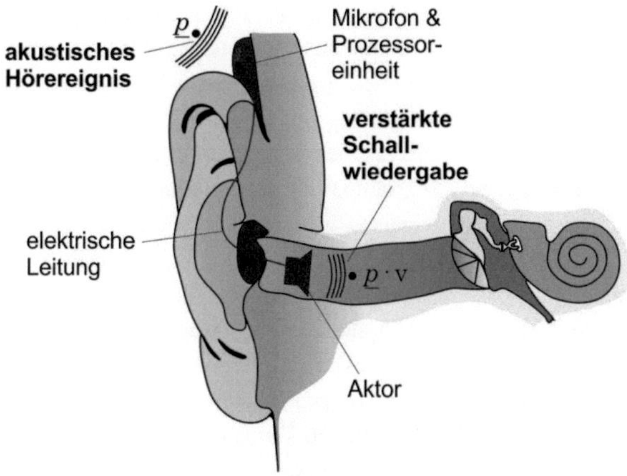

Abbildung 2.2: Funktionsprinzip von Hinter-dem-Ohr-Hörsystemen mit externem Aktor im Gehörgang

In Verbindung mit einer offenen Otoplastik bietet dieser Hörgerätetyp den Vorteil eines direkten Schalleinfalls von außen auf das Trommelfell sowie die verstärkte Schallwiedergabe durch den Aktor am Trommelfell. Durch die Auslagerung des Aktors kann zudem die Baugröße der Hörgeräteeinheit hinter dem Ohr reduziert werden [KI09].

Die seit Jahrzenten zur Versorgung von Schwerhörigkeiten eingesetzten und stets weiterentwickelten HdO-Hörsysteme ermöglichen derzeit Hörverstärkungen von bis zu $g = 80\text{ dB}$. Die dabei erzeugten Schalldruckpegel am Trommelfell (TF) betragen bis zu $L_{\text{P,TF}} = 140\text{ dB}$ [SI12].

Im-Ohr-Geräte

Eine weitere Bauform externer Hörgeräte stellen IO-Geräte dar. Meist sind sie dabei als Gehörganggeräte ausgeführt [KI09]. Das Mikrofon befindet sich auf der Seite der Ohrmuschel, der Aktor befindet sich wie bei Ex-Hörer-Geräten nahe am Trommelfell. Die Positionierung dieses Gerätetyps im Gehörgang zeigt Abbildung 2.3.

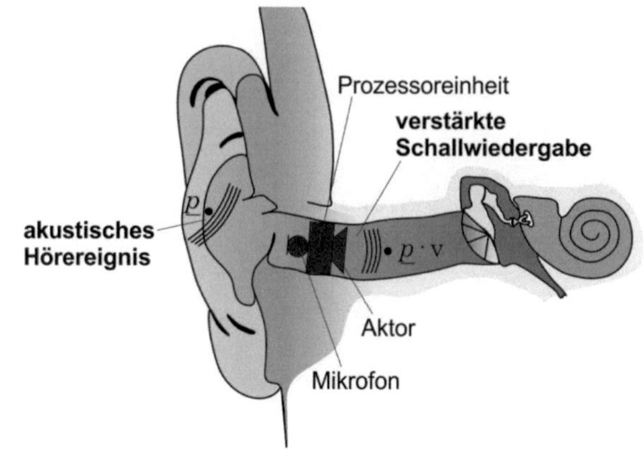

Abbildung 2.3: Position von Im-Ohr-Geräten im Gehörgang

Vorteil dieses Hörgerätetyps ist, dass die Schallaufnahme näher am Trommelfell als bei HdO-Geräten erfolgt. Die Schallaufnahme entspricht somit eher dem natürlichen Hörvorgang. Weiterhin sind IO-Geräte aufgrund ihrer geringen Baugröße und Position im Gehörgang kaum sichtbar. Nachteil ist jedoch, dass der Gehörgang durch das Hörsystem zum Großteil verschlossen wird und Verschlusseffekte, wie z. B. die Verfälschung der eigenen Stimme, auftreten können. Die Leistung von IO-Geräten ist vergleichbar mit der von HdO-Geräten. Nach [SI12] sind Hörverstärkungen von $g = 70\,\mathrm{dB}$ sowie Schalldruckpegel am Trommelfell von bis zu $L_{\mathrm{P,TF}} = 128\,\mathrm{dB}$ möglich.

Der Vorteil von aktuellen externen Hörsystemen besteht somit in den sehr hohen erreichbaren Hörverstärkungen bzw. Schalldruckpegeln am Trommelfell. Desweiteren lassen sich mit Hilfe der Signalverarbeitung in Hörgeräten bestimmte Hörereignisse, wie z. B. Sprachereignisse, herausfiltern (Klassifikation des Hörereignisses) und besonders verstärken sowie Richtungsinformationen über das Hörereignis durch die Auswertung mehrerer Mikrofonsignale gewinnen [KI09].

Der Nachteil von externen Hörsystemen ist, dass sie nach Maurer [MA09] meist nicht bei rauen Umgebungsbedingungen eingesetzt werden können. Dazu zählen beispielsweise staubige Arbeitsplätze oder auch Freizeitaktivitäten wie Schwimmen. Ein weiterer Nachteil ist die von Trägern externer Hörgeräte empfundene soziale Stigmatisierung [MA09]. Zudem können externe Geräte nicht zur Versorgung von Schwerhörigkeiten eingesetzt werden, bei denen z. B. die Gehörknöchelchenkette im Mittelohr unterbrochen ist [BU09].

2.2 Implantierbare Mittelohr-Hörsysteme

Implantierbare Mittelohr-Hörsysteme lassen sich nach Maurer [MA09] in teil- und vollimplantierbare Geräte unterscheiden. Die Mittelohr-Hörsysteme unterscheiden sich in ihrem Aufbau und ihrer Leistungsfähigkeit voneinander. Als Sensoren und Aktoren kommen verschiedene Wandlermechanismen zum Einsatz. Auch die Position der zum Einsatz kommenden Wandler ist variabel. In diesem Abschnitt werden die Funktionsweise dieser Hörgeräteart sowie einige aktuelle Vertreter vorgestellt.

Funktionsweise

Alle teil- und vollimplantierbaren Mittelohr-Hörsysteme sind dadurch gekennzeichnet, dass sie die in den Gehörknöchelchen wirkende mechanische Kraft $\underline{F}$ verstärken. Abbildung 2.4 zeigt die prinzipielle

Funktionsweise der Kraftverstärkung am Beispiel eines teilimplantierbaren Systems, dessen Aufbau dem des „MET“-Systems von Otologics[1] entspricht.

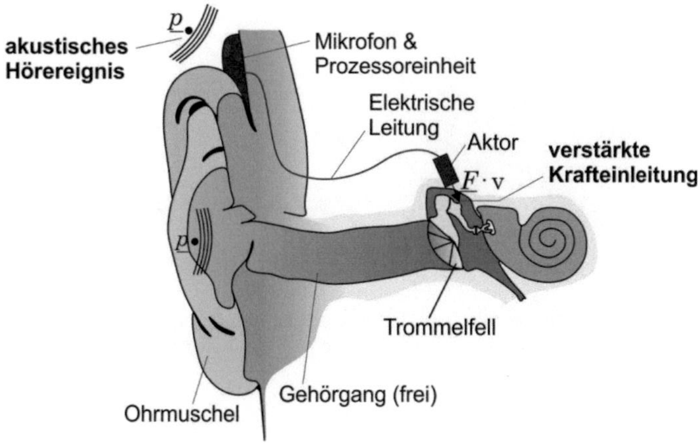

Abbildung 2.4: Kraftverstärkung von Mittelohr-Hörsystemen am Beispiel eines teilimplantierbaren Gerätes (schematischer Aufbau entspricht dem des MET-Systems)

Das akustische Hörereignis wird von einem Mikrofon oder einem elektromechanischen Aktor in ein elektrisches Signal umgewandelt und anschließend in der Prozessoreinheit verstärkt. Im Gegensatz zu rein externen Hörsystemen wird das elektrische Signal jedoch nicht in ein akustisches Signal zurückgewandelt, sondern zu einem elektromechanischen Aktor geleitet, der mit den Gehörknöchelchen des Mittelohres verbunden ist. Der Aktor wandelt das elektrische Signal schließlich in eine mechanische Kraft $\underline{F} \cdot v$, die in die Gehörknöchelchen eingeleitet wird. Auf die Weise erzielt das Hörsystem eine Verstärkung der ehemals akustischen Druckanregung am Trommelfell. Der Vorteil implantierbarer Mittelohr-Hörsysteme ist, dass der natürliche Schallpfad über das Trommelfell und die Gehörknöchelchen bis hin zum Innenohr weiterhin erhalten bleibt.

Zur Angabe der Hörverstärkung von Mittelohr-Hörsystemen wird die verstärkte Krafteinleitung häufig auf den äquivalenten Schalldruckpegel $L_{\mathrm{P,Äq}}$ zurückgeführt. Dieser entspricht dabei dem Schalldruckpegel $L_{\mathrm{P,TF}}$, der auf das Trommelfell wirken müsste, um eine gleichgroße Kraft $\underline{F} \cdot v$ in die Gehörknöchelchen einzuleiten.

Aktuelle Mittelohr-Hörsysteme

Alle aktuellen Mittelohr-Hörsysteme besitzen mechanisch voneinander getrennte Sensor- und Aktoreinheiten. Bei teilimplantierbaren Systemen (TI) wie dem MET-System von Otologics oder auch der „Vibrant Soundbridge“ von MedEl in Abbildung 2.5 ist das externe Mikrofon sichtbar hinter der Ohrmuschel befestigt. Beschrieben werden diese Systeme unter anderem bei Böheim et al. [BO07] und Rameh et al. [RA10] .

[1] Die Hörtechnologie von Otologics wurde im Jahr 2009 von Cochlear Ltd. aufgekauft.

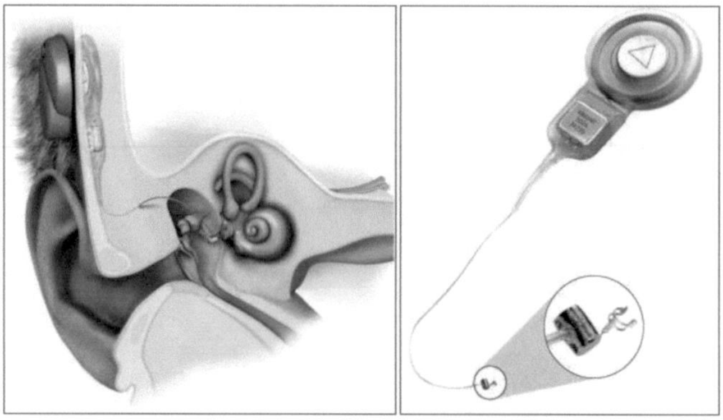

Abbildung 2.5: Position der Komponenten beim teilimplantierbaren Hörsystem Vibrant Soundbridge (links), einzelne Komponenten des Hörsystems mit vergrößerter Aktoreinheit (rechts) (mit freundlicher Genehmigung von MedEl Deutschland GmbH)

Bei vollimplantierbaren Hörsystemen (VI) ist der Sensor als Mikrofon ausgeführt und befindet sich wie bei dem von Leysieffer et al. [LE98] beschriebenen „TICA"-System unter der Gehörgangshaut. Alternativ wird beim „Carina"-System von Otologics in Abbildung 2.6 das Mikrofon hinter der Ohrmuschel implantiert. Nähere Erläuterungen zu diesem Hörsystem sind z. B. bei Maurer [MA09] zu finden.

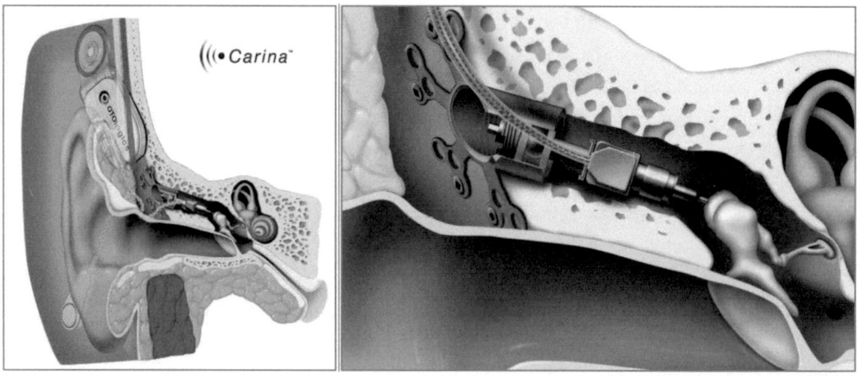

Abbildung 2.6: Position der Komponenten beim vollimplantierbaren Carina-System (links), Detailansicht des Aktors (rechts) (mit freundlicher Genehmigung von Otologics GmbH)

Neben elektroakustischen Wandlern kommen auch elektromechanische Sensoren zum Einsatz, die die Bewegung der Gehörknöchelchen direkt aufnehmen. Derartige Wandler sind unter anderem bei Barbara et al. [BA09] und Hellmuth et al. [HE10] zu finden und werden im vollimplantierbaren „Esteem"-System in Abbildung 2.7 eingesetzt.

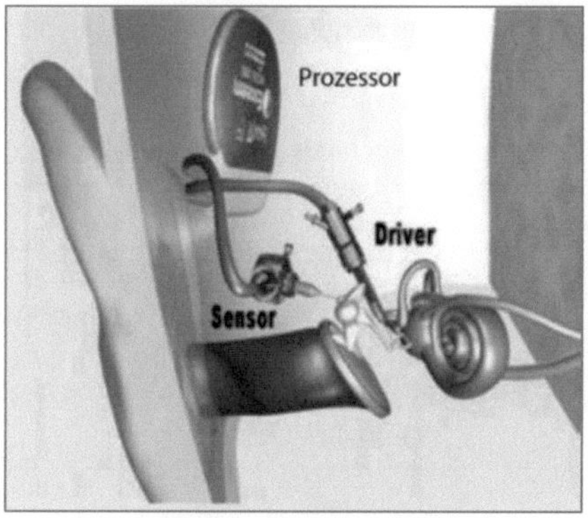

Abbildung 2.7: Vollimplantierbares Esteem-System, Quelle: [MA09]

Der Aktor ist bei allen Mittelohr-Hörsystemen als elektromechanischer Wandler ausgeführt und mit der Gehörknöchelchenkette verbunden. Abbildung 2.8 zeigt als Beispiel den elektromagnetischen Aktor des MET-Systems, der die Krafteinleitung am Steigbügel realisiert. Daneben existieren jedoch auch piezoelektrische Aktoren wie der des Esteem-Systems.

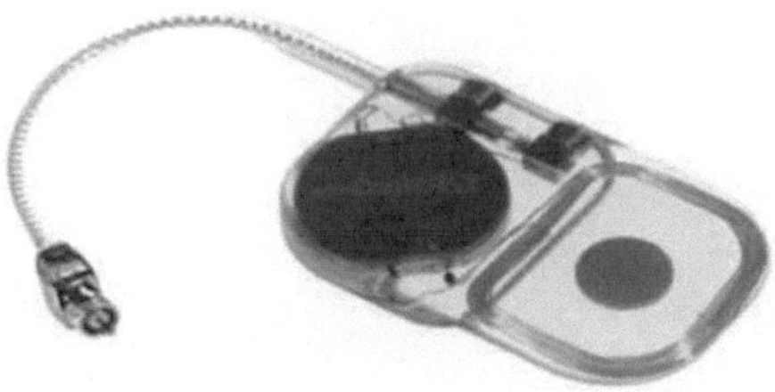

Abbildung 2.8: Aktor und Prozessoreinheit des teilimplantierbaren MET-Systems (mit freundlicher Genehmigung von Otologics GmbH)

Die Sensor- und Aktoreinheiten der meisten Mittelohrhörgeräte lagern, wie bei Barbara et al. [BA09] und Zenner et al. [ZE97] beschrieben, fest in der umgebenden Knochenhöhle. Eine Ausnahme bildet der Aktor des Vibrant Soundbridge Systems, der nur mit den Gehörknöchelchen verbunden ist (Abbildung 2.5). Um mechanische Rückkopplungen von der Aktoreinheit zur Sensoreinheit zu vermeiden, existieren nach Maurer und Savas [MA10] auch Hörsysteme (bspw. das Esteem-System), bei denen einzelne Gehörknöchelchen irreversibel entfernt und der natürliche Schallpfad unterbrochen werden müssen.

Leistungsfähigkeit

Mittelohr-Hörsysteme erreichen derzeit Hörverstärkungen von $g = [10\ \text{dB} ... 30\ \text{dB}]$ in einem Frequenzband von $f = [200\ \text{Hz} ... 8\ \text{kHz}]$. Vereinzelt wurden von Rameh et al. [RA10] auch schmalbandige Verstärkungen von $g = 40\ \text{dB}$ gemessen. Der äquivalente Schalldruckpegel am Trommelfell liegt, wie beispielsweise Maurer und Savas [MA10] zeigen, bei $L_{\text{P,Äq}} = 105\ \text{dB}$ für typische Hörverstärkungen. Böheim et al. [BO07] berichten jedoch, dass auch äquivalente Schalldrücke von bis zu $L_{\text{P,Äq}} = 130\ \text{dB}$ möglich sind.

Wichtige Kennwerte der in diesem Abschnitt beschriebenen Hörsysteme fasst Tabelle 2.1 zusammen. Die Kennwerte in der Tabelle dienen zur Definition der technischen Spezifikationen des in dieser Arbeit untersuchten Mittelohr-Hörsystems in Abschnitt 4.3. Weitere Übersichten zu aktuellen Mittelohr-Hörsystemen sind unter anderem bei Maurer [MA09] sowie Zenner und Jorge [ZJ00] zu finden.

Tabelle 2.1: Merkmale aktueller teil- und vollimplantierbarer Mittelohr-Hörsysteme

Hörsystem	Art	Sensor	Aktor	Frequenz-bereich	Hörver-stärkung[2]	$L_{P,Äq}$[2]	Quellen
Vibrant Soundbridge (MedEl)	TI	Mikrofon hinter der Ohrmuschel	Floating Mass Trans-ducer am Amboss	250 Hz-8 kHz	10 dB-40 dB	bis 130 dB	[BO07] [TI09]
MET (Otologics)	TI	Mikrofon hinter der Ohrmuschel	Elektromag-netischer Wandler am Amboss fixiert	250 Hz-8 kHz	25 dB-40 dB	bis 100 dB	[RA10]
Carina (Otologics)	VI	Mikrofon hinter der Ohrmuschel implantiert	Elektromag-netischer Wandler am Amboss oder Steigbügel fixiert	250 Hz-8 kHz	10 dB-35 dB	90 dB	[JE08] [ZJ00] [MA09] [RA10] [BR10]
Esteem (Envoy Me-dical)	VI	Piezowandler am Hammer fixiert, Kno-chenleitung unterbrochen	Piezowandler am Steigbü-gel fixiert	125 Hz-8 kHz	10 dB-35 dB	90 dB-105 dB	[BA09] [MA10] [MA09]
TICA LZ 3001 (Uni Tübingen, Raleigh)	VI	Mikrofon hinter der Haut des Gehörganges implantiert	Piezowandler am Amboss fixiert	50 Hz-10 kHz	bis zu 40 dB für hohe f	100 dB-120 dB	[LE98] [ZN00] [ZJ00]

Der Vorteil von teil- und vollimplantierbaren Mittelohr-Hörsystemen ist, dass sie, im Gegensatz zu externen Hörgeräten, auch bei Schallleitungs-Schwerhörigkeiten des Mittelohres zum Einsatz kommen können [BU09]. Zudem sind insbesondere vollimplantierbare Hörsysteme nicht sichtbar und können somit z. B. auch im Wasser oder staubigen Orten genutzt werden. Derzeit erfordert die Implantation der getrennten Sensoren und Aktoren von Mittelohr-Hörsystemen jedoch eine aufwendige, risikobehaftete Operation [MA09]. Desweiteren kann die erzielte Hörverstärkung der Implantate in Abhängigkeit des versorgten Hörgeräteträgers stark schwanken [MA09]. Ein weiterer Nachteil ist die im Vergleich mit externen Hörgeräten geringe mittlere Hörverstärkung von Mittelohr-Hörimplantaten. Einen Nachteil von implantierbaren Hörsystemen stellt auch der im Vergleich zu externen Geräten sehr hohe Anschaffungspreis dar [MA09].

[2] Je nach Quelle existieren für das gleiche Hörsystem unterschiedliche Angaben zu Hörverstärkung und äquivalentem Schalldruckpegel, da die Untersuchungen an verschiedenen Patienten bzw. Ohrpräparaten durchgeführt wurden. Der Unterschied kann bis zu 20 dB für eine Frequenz betragen.

3 Literaturanalyse zum Verhalten von Mittel- und Innenohr

Grundlage zur Bewertung der Leistungsfähigkeit des Wandlerbausteins ist das Verhalten des unversorgten Mittel- und Innenohres. Das frequenzabhängige Verhältnis der Kraft am Steigbügel bezogen auf die Anregungskraft am Trommelfell $\underline{H}_{\mathrm{F}}(f) = \underline{F}_{\mathrm{St}} \,/\, \underline{F}_{\mathrm{TF}}$ bildet die Referenz bei der Berechnung der durch den Wandlerbaustein erzielten Hörverstärkung g.

Zudem ist die Kenntnis der im Mittel- und Innenohr auftretenden akustischen und mechanischen Impedanzen erforderlich. Sie stellen die Quell- und Lastimpedanz für den Wandlerbaustein an Sensor- und Aktoreinheit dar und bestimmen dessen dynamisches Verhalten. Entwurf und Optimierung des Wandlerbausteins können somit ausschließlich auf Basis der an ihm angrenzenden Impedanzen erfolgen.

In den folgenden Abschnitten 3.1 bis 3.3 werden aus der Literatur bekannte Übertragungsfunktionen und Impedanzen des Mittel- und Innenohres hinsichtlich ihres frequenzabhängigen Verlaufes sowie ihrer individuellen Streuung analysiert. Auf Grundlage dieser Betrachtungen erfolgt in Abschnitt 3.4 die Auswahl eines existierenden Netzwerkmodells, das zur Nachbildung der Quell- und Lastimpedanz für den simulationsgestützten Entwurf des Wandlerbausteins dient.

3.1 Mittelohr-Übertragungsfunktion

Statt der Kraftübertragungsfunktion $\underline{H}_{\mathrm{F}}(f)$ wird in der Literatur häufig das Verhältnis der Steigbügelauslenkung bezogen auf den Anregungsschalldruck am Trommelfell

$$\underline{H}_{\xi}(f) = \underline{\xi}_{\mathrm{St}} \,/\, \underline{p}_{\mathrm{TF}} \tag{3.1}$$

angegeben. Die Messung der Steigbügelauslenkung erfolgt gewöhnlich mit einem Laservibrometer. Der Anregungsschalldruck am Trommelfell wird mit einem Mikrofon bestimmt.

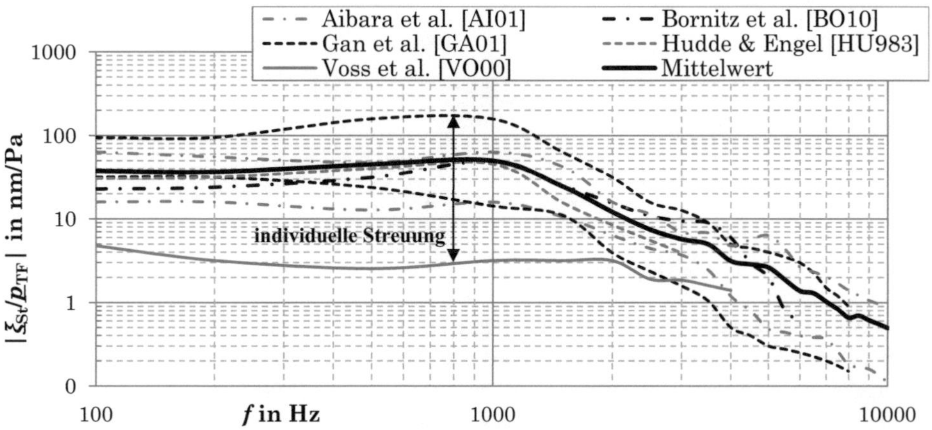

Abbildung 3.1: Amplitude der Mittelohr-Übertragungsfunktion, Auslenkung am Steigbügel bezogen auf die Druckanregung am Trommelfell

Abbildung 3.1 zeigt die Amplitude der frequenzabhängigen Mittelohr-Übertragungsfunktionen $\left|\underline{H}_{\xi}(f)\right|$, die in den Arbeiten von Aibara et al. [AI01] , Hudde und Engel [HU983] , Voss et al. [VO00] , Bornitz et al. [BO10] und Gan et al. [GA01] bestimmt wurden. Der aus diesen Verläufen berechnete arithmetische Mittelwert $\left|\overline{\underline{H}_{\xi}(f)}\right|$ ist ebenfalls im Diagramm eingezeichnet. Voss et al. haben gezeigt, dass sich die Mittelohr-Übertragungsfunktion bis zu einem Schalldruckpegel $L_{\mathrm{P,TF}} = 130\ \mathrm{dB}$ linear zur Anregung am Trommelfell verhält.

Zwischen den einzelnen Messkurven existiert eine hohe individuelle Streuung. Diese umfasst für einige Frequenzen im Sprachfrequenzbereich nahezu zwei Größenordnungen. Daraus folgt, dass auch die Impedanzen des Mittel- und Innenohres eine hohe Streuung aufweisen müssen. Aufgrund der Abhängigkeit des Wandlerbaustein-Verhaltens von den Ohrimpedanzen muss diese individuelle Streuung bei den Entwurfsarbeiten berücksichtigt werden.

3.2 Impedanz von Trommelfell, Hammer und Amboss

Die Impedanzen von Trommelfell, Hammer und Amboss wirken als Quellimpedanz $\underline{z}_{\mathrm{Q}}$ am Wandlerbaustein. Für die Entwurfsarbeiten ist besonders die Impedanz $\underline{z}_{\mathrm{Q,R}} = \underline{F}_{\mathrm{Amb}} / \underline{v}_{\mathrm{Amb}}$ bei akustischem Kurzschluss am Trommelfell ($\underline{p}_{\mathrm{TF}} = 0\ \mathrm{Pa}$) von Interesse. Sie beschreibt die Geschwindigkeitsreaktion $\underline{v}_{\mathrm{Amb}}$ der Gehörknöchelchen bei Kraftanregung $\underline{F}_{\mathrm{Amb}}$ am freien Ambossfortsatz. Die Verbindung zum Steigbügel ist dabei unterbrochen. Der Ambossfortsatz ist die vorgesehene Verbindungsstelle zur Sensoreinheit des Wandlerbausteins. Die Impedanz $\underline{z}_{\mathrm{Q,R}}$ wirkt daher bei Anregung des Aktors oder der KE in Reihe geschaltet zur Sensor- und Gehäuseimpedanz und ist bei der Optimierung der KE in Abschnitt 6.2 zu berücksichtigen.

Da in der Literatur keine Messdaten zur Impedanz $\underline{z}_{\mathrm{Q,R}}$ existieren, wurde diese anhand des von Bornitz et al. [BO10] beschriebenen FE-Modells ermittelt und dem Autor dieser Arbeit freundlicherweise zur Verfügung gestellt. Hudde und Engel [HU982] haben ähnliche Experimente zur Bestimmung der Quellimpedanz durchgeführt. Bei ihren Messungen wurde die Gehörknöchelchenkette statt am Ambossfortsatz an der Steigbügelfußplatte aufgetrennt. Abbildung 3.2 zeigt die Amplitudengänge der simulierten und gemessenen Impedanz $\left|\underline{z}_{\mathrm{Q,R}}\right|$ im Vergleich.

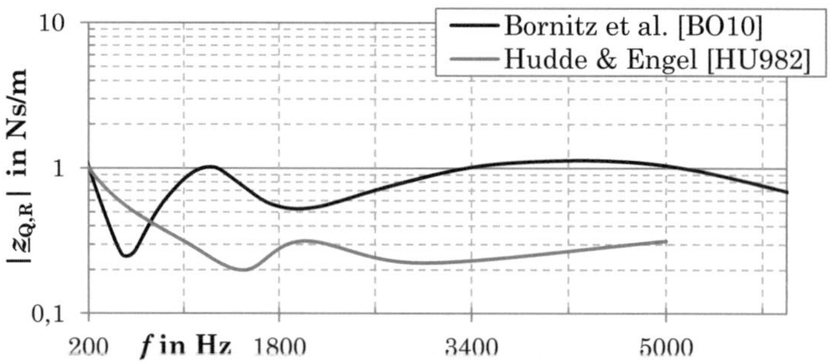

Abbildung 3.2: Amplitude der Quellimpedanz $\underline{z}_{\mathrm{Q,R}}$ am Sensor des Wandlerbausteins

Die Abweichungen der beiden Impedanzverläufe im Diagramm liegen stets innerhalb einer Größenordnung. Diese Abweichungen sind auf die zusätzliche Masse des Steigbügels in der Messung von Hudde und Engel sowie die individuelle Streuung der Ohrimpedanzen zurückzuführen. Informationen über die Streuung der Quellimpedanz lassen sich dabei aus den Arbeiten von Hudde und Engel [HU982] entnehmen. Deren Messungen zur Impedanz von Trommelfell, Hammer und Amboss zeigen eine Streuung von bis zu $20\ \mathrm{dB}$.

3.3 Impedanz von Steigbügel und Cochlea

Als Last wirkt die Impedanz von Steigbügel und Cochlea $\underline{z}_{\mathrm{St,C}}$ auf den Wandlerbaustein. Sie ist am Aktor mit dem Wandlerbaustein verbunden. Die Lastimpedanz bestimmt die vom Aktor in den Steigbügel eingeleitete Kraft. Zudem beeinflusst das Verhältnis von $\underline{z}_{\mathrm{St,C}}$ zur Impedanz des Wandlerbausteins und der Quellimpedanz $\underline{z}_{\mathrm{Q,R}}$ die vom Aktor über das Gehäuse auf den Sensor übertragenen Schwingungen.

In der Literatur erfolgt die Messung der Impedanz von Steigbügel und Cochlea mittels akustischer Druckanregung $\underline{p}_{\mathrm{St}}$ am Steigbügel. Anhand der sich daraufhin einstellenden Geschwindigkeit $\underline{v}_{\mathrm{St}}$ des Steigbügels kann nach Merchant et al. [ME96] die akustische Impedanz $\underline{Z}_{\mathrm{St,C}} = \underline{p}_{\mathrm{St}} / \left(\underline{v}_{\mathrm{St}} \cdot A_{\mathrm{St}}\right)$ von Steigbügel und Cochlea berechnet werden. Die Fläche der Steigbügelfußplatte beträgt dabei $A_{\mathrm{St}} = 3{,}2\,\mathrm{mm}^2$ [PU97]. Mit $\underline{z}_{\mathrm{St,C}} = \underline{Z}_{\mathrm{St,C}} \cdot A_{\mathrm{St}}{}^2$ lässt sich schließlich die auf den Wandlerbaustein wirkende mechanische Lastimpedanz

$$\underline{z}_{\mathrm{St,C}} = \frac{\underline{p}_{\mathrm{St}} \cdot A_{\mathrm{St}}}{\underline{v}_{\mathrm{St}}} \tag{3.2}$$

sowie die in den Steigbügel eingeleitete Kraft $\underline{F}_{\mathrm{St}} = \underline{p}_{\mathrm{St}} \cdot A_{\mathrm{St}}$ bestimmen. Abbildung 3.3 zeigt die in verschiedenen Arbeiten gemessenen Amplitudengänge der Lastimpedanz $\left|\underline{z}_{\mathrm{St,C}}\right|$ sowie den daraus berechneten frequenzabhängigen Mittelwert $\left|\overline{\underline{z}_{\mathrm{St,C}}}\right|$.

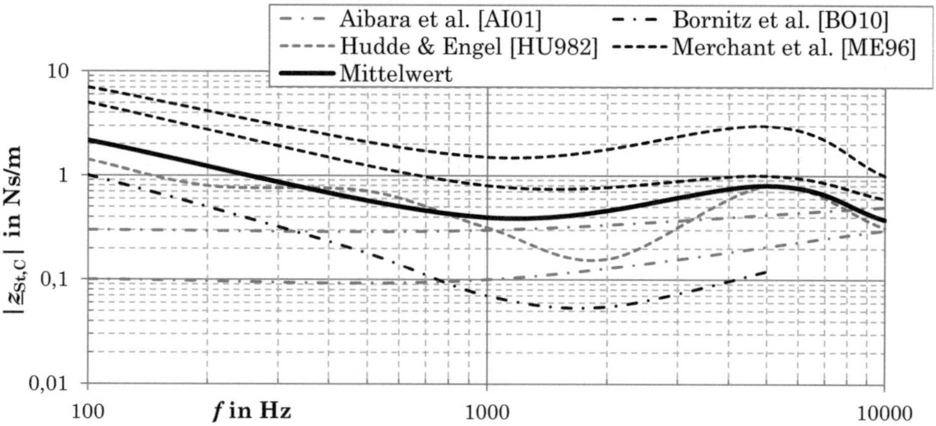

Abbildung 3.3: Amplitude der Lastimpedanz $\underline{z}_{\mathrm{St,C}}$ am Aktor des Wandlerbausteins

Analog zur Mittelohr-Übertragungsfunktion $\underline{H}_{\xi}(f)$ in Abbildung 3.1 weist die Lastimpedanz $\underline{z}_{\mathrm{St,C}}$ eine hohe Streuung der Amplitude über den gesamten Frequenzbereich auf. Zusätzlich besitzen die in den Arbeiten gemessenen Impedanzverläufe unterschiedliche Impedanzcharakteristiken. Die Arbeiten von Merchant et al. [ME96] und Bornitz et al. [BO10] zeigen bei tiefen Frequenzen ein nachgiebiges Impedanzverhalten. Die Arbeiten von Hudde et al. [HU982] und Aibara et al. [AI01] beschreiben im gleichen Frequenzbereich ein Reibungsverhalten von $\underline{z}_{\mathrm{St,C}}$. Für $f > 2\,\mathrm{kHz}$ weisen die gemessenen Lastimpedanzen meist eine Massecharakteristik auf.

3.4 Netzwerkmodelle des Mittel- und Innenohres

Da die Entwurfsarbeiten zum Wandlerbaustein größtenteils simulationsgestützt erfolgen, muss das Verhalten des Mittel- und Innenohres in die Simulationsumgebungen integriert werden.

Zur Nachbildung der Mittel- und Innenohrimpedanzen existieren seit einigen Jahrzehnten eindimensionale Netzwerkmodelle. Zu einem der ersten Netzwerkmodelle gehört das von Zwislocki [ZW62] entwickelte Modell. Später kamen unter anderem die Modelle von Shaw & Stinson [LE88] , Hudde und Engel [HU981] , [HU982] , [HU983] , Feng et al. [FE04] , Goode et al. [GO94] und O'Connor und Puria [CO08] hinzu.

Aufgrund der schneller werdenden Rechentechnik werden die Nachbildungen des Mittel- und Innenohres mit Hilfe von Schaltungsstrukturen mittlerweile durch FE-Modelle ergänzt. Neben dem bereits genannten Modell von Bornitz et al. [BO10] seien an dieser Stelle die FE-Modelle von Sun et al. [SU02] , Daniel [DA02] oder auch Koike et al. [KO02] genannt. Gegenüber den Netzwerkmodellen besitzen die dreidimensionalen FE-Modelle oft eine höhere Komplexität.

Die Einbindung eines der komplexen FE-Modelle aus der Literatur oder gar der Aufbau eines eigenen FE-Modells zur Nachbildung der Quell- und Lastimpedanz böte keinen Vorteil gegenüber einem der genannten Netzwerkmodelle. Netzwerkmodelle besitzen sogar den Vorteil, dass die in den vorangegangenen Abschnitten beschriebene individuelle Streuung der Ohrimpedanzen einfach durch Variation der diskreten Bauelemente berücksichtigt werden kann. In den Simulationen erfolgt daher die Abbildung der Mittel- und Innenohrimpedanzen mit Hilfe eines Netzwerkmodells.

Die eingangs genannten Netzwerkmodelle basieren auf zuvor durchgeführten Messungen am Mittel- und Innenohr. Sie wurden so entwickelt, dass die simulierten Impedanzen sowie die Mittelohr-Übertragungsfunktion weitestgehend mit den jeweiligen Messergebnissen übereinstimmen. Die Netzwerkstrukturen orientieren sich dabei oft an der Anatomie des Mittelohres. Allerdings beschreiben Letens [LE88] , Feng et al. [FE04] oder auch O'Connor und Puria [CO08] , dass auch Bauelemente zusätzlich eingefügt oder angepasst wurden, um das Simulationsergebnis an die Messdaten anzupassen. Die Netzwerke bilden somit die in den Abschnitten 3.1 - 3.3 beschriebenen Impedanzen $\underline{z}_{\mathrm{Q,R}}$ und $\underline{z}_{\mathrm{St,C}}$ sowie die Mittelohr-Übertragungsfunktion $\underline{H}_{\xi}(f)$ hinreichend genau ab.

Alle genannten Netzwerkmodelle beschreiben das transiente Verhalten mit zeitinvarianten, linearen Netzwerkelementen. Die zeitliche Ausbreitung der Wanderwelle in der Gehörschnecke, wie sie beispielsweise von Aumüller et al. in [AN06] (Teil M, Abschnitt 6.5) beschrieben wird, und die somit zeitabhängige Lastimpedanz werden nicht berücksichtigt. Desweiteren lässt sich auch das nichtlineare Verhalten des Mittelohres durch diese Modelle nicht abbilden. Zur Nachbildung der Quell- und Lastimpedanz am Wandlerbaustein sind dennoch alle Netzwerkmodelle geeignet, da in dieser Arbeit die prinzipielle Machbarkeit des einteiligen Hörsystems im Vordergrund steht.

In den folgenden Untersuchungen wird das von O'Connor und Puria [CO08] entwickelte Modell verwendet. Dieses lässt sich vollständig in die mechanische Ebene überführen und besitzt eine vergleichsweise einfache Netzwerkstruktur. Die bei O'Connor und Puria durch einen Wellenleiter dargestellte Zeitverzögerung des Signals am Trommelfell um einige µs wird in dieser Arbeit nicht berücksichtigt. Die Zeitverzögerung bewirkt ausschließlich eine frequenzabhängige Phasendrehung der Quellkraft $\underline{F}_{\mathrm{TF}}$ und hat keinen Einfluss auf den Entwurfsprozess. Abbildung 3.4 zeigt das mechanische Netzwerk nach [CO08] , wobei der Wandlerbaustein bereits an der entsprechenden Position zwischen Amboss und Steigbügel eingefügt wurde.

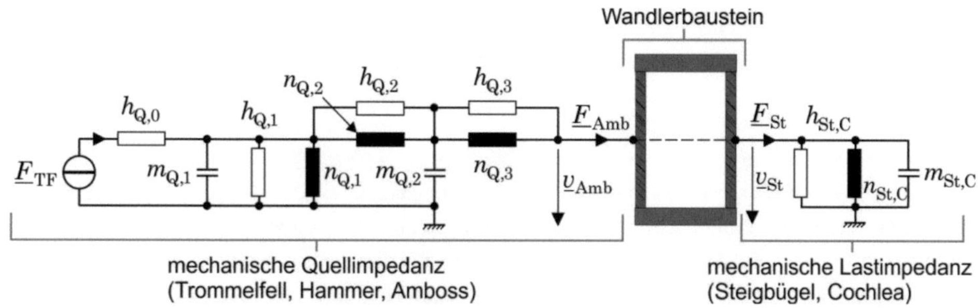

$h_{Q,0} = 2{,}646\ \mathrm{s/kg}$	$h_{Q,3} = 19{,}464\ \mathrm{s/kg}$	$n_{Q,3} = 0{,}06\ \mathrm{mm/N}$	$m_{St,C} = 5{,}9\ \mathrm{mg}$
$h_{Q,1} = 7{,}143\ \mathrm{s/kg}$	$n_{Q,1} = 1{,}984\ \mathrm{mm/N}$	$m_{Q,1} = 3{,}24\ \mathrm{mg}$	$n_{St,C} = 0{,}54\ \mathrm{mm/N}$
$h_{Q,2} = 12{,}976\ \mathrm{s/kg}$	$n_{Q,2} = 0{,}4\ \mathrm{mm/N}$	$m_{Q,2} = 12{,}34\ \mathrm{mg}$	$h_{St,C} = 2\ \mathrm{s/kg}$

Abbildung 3.4: Netzwerkmodell des Mittel- und Innenohres nach O'Connor & Puria [CO08] mit eingefügtem Wandlerbaustein

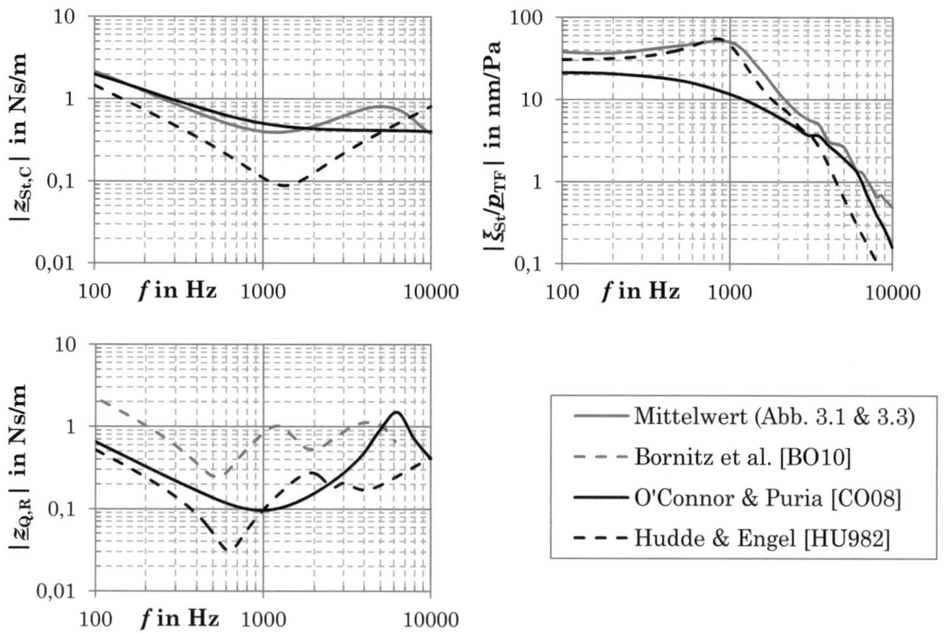

Abbildung 3.5: Gegenüberstellung von verschiedenen Quell- und Lastimpedanzen sowie Mittelohr-Übertragungsfunktionen

In Abbildung 3.5 sind die Amplitudengänge der mit dem Netzwerkmodell simulierten Mittelohr-Übertragungsfunktion $|\underline{H}_{\xi}(f)|$ sowie der Impedanzen $|\underline{z}_{Q,R}|$ und $|\underline{z}_{St,C}|$ dargestellt. Die Simulationsergebnisse sind dabei den Mittelwerten $|\overline{\underline{H}_{\xi}(f)}|$ und $|\overline{\underline{z}_{St,C}}|$ aus Abbildung 3.1 und Abbildung 3.3 bzw. dem mit dem FE-Modell simulierten Verlauf der Quellimpedanz $|\underline{z}_{Q,R}|$ gegenübergestellt. Zum Vergleich zeigen die Diagramme auch die mit dem komplexen Netzwerkmodell von Hudde und Engel simulierten Verläufe.

Die Abweichungen der einzelnen Impedanz- und Übertragungsfunktionsverläufe sind stets < 20 dB. Die Abweichungen sind somit durch das in der Literatur beschriebene individuelle Verhalten des Mittel- und Innenohres erklärbar.

Basierend auf Literaturangaben wurde in diesem Kapitel das Verhalten des Mittel- und Innenohres durch die am Wandlerbaustein wirkende Quell- und Lastimpedanz $\underline{z}_{Q,R}$ und $\underline{z}_{St,C}$ erfasst. Diese Impedanzen sowie weitere Übertragungsfunktionen, die das dynamische Verhalten des Mittel- und Innenohres beschreiben, lassen sich mit Hilfe eines mechanischen Netzwerkmodells simulieren. Vorteil des gewählten Netzwerkmodells von O'Connor und Puria [CO08] ist zudem, dass Änderungen der Ohrimpedanzen einfach durch Parameteränderungen im Modell berücksichtigt werden können. Das Netzwerkmodell der Ohrimpedanzen dient in den folgenden Entwurfsarbeiten als Teilmodell zur Simulation des Wandlerbaustein-Verhaltens.

4 Vorbereitung des Wandlerbaustein-Entwurfs

Der neuartige Sensor-Aktor-Wandlerbaustein unterscheidet sich in seinem Aufbau grundlegend von dem der in Kapitel 2 betrachteten Mittelohr-Hörsysteme. Bisher existieren keine Arbeiten, in denen das Verhalten eines derartigen Wandlerbausteins untersucht wurde. Daher ist unklar, welche Parameter die mechanische Rückkopplung vom Aktor auf den Sensor über das nicht fixierte Gehäuse oder die Hörverstärkung bestimmen. Zudem ist nicht bekannt, welche Struktur die KE zur bestmöglichen Kompensation der mechanischen Rückkopplung auf den Sensor besitzen muss.

Ausgehend von diesen Fragestellungen erfolgt in den folgenden Kapiteln der strukturierte Entwurf des Wandlerbausteins. Der Entwurf umfasst zunächst die Modellierung des Wandlerbausteins mit Simulationswerkzeugen. Basierend auf den erstellten Modellen werden simulationsgestützt die Komponenten Sensor, Aktor und KE optimiert. Das Verhalten des Gesamtsystems wird anschließend messtechnisch an einem physikalischen Experimentalmodell des Wandlerbausteins untersucht. Zudem dienen Simulationsexperimente, die Änderungen am physikalischen Modell simulieren, dazu, Einflüsse auf das Verhalten des Wandlerbausteins herauszuarbeiten. Basierend auf den Ergebnissen des Entwurfsprozesses lässt sich einschätzen, ob der Wandlerbaustein als Mittelohr-Hörsystem geeignet ist und von welchen Parametern seine Leistungsfähigkeit abhängt.

Als Vorbereitung für die Entwurfsarbeiten werden in den folgenden Abschnitten 4.1 und 4.2 die Struktur und Funktionsweise des Wandlerbausteins im Detail beschrieben. Diese Vorbetrachtungen sind notwendig, um die Schwerpunkte des Entwurfsprozesses festlegen zu können. Zudem dienen sie dazu, die Herausforderungen, die mit dem neuartigen Aufbau des Wandlerbausteins verknüpft sind, herauszustellen. Zu den Herausforderungen gehört vor allem die Beherrschung der mechanischen Rückkopplung mit Hilfe der KE. In Abschnitt 4.2 wird daher auch auf die prinzipielle Funktionsweise der KE zur Rückkopplungskompensation und die damit verbundene virtuelle Erhöhung der Gehäusemasse eingegangen.

In Abschnitt 4.3 werden desweiteren die technischen Spezifikationen, die für den simulationsgestützten Entwurf des Wandlerbausteins gelten, definiert. Diese umfassen sowohl Zielgrößen wie die zu erreichende Hörverstärkung als auch mechanische und elektrische Grenzwerte.

4.1 Struktur des Wandlerbausteins

Abbildung 4.1 zeigt einen schematischen Querschnitt durch die rotationssymmetrische Struktur des Wandlerbausteins. Der Wandlerbaustein besteht aus einer Sensor- und Aktoreinheit, die in einem gemeinsamen zylindrischen Gehäuse untergebracht sind. Das Gehäuse besitzt dabei keine zusätzliche Fixierung in der Paukenhöhle. Zwischen den beiden Wandlern wird die KE positioniert. Diese im Vergleich mit anderen Mittelohr-Hörsystemen (Abschnitt 2.2) einfache Struktur bietet den Vorteil, dass der vollimplantierbare Wandlerbaustein minimal invasiv zwischen die Gehörknöchelchen geklemmt werden kann [KO13].

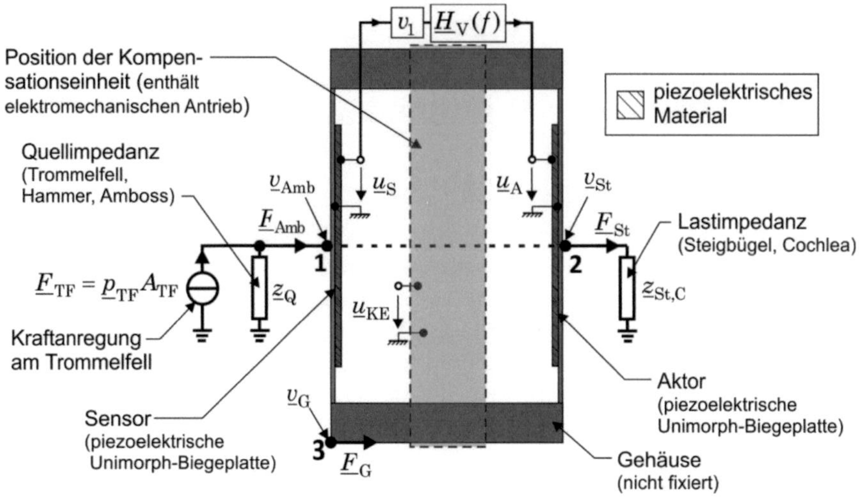

$\underline{F}_{TF}, \underline{p}_{TF}$	Kraft/Druck am Trommelfell
A_{TF}	effektive Trommelfellfläche
$\underline{F}_{Amb}, \underline{v}_{Amb}$	Kraft/Geschwindigkeit am Verbindungspunkt von Sensor und Amboss
$\underline{F}_{St}, \underline{v}_{St}$	Kraft/Geschwindigkeit am Verbindungspunkt von Aktor und Steigbügel
$\underline{F}_{G}, \underline{v}_{G}$	Kraft/Geschwindigkeit am Gehäuse
$\underline{u}_{S}, \underline{u}_{A}, \underline{u}_{KE}$	Spannungen an Sensor, Aktor und Kompensationseinheit
v_1	Sensor-Aktor-Verstärkung
$\underline{H}_V(f)$	Signalverarbeitung in der Sensor-Aktor-Strecke

Abbildung 4.1: Querschnitt des rotationssymmetrischen Wandlerbausteins mit Netzwerkdarstellungen der angreifenden Quell- und Lastimpedanz (an den Plattenmittelpunkten von Sensor- und Aktoreinheit)

Die an den Wandlerbaustein angrenzenden, komplexen Mittel- und Innenohrimpedanzen $\underline{z}_Q$ und $\underline{z}_{St,C}$ sowie die am Trommelfell eingeprägte Quellkraft $\underline{F}_{TF}$ sind in der Abbildung als Netzwerkelemente angedeutet. Die Systempunkte **1** und **2** kennzeichnen die Verbindungspunkte von Sensor- und Aktoreinheit mit dem Ambossfortsatz bzw. dem Steigbügelkopf (Abbildung 1.2). Die Systempunkte werden dabei durch die Kräfte $\underline{F}_{Amb}$ und $\underline{F}_{St}$ sowie die Geschwindigkeiten $\underline{v}_{Amb}$ und $\underline{v}_{St}$ charakterisiert. Systempunkt **3** am als steif angesehenen Gehäuse wird durch die Kraft $\underline{F}_G$ sowie die Geschwindigkeit $\underline{v}_G$ beschrieben. Die ausgewählten Systempunkte **1-3** dienen dazu, die Funktionsweise des Wandlerbausteins im folgenden Abschnitt zu beschreiben.

Sowohl Sensor- als auch Aktoreinheit sind aus piezoelektrischen Unimorph-Biegeplatten aufgebaut. Im Vergleich zu anderen Wandlerkonzepten gleicher Baugröße besitzen die dünnen, kreisrunden Trägerplatten mit den darauf angebrachten piezoelektrischen Scheiben nach Fischer [FI01] den größten elektromechanischen Übertragungsfaktor. Die Unimorph-Biegeplatten sind am Rand in das Gehäuse des Wandlerbausteins eingespannt. Eine ähnliche Struktur, jedoch ohne Aktor, wird von Koch et al. [KO13] bereits als elektromechanisches Mikrofon im Mittelohr eingesetzt. Das dynamische Verhalten sowie die elektroakustischen Eigenschaften von Unimorph-Biegeplatten sind seit langem bekannt und wurden unter anderem von Starke [ST10] und Fischer [FI01] umfassend untersucht und optimiert. Es sind jedoch keine Arbeiten bekannt, welche die Optimierung dieser Wandler hinsichtlich der elektromechanischen Eigenschaften so behandeln, wie sie im Wandlerbaustein benötigt werden. Abschnitt 6.1 dieser Arbeit befasst sich deshalb mit der Optimierung von Sensor- und Aktoreinheit.

Im Gegensatz zur Sensor- und Aktoreinheit ist die bestmögliche Struktur der KE zunächst unbekannt. Aus diesem Grund ist in Abbildung 4.1 nur die Position der KE im Gehäuse des Wandlerbausteins gekennzeichnet. Abschnitt 6.2 beschreibt den strukturierten Entwurfsprozess mit Netzwerk- und FE-Methoden, der die Analyse aller Strukturen, die als KE zum Einsatz kommen könnten, umfasst. Abschluss dieses Prozesses ist die Auswahl der am besten als KE geeigneten Struktur. Den Prozess zur Optimierung der KE erläutert ebenfalls Krause et al. in [KR122].

4.2 Funktionsweise

Hörverstärkung durch den Wandlerbaustein

Analog zu den in Kapitel 2 beschrieben Mittelohr-Hörsystemen besteht die Aufgabe des Wandlerbausteins darin, mit Hilfe des elektromechanischen Aktors die Krafteinleitung in den Steigbügel $\underline{F}_{\mathrm{St}}$ durch die verstärkte Wiedergabe der am Sensor aufgenommenen Kraft $\underline{F}_{\mathrm{Amb}}$ zu erhöhen. Die erreichte Hörverstärkung

$$g = 20 \cdot \lg \left| \frac{\underline{F}_{\mathrm{St,2}}}{\underline{F}_{\mathrm{St,1}}} \right| \mathrm{dB} \Bigg|_{\underline{F}_{\mathrm{TF}} = \mathrm{konst.}} \tag{4.1}$$

lässt sich anhand der im Steigbügel wirkenden Kräfte $\underline{F}_{\mathrm{St,1}}$ und $\underline{F}_{\mathrm{St,2}}$ vor und nach dem Einbau des Wandlerbausteins bei konstanter Kraftanregung am Trommelfell $\underline{F}_{\mathrm{TF}}$ berechnen.

Die Funktionsweise des Wandlerbausteins ist ähnlich der anderer Mittelohr-Hörsysteme. Ein am Trommelfell wirkender Schalldruck $\underline{p}_{\mathrm{TF}}$ wird über die effektive Trommelfellfläche A_{TF} in eine Quellkraft $\underline{F}_{\mathrm{TF}} = \underline{p}_{\mathrm{TF}} \cdot A_{\mathrm{TF}}$ umgewandelt. Ein Teil dieser Quellkraft $\underline{F}_{\mathrm{TF}}$ wird über die Impedanz $\underline{z}_{\mathrm{Q}}$ von Trommelfell, Hammer und Amboss in die Mitte der Sensoreinheit eingeleitet. Diese Teilkraft $\underline{F}_{\mathrm{Amb}}$ bewirkt eine Verformung der Unimorph-Biegeplatte und am piezoelektrischen Element des Sensors wird die elektrische Spannung $\underline{u}_{\mathrm{S}}$ generiert. Da das Gehäuse beweglich ist, wird zudem eine Teilkraft $\underline{F}_{\mathrm{St,TF}}$ in die Impedanz $\underline{z}_{\mathrm{St,C}}$ von Steigbügel und Cochlea geleitet. Basierend auf dem Sensorsignal $\underline{u}_{\mathrm{S}}$ erfolgt die elektrische Ansteuerung des auf der anderen Gehäuseseite positionierten Aktors mit einem um den Faktor v_1 verstärkten Spannungssignal $\underline{u}_{\mathrm{A}} = v_1 \cdot \underline{u}_{\mathrm{S}}$. Zusätzlich zu dieser Sensor-Aktor-Verstärkung v_1 kann der Frequenzgang der Sensorspannung $\underline{u}_{\mathrm{S}}$ angepasst werden. In Abbildung 4.1 ist dies durch die komplexe Übertragungsfunktion $\underline{H}_{\mathrm{V}}(f)$ gekennzeichnet. Der Aktor bewirkt bei anliegender Spannung $\underline{u}_{\mathrm{A}}$ eine Krafteinleitung $\underline{F}_{\mathrm{St,A}}$ in die angrenzende Impedanz $\underline{z}_{\mathrm{St,C}}$. Die Gesamtkraft im Steigbügel bei implantiertem Wandlerbaustein ist somit $\underline{F}_{\mathrm{St,2}} = \underline{F}_{\mathrm{St,TF}} + \underline{F}_{\mathrm{St,A}}$. Ebenso setzt sich die resultierende Geschwindigkeitsreaktion am Steigbügel $\underline{v}_{\mathrm{St,2}} = \underline{v}_{\mathrm{St,TF}} + \underline{v}_{\mathrm{St,A}}$ aus dem vom Aktor bewirkten Geschwindigkeitsanteil $\underline{v}_{\mathrm{St,A}}$ und dem von der Trommelfellanregung verursachten Anteil $\underline{v}_{\mathrm{St,TF}}$ zusammen.

Mechanische Rückkopplung auf den Sensor

Im Unterschied zu anderen Mittelohr-Hörsystemen wird ein Teil der vom Aktor generierten Kraft $\underline{F}_{\mathrm{A}}$ über das bewegliche Gehäuse zurück in die Sensoreinheit geleitet. Dieser Kraftanteil $\underline{F}_{\mathrm{S,A}}$ bewirkt wiederum eine Verformung des Sensors und eine Spannung am piezoelektrischen Element. Es entsteht ein geschlossener Signalkreis. Dieser Sensor-Aktor-Kreis wird anhand des Signalflussschemas in Abbildung 4.2 näher betrachtet. Das Schema zeigt die offene elektrische Sensor-Aktor-Strecke sowie den mechanischen Rückkoppelpfad über das Gehäuse. Neben den bereits bekannten Streckengliedern v_1 und $\underline{H}_{\mathrm{V}}(f)$ enthält der Vorwärtszweig die elektromechanischen Wandler von Sensor und Aktor Y_{S} und Y_{A}. Der mechanische Rückkoppelpfad im Bild umfasst die Gehäusemasse m_{G} sowie die komplexen Übertragungsfunktionen $\underline{H}_{\mathrm{G,A}}(f) = \underline{F}_{\mathrm{G,A}} / \underline{F}_{\mathrm{A}}$ und $\underline{H}_{\mathrm{S,G}}(f) = \underline{F}_{\mathrm{S}} / \underline{v}_{\mathrm{G,A}}$. $\underline{H}_{\mathrm{G,A}}(f)$ beschreibt das Verhältnis zwischen der vom Aktor ins Gehäuse geleiteten Kraft $\underline{F}_{\mathrm{G,A}}$ und der Gesamtkraft des Aktors $\underline{F}_{\mathrm{A}}$.

Die Funktion $\underline{H}_{\mathrm{S,G}}(f)$ gibt den Zusammenhang zwischen der in den Sensor eingeleiteten Kraft $\underline{F}_{\mathrm{S}}$ und der vom Aktor am Gehäuse verursachten Geschwindigkeit $\underline{v}_{\mathrm{G,A}}$ an.

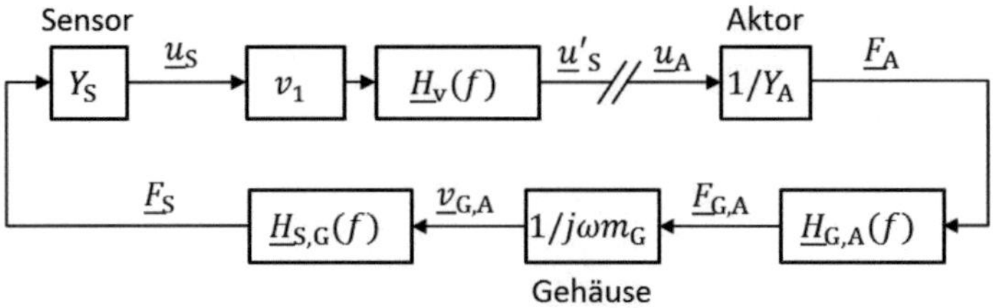

Abbildung 4.2: Signalflussschema des offenen Sensor-Aktor-Kreises

Aus der Regelungstechnik (z. B. Orlowski [OR09], Abschnitt 5.2) ist bekannt, dass ein Regelkreis noch stabil ist, wenn für die Übertragungsfunktion $\underline{H}(f)$ des offenen Regelkreises gilt:

$$\arg\left(\underline{H}(f)\right) > -180° \text{ bei } \left|\underline{H}(f)\right| = 0 \text{ dB}. \tag{4.2}$$

Basierend auf dem Zusammenhang in Gleichung (4.2) lassen sich die Mitkopplungsbedingungen für die Rückkopplungsübertragungsfunktion $\underline{H}_{\mathrm{S,A}}(f) = \underline{u}'_{\mathrm{S}} / \underline{u}_{\mathrm{A}}$ des offenen Kreises in Abbildung 4.2 formulieren. Die Sensor-Aktor-Strecke ist für Verstärkungen v_1, bei denen die beiden Bedingungen

$$\begin{aligned} &\left|\underline{H}_{\mathrm{S,A}}(f)\right| = \left| v_1 \cdot \frac{Y_{\mathrm{S}}}{Y_{\mathrm{A}}} \cdot \underline{H}_{\mathrm{V}}(f) \cdot \underline{H}_{\mathrm{S,G}}(f) \cdot \underline{H}_{\mathrm{G,A}}(f) \cdot \frac{1}{j2\pi f \cdot m_{\mathrm{G}}} \right| \geq 1 \text{ und} \\ &\arg\left(\underline{H}_{\mathrm{S,A}}(f)\right) = n \cdot 360°, \text{ mit } n \in \mathbb{Z}. \end{aligned} \tag{4.3}$$

erfüllt sind, instabil und der Wandlerbaustein schwingt sich auf.

Kompensation der Rückkopplung auf den Sensor

Um die mechanische Rückkopplung vom Aktor auf den Sensor zu kompensieren und damit die Stabilität des Sensor-Aktor-Kreises zu erhöhen, dienen die beiden folgenden Maßnahmen:

1. Durch entsprechende Auslegung der Streckenübertragungsfunktion $\underline{H}_{\mathrm{V}}(f)$ wird der Amplituden- und Phasengang von $\underline{H}_{\mathrm{S,A}}(f)$ so verändert, dass mindestens eine der beiden Bedingungen in Gleichung (4.3) nicht erfüllt ist und daraufhin größere Verstärkungen v_1 eingestellt werden können. Diese Maßnahme zur Rückkopplungskompensation ist rein elektronisch realisierbar.

2. Der Wandlerbaustein wird um die KE erweitert. Durch die KE wird, zusätzlich zu der vom Aktor in das Gehäuse geleiteten Kraft $\underline{F}_{\mathrm{G,A}}$, eine weitere Kraft $\underline{F}_{\mathrm{G,KE}}$ in das Gehäuse eingeleitet. Wirkt die von der KE in das Gehäuse eingeleitete Kraft $\underline{F}_{\mathrm{G,KE}}$ entgegengesetzt gerichtet zu der vom Aktor ins Gehäuse geleiteten Kraft $\underline{F}_{\mathrm{G,A}}$, lässt sich eine Reduzierung der Gehäuseschwingung (Systempunkt **3**) erzielen. Die mechanische Rückkopplung vom Aktor auf den Sensor wird so durch die KE kompensiert und die Stabilität des Sensor-Aktor-Kreises erhöht. Die Kompensation der Rückkopplung auf den Sensor kann nach Gleichung (4.3) mit einer Erhöhung der Gehäusemasse gleichgesetzt werden, da $\left|\underline{H}_{\mathrm{S,A}}(f)\right| \sim 1/m_{\mathrm{G}}$. Die Kompensationswirkung der KE lässt sich daher auch durch eine virtuelle Vergrößerung der Gehäusemasse $\Delta m_{\mathrm{G,virt}}$ ausdrücken.

Weiterhin kann die von der KE ins Gehäuse geleitete Kraft die Gehäusebewegung so beeinflussen, dass $\arg\left(\underline{H}_{\mathrm{S,A}}(f)\right)$ verändert wird und damit die zweite Bedingung für eine Mitkopplung in Gleichung (4.3) nicht mehr erfüllt ist.

Abbildung 4.3 zeigt die beiden Möglichkeiten zur Ansteuerung der KE. Die elektrische Anregung des in der KE enthaltenen elektromechanischen Aktors kann geregelt oder gesteuert erfolgen.

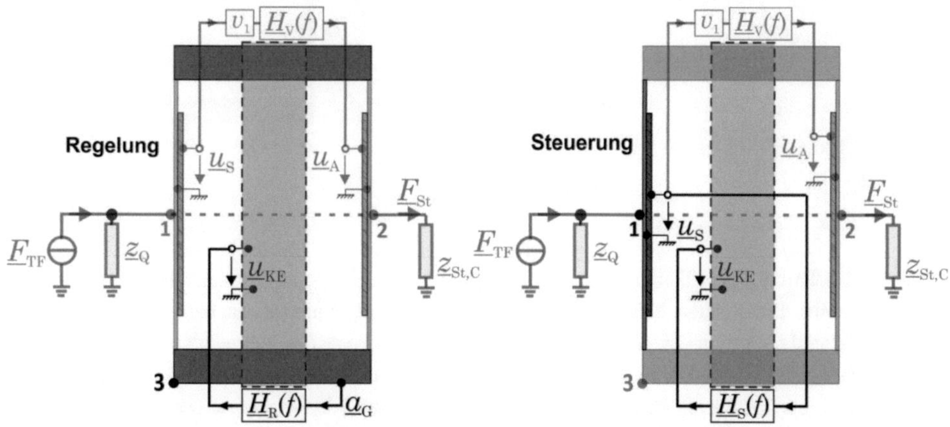

Abbildung 4.3: Ansteuerung der Kompensationseinheit durch Regelung (links) oder Steuerung (rechts)

Ziel einer Regelung ist es, die KE in Abhängigkeit der Gehäusebeschleunigung $\underline{a}_{\mathrm{G}}$ sowie einer Reglerübertragungsfunktion $\underline{H}_{\mathrm{R}}(f)$ so anzuregen, dass Rückkopplungen über das Gehäuse kompensiert werden. Die Gehäusebeschleunigung wird dazu mit einem Beschleunigungsaufnehmer gemessen. Eine weitere Möglichkeit stellt die Steuerung der KE basierend auf dem elektrischen Spannungssignal des Sensors $\underline{u}_{\mathrm{S}}$ dar. Hierbei kann das Sensorsignal mit Hilfe einer Steuerübertragungsfunktion $\underline{H}_{\mathrm{S}}(f)$ bezüglich des Frequenzganges so angepasst werden, dass die KE die Gehäuseschwingung gezielt beeinflusst. In dieser Arbeit wird ausschließlich der geregelte Betrieb der KE mit analogen Regelkreisgliedern betrachtet.

4.3 Spezifikationen

Für den Entwurf des Wandlerbausteins gelten die in diesem Abschnitt definierten Spezifikationen. Die Spezifikationen umfassen die zu erzielende Leistungsfähigkeit des Wandlerbausteins sowie elektrische und mechanische Grenzwerte. Die Grenzwerte wurden dabei von Ärzten und Ingenieuren basierend auf Erfahrungen im Umgang mit Mittelohrimplantaten festgelegt [PT10]. Tabelle 4.1 zeigt eine Zusammenfassung der technischen Spezifikationen.

Die Abmessungen des Wandlerbausteins orientieren sich an dem bereits erwähnten Mittelohrmikrofon in [KO13] . Ein größerer Durchmesser d_{G} des Gehäuses ist aufgrund der Position im Mittelohr nicht möglich. Der Wandlerbaustein könnte sonst in der Paukenhöhle anstoßen. Ebenso kann die Höhe h_{G} nicht größer gewählt werden, da der maximal mögliche Spalt zwischen Amboss und Steigbügel eine Beschränkung darstellt. Um die Gehörknöchelchen bei starker körperlicher Beanspruchung nicht zu stark zu belasten, ist die maximale Gesamtmasse des Systems auf $m_{\mathrm{Ges,max}} \approx 100$ mg begrenzt.

Die bisher genannten Spezifikationen sind harte Grenzen, die nicht überschritten werden dürfen. Ließen sich diese Werte in Tabelle 4.1 unterschreiten, ohne die Leistungsfähigkeit des Wandlerbausteins zu mindern, wäre dies sogar von Vorteil.

Tabelle 4.1: Technische Spezifikationen für den Entwurf des Wandlerbausteins

Spezifikation	Wert
Abmessungen (Abbildung 4.4)	$d_G \le 5$ mm, $h_G \le 3$ mm, $d_{Platte} \le 4$ mm
Gesamtgewicht	$m_{Ges} \le 100$ mg
Elektrische Spannung	$\lvert \underline{u} \rvert \le 6$ V
Nutzfrequenzbereich	$f_{Nutz} = [300 \text{ Hz} ... 8 \text{ kHz}]$
Hörverstärkung	$g = [10 \text{ dB} ... 30 \text{ dB}]$
Äquivalenter Schalldruckpegel	$L_{P,Äq} \ge 105$ dB

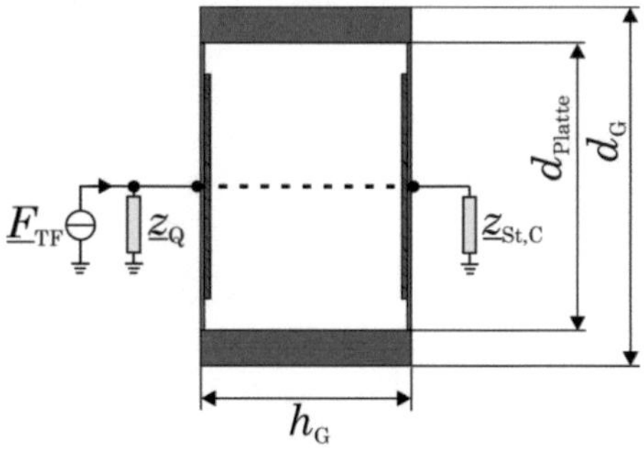

Abbildung 4.4: Abmessungen am Wandlerbaustein

Neben den harten Spezifikationen existieren weitere, weiche Spezifikationen für den Entwurf des Wandlerbausteins. Dazu gehört beispielsweise der zu versorgende Nutzfrequenzbereich f_{Nutz}. Die Auslegung des Wandlerbausteins erfolgt primär auf eine Maximierung der Hörverstärkung im Sprachfrequenzbereich $f_{Sprach} = [300 \text{ Hz} ... 3 \text{ kHz}]$. In den Simulationen und Messungen werden zudem auch der Hochtonbereich bis $f \le 8$ kHz betrachtet. Für die Rehabilitation von Hochtonschwerhörigkeiten ist besonders der erweiterte Frequenzbereich relevant. Der gesamte Nutzfrequenzbereich umfasst somit die Spanne $f_{Nutz} = [300 \text{ Hz} ... 8 \text{ kHz}]$. Die in Tabelle 4.1 genannte Hörverstärkung ist die minimale Zielgröße. Sie orientiert sich an der mittleren Hörverstärkung, die aktuelle Mittelohr-Hörsysteme über ihren Nutzfrequenzbereich erzielen. Ebenso wurde der minimal zu erzielende äquivalente Schalldruckpegel $L_{P,Äq}$ anhand der Leistungsfähigkeit bereits existierender Hörimplantate in Tabelle 2.1 abgeleitet.

Das Gehäuse und die Trägerplatten des Unimorph-Sensors bzw. Unimorph-Aktors bestehen aus dem biokompatiblen Material Titan. Dieser Werkstoff hat sich bereits als geeignet für die Implantation von Knöchelchenprothesen [BE07] und elektromechanischen Mikrofonen [KO13] erwiesen. In dieser Arbeit werden die in Tabelle A.1 im Anhang dargestellten Materialparameter von Titan verwendet.

Aus der Strukturbetrachtung des Wandlerbausteins in diesem Kapitel geht hervor, dass der Vorteil des einteiligen Hörsystems in seiner vergleichsweise einfachen Implantation im Mittelohr besteht. Dabei stellt die beschriebene mechanische Rückkopplung über das gemeinsame Gehäuse eine Herausforderung beim Betrieb des Wandlerbausteins dar. Es wurden jedoch Möglichkeiten aufgezeigt, mit Hilfe der KE die mechanische Rückkopplung auf den Sensor zu reduzieren, um auf die Weise eine höhere Hörverstärkung durch den Wandlerbaustein zu erzielen. Die definierten und in Tabelle 4.1 aufgeführten Spezifikationsparameter im letzten Abschnitt dieses Kapitels dienen als Grenzwerte für folgende Entwurfsarbeiten bzw. als Basis für die Beurteilung der Leistungsfähigkeit des Wandlerbausteins.

5 Modellierung des Wandlerbausteins mit Netzwerk- und FE-Methoden

Im vorangegangenen Kapitel wurden die Struktur und die Funktionsweise des Wandlerbausteins näher betrachtet. Dabei wurde gezeigt, dass die Strukturen der einzelnen Komponenten des Wandlerbausteins teilweise bereits bekannt sind, sie jedoch Optimierungsbedarf hinsichtlich ihrer elektromechanischen Eigenschaften für die Aufgabe im Wandlerbaustein besitzen. Die Untersuchung und Optimierung der Komponenten des Wandlerbausteins ist Teil des strukturierten Wandlerbaustein-Entwurfs und erfolgt simulationsgestützt. Weitere Simulationen sind notwendig, um Einflussparameter auf das komplexe dynamische Verhalten des Wandlerbausteins, wie z. B. die Wirkung der KE auf das Gehäuse, zu beschreiben.

Zur Durchführung der simulationsgestützten Entwurfsarbeiten werden entsprechende Simulationsmodelle benötigt. In dieser Arbeit werden zur Abbildung des Wandlerbausteins bzw. einzelner Komponenten überwiegend Netzwerkmodelle genutzt. Diese werden durch FE-Modelle ergänzt. Erst durch die Verbindung beider Simulationsmethoden nach den Vorgehensweisen der „Kombinierten Simulation“ wird ein effizienter simulationsgestützter Entwurf des Wandlerbausteins ermöglicht.

Eine kurze Beschreibung der verwendeten Simulationsmethoden erfolgt in Abschnitt 5.1. In Abschnitt 5.2 wird ein Netzwerkmodell erstellt, mit dem das elektrische, mechanische und akustische Verhalten des Wandlerbausteins im Mittelohr simuliert werden kann. Das Modell wird benötigt, um die optimale Struktur der KE zu erarbeiten. Weiterhin werden Teile des Netzwerkmodells zur Nachbildung des physikalischen Experimentalmodells verwendet. Damit können Strukturänderungen am Experimentalmodell, ohne dass Umbaumaßnahmen notwendig sind, simuliert werden. Desweiteren wird in Abschnitt 5.3 das 2D-FE-Modell einer Unimorph-Biegeplatte beschrieben. Mit Hilfe von Simulationsexperimenten an diesem Modell lassen sich die Parameter des zuvor entwickelten Netzwerkmodells bestimmen. Zudem wird das FE-Modell zur Optimierung der elektromechanischen Eigenschaften von Sensor und Aktor in Abschnitt 6.1 benötigt.

5.1 Simulationsmethoden

Netzwerkmethoden

Netzwerkmethoden stellen eine seit langem bekannte Möglichkeit zur Abbildung und Verhaltenssimulation von elektromechanischen Systemen dar. Eine detaillierte Darstellung dieser Methoden wurde unter anderem von Lenk [LE73] , [LE77] , [LE75] sowie Lenk et al. [LE10] erarbeitet. Besonders geeignet erscheint die Verwendung von Netzwerkmethoden für Ingenieure der Elektrotechnik und Mechatronik, da diese mit elektrischen Netzwerken vertraut sind.

Die Modellierung des Wandlerbausteins durch ein Netzwerk bietet sich an, da das System eine vergleichsweise einfache Struktur aufweist, deren Verhalten in Grenzen als linear angenommen werden kann. Weiterhin ist für Entwurfsarbeiten nur das dynamische Verhalten in Achsrichtung relevant, sodass der Wandlerbaustein durch ein eindimensionales Netzwerkmodell abgebildet werden kann. Weitere Vorteile bei der Verwendung von Netzwerkmethoden ergeben sich dadurch, dass:

- der Wandlerbaustein im Netzwerkmodell auf seine wesentlichen Kernsystempunkte reduziert werden kann. Dies ermöglicht eine bessere Übersicht über die Struktur des Systems und erhöht das Verständnis für die den Wandlerbaustein dominierenden Größen.
- die angrenzenden Quell- und Lastimpedanz bereits in Netzwerkform vorliegen. Diese können somit einfach in das Modell integriert werden.
- Simulationen mit Netzwerkanalysatoren eine erhebliche Reduzierung der Rechenzeit gegenüber Simulationen mit FE-Modellen ermöglichen. Dies gilt insbesondere bei der Analyse dynamischer Vorgänge.
- die Werte von Netzwerkelementen, welche die Eigenschaften von Komponenten am Wandlerbaustein abbilden, sehr schnell verändert werden können. Dies erhöht die Flexibilität des Modells.
- Netzwerkanalysatoren die Implementierung einfacher Regelungsbausteine zulassen. Dies ist in FE-Programmen wie beispielsweise ANSYS nur mit viel Aufwand oder zusätzlichen Programmpaketen (Simplorer etc.) möglich.

Mit Netzwerkmethoden können sowohl das elektrische, mechanische sowie akustische Verhalten des Wandlerbaustein und der angrenzenden Quell- und Lastimpedanz als auch Wechselwirkungen zwischen diesen physikalischen Ebenen in einem Modell berücksichtigt werden. Die Bauelemente und Netzwerkkoordinaten nach Lenk et al. [LE10] (Kapitel 2, 3 & 9), die in dieser Arbeit verwendet werden, sind in Tabelle 5.1 zusammengefasst. Ebenso zeigt die Tabelle die reziproke Verkopplung der physikalischen Ebenen durch Wandlergleichungen nach Lenk et al. [LE10] (Abschnitte 5.2 & 9.2). Die Verkopplung von elektrischer und akustischer Ebene durch den Wandlerfaktor X beschreibt Starke in [ST10] .

Tabelle 5.1: Netzwerkkoordinaten und Wandlergleichungen elektrischer, mechanischer und akustischer Netzwerke

Physikalische Ebene	elektrisch	mechanisch	akustisch
Flusskoordinate	Strom $\underline{i}$	Kraft $\underline{F}$	Schallfluss $\underline{q}$
Differenzkoordinate	Spannung $\underline{u}$	Geschwindigkeit $\underline{v}$	Schalldruck $\underline{p}$
	Widerstand R $R=\underline{u}/\underline{i}$	Admittanz h $h=\underline{v}/\underline{F}$	Reibung Z_{Ak} $Z_{\mathrm{Ak}}=\underline{p}/\underline{q}$
	Induktivität L $j\omega L=\underline{u}/\underline{i}$	Nachgiebigkeit n $j\omega n=\underline{v}/\underline{F}$	Masse M_{Ak} $j\omega M_{\mathrm{Ak}}=\underline{p}/\underline{q}$
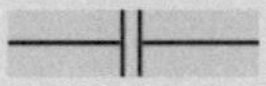	Kapazität C $j\omega C=\underline{i}/\underline{u}$	Masse m $j\omega m=\underline{F}/\underline{v}$	Nachgiebigkeit N_{Ak} $j\omega N_{\mathrm{Ak}}=\underline{q}/\underline{p}$
Wandlergleichungen	piezoelektrischer Wandlerfaktor Y $\underline{F}=\underline{u}/Y, \underline{v}=\underline{i}\cdot Y$		
		mechanisch-akustischer Wandlerfaktor A_{Eff} $\underline{v}=\underline{q}/A_{\mathrm{Eff}}, \underline{F}=\underline{p}\cdot A_{\mathrm{Eff}}$	
	elektrisch-akustischer Wandlerfaktor X $\underline{u}=\underline{p}/X, \underline{i}=\underline{q}\cdot X$		

Ein Nachteil von Netzwerkmethoden ist, dass Strukturänderungen am Wandlerbaustein eine Anpassung einzelner oder auch mehrerer Netzwerkelemente erfordern. Lassen sich diese Elemente nur mit viel Aufwand analytisch oder experimentell bestimmen, erhöht sich wiederum die Rechenzeit, die Effizienz der Simulationsmethode sinkt.

Finite-Elemente-Methoden

FE-Methoden besitzen den Vorteil, dass sich auch komplizierte Bauteilstrukturen in FE-Modelle überführen lassen. Mit Hilfe von Simulationsumgebungen wie der ANSYS Workbench lassen sich die FE-Modelle zudem einfach erstellen und die verschiedensten Parameter anhand von Simulationsexperimenten extrahieren. Der Nachteil dieser Methode ist jedoch, dass selbst bei Modellen mit wenigen Elementen die Simulation dynamischer Vorgänge vergleichsweise viel Rechenzeit in Anspruch nimmt. In dieser Arbeit werden daher nur statische FE-Simulationsexperimente sowie Modalanalysen genutzt.

Methode der Kombinierten Simulation

Ein geeignetes Werkzeug zur Verbindung von Netzwerk- und FE-Methoden stellt die Methode der „Kombinierten Simulation" dar. Diese ausführlich von Starke in [ST10] und [STA11] sowie von Lenk et al. in [LE10] (Abschnitt 6.4) vorgestellte Methodik beschreibt Strategien zum effizienten, verständnisorientierten und simulationsgestützten Entwurf von elektromechanischen Systemen. Eine Anwendung der Methodik zur Simulation eines implantierbaren Mittelohr-Hörsystems zeigt Starke et al. unter anderem in [ST112]. Ein Kernelement der Kombinierten Simulation ist die Verknüpfung der Vorteile von Netzwerk- und FE-Methoden. Das Schema in Abbildung 5.1 zeigt die möglichen Verknüpfungen dieser beiden Simulationswerkzeuge nach Starke [ST10] .

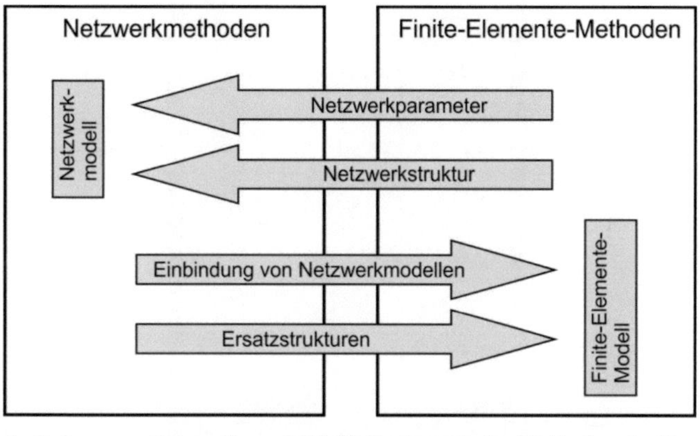

Abbildung 5.1: Verknüpfung von Netzwerk- und FE-Methoden mit den Methoden der Kombinierten Simulation nach Starke [ST10]

Für den Entwurf des Wandlerbausteins ist besonders die im Bild genannte Bestimmung von Netzwerkparametern mit FE-Methoden relevant. Lassen sich einige Bauelementwerte des Netzwerkes nur in Näherung oder mit sehr hohem Aufwand analytisch berechnen, so werden diese anhand von FE-Experimenten ermittelt. Für Systeme, deren dynamisches Verhalten noch als quasistatisch angesehen werden kann, ist es dabei oft ausreichend, die Netzwerkparameter mit statischen FE-Experimenten zu berechnen. Diese nehmen weitaus weniger Rechenzeit in Anspruch als eine vollständige dynamische Analyse des Systems. Der Fehler, der durch die Nutzung statisch bestimmter Parameter in dynamischen Netzwerkanalysen entsteht, ist in den meisten Fällen vertretbar.

5.2 Netzwerkmodell des Wandlerbausteins

In diesem Abschnitt wird das Netzwerkmodell des Wandlerbausteins entwickelt. Dabei wird die KE zunächst allgemein abgebildet. Diese kann jedoch später in das Modell eingebunden werden. Die Abbildung der am Wandlerbaustein angrenzenden Quell- und Lastimpedanz erfolgt durch das in Abschnitt 3.4 beschriebene Netzwerkmodell von O'Connor und Puria [CO08] .

5.2.1 Definition der Systempunkte und -größen

Im Schema in Abbildung 4.1 wurden bereits drei wichtige Systempunkte (**1-3**) an der Struktur des Wandlerbausteins gekennzeichnet. Zusätzlich zu diesen Systempunkten müssen weitere definiert werden, um das elektrische, mechanische und akustische Verhalten des Wandlerbausteins im Netzwerk zu beschreiben. Abbildung 5.2 zeigt in einer schematischen Übersicht die gewählten elektrischen ($\boldsymbol{K}_{\mathbf{S,A,KE}}$), mechanischen (**1-4**) und akustischen ($\boldsymbol{V}_{\mathbf{1,2,MO}}$) Systempunkte, sowie die an diesen Punkten wirkenden Fluss- und Differenzgrößen. Die Unterscheidung zwischen positiven und negativen Wirkungsrichtungen mechanischer und akustischer Größen erfolgt anhand der im Bild eingetragenen Bezugsrichtung x.

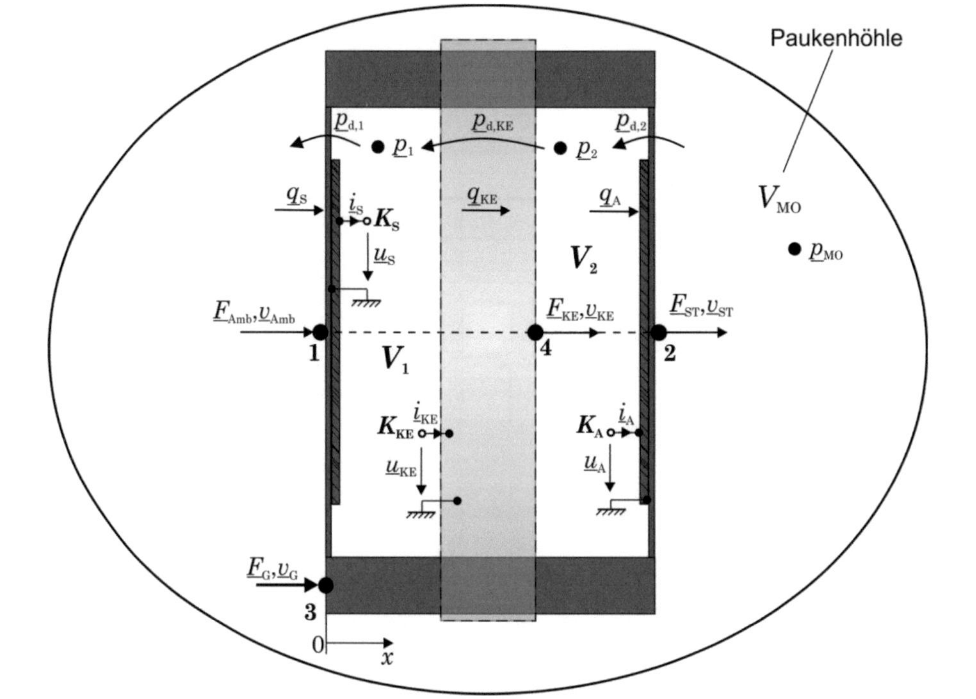

Abbildung 5.2: Querschnitt des Wandlerbausteins mit Kennzeichnung der im Netzwerk abgebildeten Systempunkte sowie an diesen Punkten wirkende physikalischen Größen

Die abgebildeten Systempunkte und physikalischen Größen genügen, um das dynamische Verhalten des Wandlerbausteins ausreichend genau zu beschreiben. Auf das Verhalten des Wandlerbausteins abseits der Systempunkte kann später im Netzwerkmodell nicht zugegriffen werden. Dies stellt jedoch keinen Nachteil dar, da nur das Verhalten an sowie die physikalischen Wechselwirkungen zwischen den gewählten Systempunkten für eine Funktionsanalyse des Wandlerbausteins relevant sind. Die an den Systempunkten in Abbildung 5.2 wirkenden Größen lassen sich anhand ihrer physikalischen Ebene wie folgt einteilen:

Elektrische Ebene In der elektrischen Ebene werden die an den Klemmen ($\boldsymbol{K}_{\mathbf{S,A,KE}}$) der piezoelektrischen Wandler wirkenden Spannungen $\underline{u}$ und Ströme $\underline{i}$ abgebildet. An der Sensoreinheit sind elektrische

Spannungen und Ströme nach dem Verbraucherzählpfeilsystem definiert, da der Sensor als Last auf eine mechanische oder akustische Quelle wirkt. Aktor und KE arbeiten dementsprechend als elektrische Quellen und bewirken bei positiven Spannungslasten wiederum positiv gerichtete mechanische und akustische Größen.

Mechanische Ebene Die Systempunkte (**1-4**) der mechanischen Ebene sind durch die dort wirkenden Geschwindigkeiten $\underline{v}$ und Kräfte $\underline{F}$ charakterisiert. Diese sind alle in positiver x-Richtung definiert und beschreiben das mechanische Verhalten in der Mitte der Unimorph-Biegeplatten von Sensor- und Aktoreinheit, der KE sowie am Gehäuse. Der Gehäusepunkt (**3**) ist gleichzeitig der Einspannpunkt am Rand der Trägerplatten von Sensor und Aktor.

Akustische Ebene Zusätzlich zur mechanischen Verkopplung der Wandlereinheiten über das Gehäuse sind die Wandlereinheiten durch die Luftvolumina ($\boldsymbol{V}_{\mathbf{1,2,MO}}$) innerhalb und außerhalb des Gehäuses miteinander verkoppelt. Dies wird durch den Schalldruck $\underline{p}$ und den Schallfluss $\underline{q}$ in der akustischen Ebene berücksichtigt. Schallflüsse sind in positiver x-Richtung definiert. Ein Differenzdruck $\underline{p}_{\mathrm{d}}$ zwischen zwei Volumina ist in x-negativer Richtung festgelegt. Damit ist bei einem positiven Differenzdruck der absolute Schalldruck hinter der Platte größer als vor der Platte (siehe Abbildung 5.2).

5.2.2 Dreitor-Netzwerkmodell einer piezoelektrischen Unimorph-Biegeplatte

Da piezoelektrische Unimorph-Biegeplatten in der Mikromechatronik bereits als elektroakustische Sensoren und Aktoren zum Einsatz kommen ([FI01] , [ST11]), wurden in der Vergangenheit bereits verschiedene Netzwerkmodelle zur Abbildung deren dynamischen Verhaltens entwickelt. Beispiele dafür sind die elektrisch-akustischen Modelle von Starke et al. [ST11] oder auch Prasad et al. [PR02] .

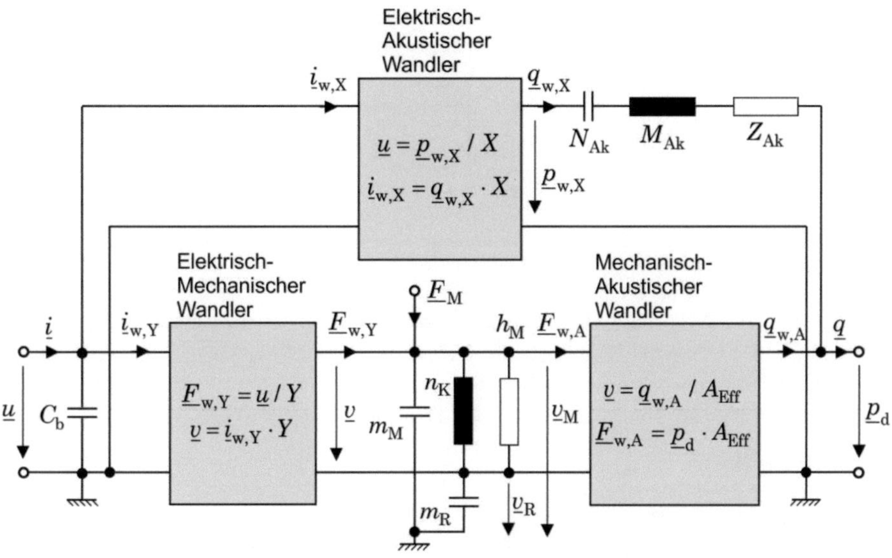

Abbildung 5.3: Elektrisch-mechanisch-akustisches Netzwerkmodell einer piezoelektrischen Unimorph-Biegeplatte nach Steinert [STE11]

Einen Netzwerkansatz, der das elektrische, mechanische und akustische Verhalten abbildet und miteinander verknüpft, präsentiert Steinert in [STE11] . Eine Anwendung dieses Netzwerkansatzes zur Plattformstabilisierung ist in der Arbeit von Krause et al. [KR121] zu finden. Das Netzwerk besitzt die Besonderheit, dass jede der drei physikalischen Ebenen direkt mit den beiden anderen verkoppelt ist. Dies wird durch die Verknüpfung von drei bereits bekannten Netzwerken, die jeweils einen Teilaspekt der Unimorph-Biegeplatte abbilden, erreicht. Die Gültigkeit des Netzwerkmodells bis zur ersten mechanischen und akustischen Eigenfrequenz wurde in [STE11] durch vergleichende FE-Analysen sowie messtechnische Untersuchungen nachgewiesen. Der Aufbau dieses in Abbildung 5.3 dargestellten Netzwerkmodells wird im Folgenden vorgestellt.

Elektrisch-Mechanischer Wandler

Die elektrischen Eigenschaften der Unimorph-Biegeplatte werden im Netzwerkmodell durch die Kapazität C_b abgebildet. Mit Hilfe des von Lenk et al. [LE10] in Abschnitt 9.2 beschriebenen, piezoelektrischen Wandlers Y erfolgt die reziproke Verkopplung von elektrischer und mechanischer Ebene. Der elektromechanische Wandler wirkt als Gyrator, da er jeweils die Differenzkoordinate einer Ebene in die Flusskoordinate der anderen Ebene umwandelt. Im Aktorbetrieb wird so die aufgebrachte Spannungslast $\underline{u}$ in die mechanische Kraft $\underline{F}_{w,Y}$ umgewandelt. Analog dazu generiert eine Geschwindigkeitslast $\underline{v}$ im Sensorbetrieb den elektrischen Strom $\underline{i}_{w,Y}$, der einen Spannungsabfall $\underline{u}$ über der Kapazität C_b bewirkt.

Mechanisch-Akustischer Wandler

Die Verkopplung des mechanischen und akustischen Systems des Unimorphs erfolgt im Netzwerk durch den von Lenk et al. [LE10] (Abschnitt 5.2) beschriebenen mechanisch-akustischen Plattenwandler. Bei Steinert [STE11] wurde das Modell um die mechanischen Massen m_M und m_R erweitert. Abbildung 5.4 zeigt das um die mechanischen Massen ergänzte Netzwerk dieses bekannten Wandlers.

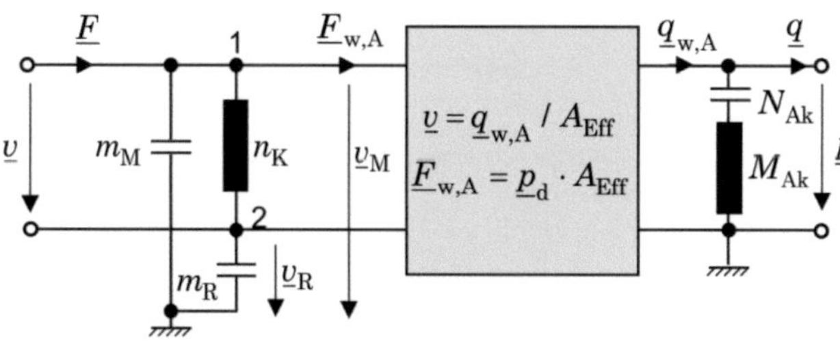

Abbildung 5.4: Um mechanische Masseanteile erweitertes Netzwerkmodell des mechanisch-akustischen Plattenwandlers nach Lenk et al. [LE10]

Die Ergänzung des Netzwerkmodells ermöglicht die Abbildung der mechanischen Eigenfrequenzen $f_{0,mM}$ und $f_{0,mR}$ der Unimorph-Biegeplatte. Auf diese Weise wird der Gültigkeitsbereich des Netzwerkmodells auf den Frequenzbereich um diese Resonanzen erweitert. Abbildung 5.5 zeigt die verschiedenen Einspannungen an der Trägerplatte, bei denen die beiden Massen wirksam sind.

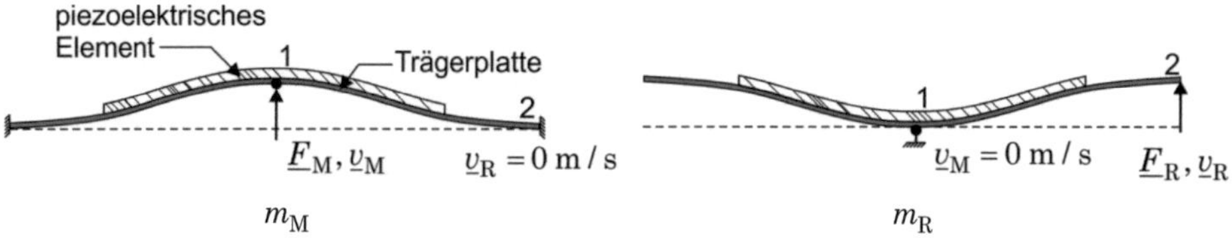

Abbildung 5.5: Effektiv schwingende Masseanteile für verschiedene Einspannungen der Unimorph-Biegeplatte

Durch das Element m_M wird der mitschwingende Masseanteil bei festgehaltenem Plattenrand $(\underline{v}_R = 0\,\mathrm{m/s})$ und in Achsrichtung frei beweglicher Plattenmitte (1) berücksichtigt (Abbildung 5.5 links). Die Masse m_R hingegen bildet die effektiv schwingende Masse des Unimorphs bei festgehaltener Plattenmitte $(\underline{v}_M = 0\,\mathrm{m/s})$ und frei beweglichem Plattenrand (2) ab (Abbildung 5.5 rechts).

Das Modell des mechanisch-akustischen Plattenwandlers beschreibt das mechanische Verhalten der Unimorph-Biegeplatte im Plattenmittelpunkt (1) und -rand (2) anhand der dort wirkenden Geschwindigkeiten $\underline{v}_M, \underline{v}_R$ und Kräfte $\underline{F}_M, \underline{F}_R$ in Achsrichtung. In der akustischen Ebene werden durch das Netzwerk der Differenzdruck über der Platte $\underline{p}_d$ sowie der bei Durchbiegung der Platte erzeugte Schallfluss $\underline{q}$ abgebildet. Die gyratorische Verknüpfung von mechanischen und akustischen Größen erfolgt über die effektiv schwingende Plattenfläche A_{Eff}. Neben der mittigen Durchbiegung des Unimorphs wird durch das Netzwerk auch eine ringförmige Durchbiegung modelliert. Diese tritt bei einer akustischen Drucklast $\underline{p}_d$ trotz eines mechanischen Kurzschlusses im Plattenmittelpunkt und -rand $(\underline{v}_M = \underline{v}_R = 0\,\mathrm{m/s})$ auf. Für diese Schwingform nach Abbildung 5.6 existiert keine mechanische Koordinate. Die Abbildung der ringförmigen Schwingung erfolgt daher durch die akustischen Elemente Masse M_{Ak} und Nachgiebigkeit N_{Ak}.

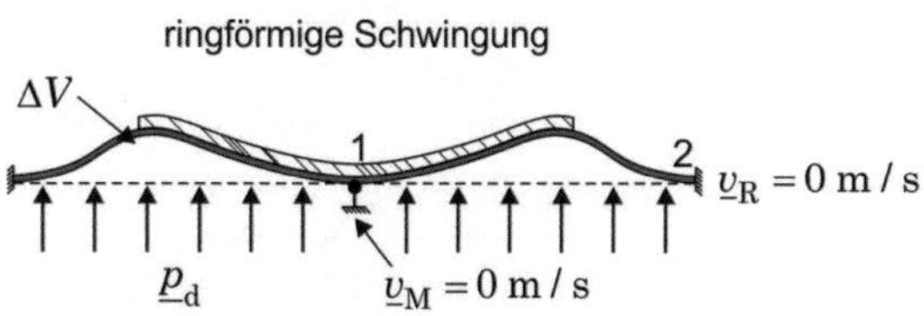

Abbildung 5.6: Ringförmige Schwingform einer am Rand und in der Plattenmitte eingespannten Unimorph-Biegeplatte bei anliegender Drucklast

Elektrisch-Akustisches Modell einer piezoelektrischen Unimorph-Biegeplatte

Bei der schaltungstechnischen Verknüpfung des elektrisch-mechanischen Wandlers und des mechanisch-akustischen Plattenwandlers existiert keine direkte Verbindung zwischen dem elektrischen und akustischen Teilsystem (Abbildung 5.3). Für den in Abbildung 5.6 dargestellten Fall mit $\underline{v}_M = \underline{v}_R = 0\,\mathrm{m/s}$ sind somit elektrische und akustische Ebene nicht verbunden. Eine ringförmige Durchbiegung des Unimorphs aufgrund einer anliegenden Spannung $\underline{u}$ kann damit nicht abgebildet werden.

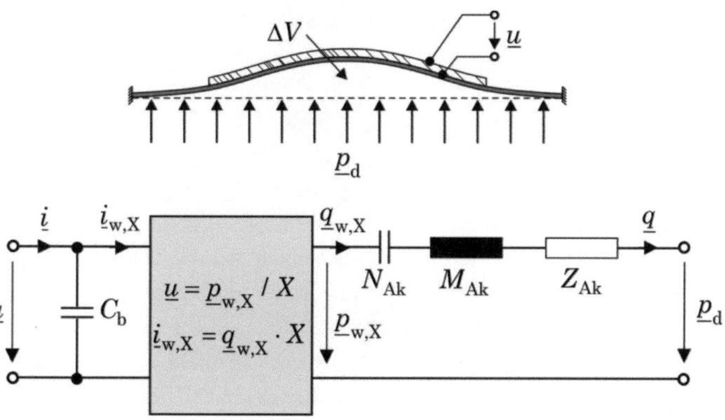

Abbildung 5.7: Elektrisch-akustisches Netzwerkmodell eines piezoelektrischen Signalgebers nach Starke [ST11]

Zur vollständigen Beschreibung des dynamischen Verhaltens der Unimorph-Biegeplatte muss das Modell durch eine direkte Verkopplung von elektrischer und akustischer Ebene ergänzt werden. Hierzu dient die Netzwerkstruktur in Abbildung 5.7. Dieses Netzwerkmodell wurde bereits von Starke [ST11] zur Verhaltenssimulation eines piezoelektrischen Signalgebers verwendet, da es die akustischen Fluss- und Differenzgrößen direkt mit den elektrischen über den transformatorisch wirkenden Wandler X verknüpft.

Bestimmung der Netzwerkparameter mit FE-Methoden

Die Bestimmung der Netzwerkparameter in Abbildung 5.3 erfolgte in [STE11] mit den Methoden der Kombinierten Simulation durch statische Simulationsexperimente und Modalanalysen mit FE-Modellen. Die Last- und Randbedingungen dieser Experimente müssen dabei so gewählt werden, dass die eindeutige Berechnung der einzelnen Netzwerkparameter mit dem FE-Experiment möglich ist. Das effiziente Verfahren der Bestimmung von Netzwerkparametern mit statischen FE-Experimenten, die anschließend in dynamischen Netzwerksimulationen genutzt werden, geht auf die Arbeiten von Pfeifer [PF95], [PF97], [PF05] zurück. Dabei wird das Verfahren bewusst als Näherung eingesetzt. Entstehende Abweichungen gegenüber einer zeitaufwendigeren vollständigen dynamischen FE-Lösung müssen im Einzelfall untersucht werden. Der Fehler ist jedoch meist gering, sodass das Verfahren beispielsweise von Starke in [ST10] zur Bestimmung der Netzwerkparameter im Modell des piezoelektrischen Signalgebers (Abbildung 5.7) Anwendung fand.

Folgend wird das Verfahren anhand des Simulationsexperimentes zur Bestimmung der akustischen Nachgiebigkeit N_{Ak} näher erläutert. Die Last- und Randbedingungen für dieses Simulationsexperiment zeigt Abbildung 5.8. Das FE-Modell, an dem das Experiment durchgeführt wird, beschreibt Abschnitt 5.3.

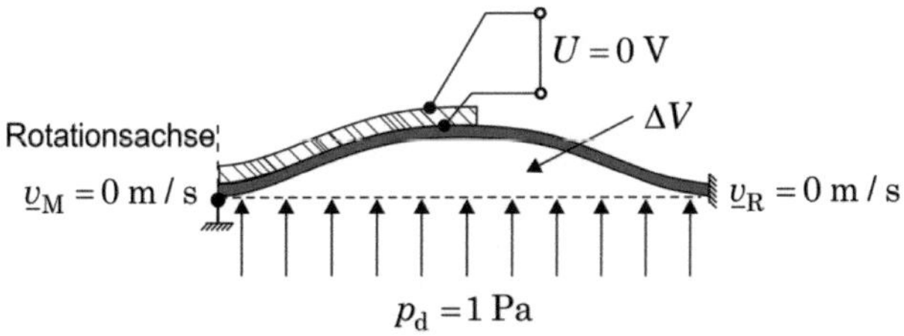

Abbildung 5.8: Querschnittshälfte einer Unimorph-Biegeplatte mit Last- und Randbedingungen für das Simulationsexperiment zur Bestimmung der akustischen Nachgiebigkeit N_{Ak}

Das Bauelement N_{Ak} wird durch eine statische Simulation bei $f = 0$ Hz ermittelt. Somit können alle parallel geschalteten mechanischen sowie in Reihe geschalteten akustischen Masseanteile im Netzwerk in Abbildung 5.3 vernachlässigt werden ($1/j\omega m_{\mathrm{M}} \to \infty, 1/j\omega m_{\mathrm{R}} \to \infty$ und $j\omega M_{\mathrm{Ak}} \to 0$). Desweiteren wird die Trägerplatte am Rand sowie in der Mitte festgehalten ($\underline{v}_{\mathrm{M}} = \underline{v}_{\mathrm{R}} = 0$ m / s), die elektrische Spannung am piezoelektrischen Element beträgt $U = 0$ V. Das entspricht einem Kurzschluss in der mechanischen und elektrischen Ebene. Es entfallen folglich der elektrisch-mechanische, mechanisch-akustische und elektrisch-akustische Wandler aus dem Schaltbild. In der statischen Simulation werden keine Reibungsverluste berücksichtigt, weshalb die Elemente h und Z_{Ak} ebenfalls aus dem Netzwerk entfallen. Durch Aufbringen dieser Randbedingungen ist das gesuchte Element N_{Ak} im Netzwerk isoliert. Die Nachgiebigkeit kann anhand der sich einstellenden Volumenverschiebung ΔV_{p} bei aufgeprägter statischer Druckbelastung $p_{\mathrm{d}} = 1$ Pa an der Trägerplatte mit Hilfe der Gleichung

$$N_{\mathrm{Ak}} = \frac{\Delta V_{\mathrm{p}}}{p_{\mathrm{d}}} \tag{5.1}$$

berechnet werden. Durch eine Modalanalyse lässt sich zudem über die erste akustische Resonanzfrequenz $f_{0,\mathrm{Ak}}$ das Masseelement

$$M_{\mathrm{Ak}} = \frac{1}{2\pi f_{0,\mathrm{Ak}} \cdot N_{\mathrm{Ak}}} \tag{5.2}$$

ermitteln.

Der mechanisch-akustische Wandlerfaktor A_{Eff} kann mit Hilfe des gleichen FE-Experiments bestimmt werden. Dazu wird die im Plattenmittelpunkt in Achsrichtung wirkende Kraft $F_{\mathrm{M,p}}$ ausgewertet. Die Berechnung von A_{Eff} erfolgt anschließend durch den Zusammenhang

$$A_{\mathrm{Eff}} = \frac{F_{\mathrm{M,p}}}{p_{\mathrm{d}}}. \tag{5.3}$$

In einem zweiten statischen Simulationsexperiment können drei weitere Netzwerkparameter berechnet werden. Dieses Experiment erfolgt bei mechanischem und akustischem Kurzschluss $(\underline{v}_{\mathrm{R}} = \underline{v}_{\mathrm{M}} = 0\ \mathrm{m/s},\ \underline{p}_{\mathrm{d}} = 0\ \mathrm{Pa})$. Die elektrische Spannung beträgt $U = 1\ \mathrm{V}$. Mit Hilfe der durch die Spannungslast erzeugten Volumenverschiebung ΔV_{u} sowie der bereits bekannten akustischen Nachgiebigkeit N_{Ak} erfolgt die Berechnung des elektrisch-akustischen Wandlerfaktors

$$X = \frac{-\Delta V_{\mathrm{u}}}{N_{\mathrm{Ak}} \cdot U}. \tag{5.4}$$

Desweiteren kann aus der im Plattenmittelpunkt wirkenden Kraft $F_{\mathrm{M,u}}$ der elektrisch-mechanische Wandlerfaktor

$$Y = \frac{-U}{F_{\mathrm{M,u}}} \tag{5.5}$$

ermittelt werden. Das gleiche FE-Experiment liefert durch Berechnung der gesamten elektrischen Ladung Q auf der Elektrode die Kapazität $C_{\mathrm{b}} = Q / U$.

Die mechanische Nachgiebigkeit der Unimorph-Biegeplatte n_{K} muss in einem dritten Simulationsexperiment ermittelt werden. Für dieses Experiment werden die elektrische und akustische Ebene kurzgeschlossen ($\underline{p}_{\mathrm{d}} = 0\ \mathrm{Pa},\ \underline{u} = 0\ \mathrm{V}$), der Plattenrand wird festgehalten ($\underline{v}_{\mathrm{R}} = 0\ \mathrm{m/s}$). In den Plattenmittelpunkt wird in Achsrichtung die definierte statische Kraft $F_{\mathrm{M}} = 1\ \mathrm{N}$ eingeleitet. Ergebnis des Experimentes ist die statische Auslenkung im Plattenmittelpunkt ξ_{M}. Die Berechnung der mechanischen Nachgiebigkeit erfolgt anhand der Gleichung

$$n_{\mathrm{K}} = \frac{\xi_{\mathrm{M}}}{F_{\mathrm{M}}}. \tag{5.6}$$

Basierend auf dem Bauelement n_{K} werden die Massen m_{M} und m_{R} berechnet. Dazu müssen die jeweils ersten mechanischen Resonanzfrequenzen $f_{0,\mathrm{mR}}$ und $f_{0,\mathrm{mM}}$ bei wechselnder Einspannung der Trägerplatte in der Mitte und am Rand mit Hilfe von Modalanalysen bestimmt werden. Die notwendige Berechnungsvorschrift lautet analog zu Gleichung (5.2)

$$m_{\mathrm{M/R}} = \frac{1}{2\pi f_{0,\mathrm{mM/R}} \cdot n_{\mathrm{K}}}. \tag{5.7}$$

Die mechanischen und akustischen Reibungselemente h und Z_{Ak} werden so gewählt, dass sich eine definierte Güte Q in den jeweiligen Resonanzkreisen einstellt. Die dazu notwendigen mathematischen Zusammenhänge lauten:

$$h = Q \cdot \sqrt{\frac{n_{\mathrm{K}}}{m_{\mathrm{M}}}} \text{ und } Z_{\mathrm{Ak}} = \frac{1}{Q} \cdot \sqrt{\frac{M_{\mathrm{Ak}}}{N_{\mathrm{Ak}}}}. \tag{5.8}$$

Starke gibt in [ST10] eine Güte $Q = 80$ für eingespannte Biegeplatten an. Die konkreten Werte der Netzwerkelemente werden im Anschluss an die Optimierung von Sensor- und Aktoreinheit in Abschnitt 6.1 berechnet.

Alle FE-Simulationsexperimente zur Bestimmung der Netzwerkparameter in Abbildung 5.3 sind noch einmal in Tabelle 5.2 zusammengefasst.

Tabelle 5.2: Übersicht der FE-Simulationsexperimente zur Bestimmung der Parameter im Netzwerk der Unimorph-Biegeplatte

Berechnungsvorschrift	Lastparameter	Ergebnisparameter	Randbedingungen (Kurzschluss)
	Statische Analysen $\left(\underline{v}_{\mathrm{R}} = 0\,\mathrm{m/s}, f = 0\,\mathrm{Hz}\right)$		
$N_{\mathrm{Ak}} = \Delta V_{\mathrm{p}} / p_{\mathrm{d}}$	$p_{\mathrm{d}} = 1\,\mathrm{Pa}$	ΔV_{p}	$\underline{v}_{\mathrm{M}} = 0\,\mathrm{m/s}, \underline{u} = 0\,\mathrm{V}$
$A_{\mathrm{Eff}} = F_{\mathrm{M,p}} / p_{\mathrm{d}}$	$p_{\mathrm{d}} = 1\,\mathrm{Pa}$	$F_{\mathrm{M,p}}$	$\underline{v}_{\mathrm{M}} = 0\,\mathrm{m/s}, \underline{u} = 0\,\mathrm{V}$
$X = -\Delta V_{\mathrm{u}} / \left(N_{\mathrm{Ak}} \cdot U\right)$	$U = 1\,\mathrm{V}$	ΔV_{u}	$\underline{v}_{\mathrm{M}} = 0\,\mathrm{m/s}, \underline{p}_{\mathrm{d}} = 0\,\mathrm{Pa}$
$Y = -U / F_{\mathrm{M,u}}$	$U = 1\,\mathrm{V}$	$F_{\mathrm{M,u}}$	$\underline{v}_{\mathrm{M}} = 0\,\mathrm{m/s}, \underline{p}_{\mathrm{d}} = 0\,\mathrm{Pa}$
$C_{\mathrm{b}} = Q / U$	$U = 1\,\mathrm{V}$	Q	$\underline{v}_{\mathrm{M}} = 0\,\mathrm{m/s}, \underline{p}_{\mathrm{d}} = 0\,\mathrm{Pa}$
$n_{\mathrm{K}} = \xi_{\mathrm{M}} / F_{\mathrm{M}}$	$F_{\mathrm{M}} = 1\,\mathrm{N}$	ξ_{M}	$\underline{p}_{\mathrm{d}} = 0\,\mathrm{Pa}, \underline{u} = 0\,\mathrm{V}$
	Modalanalysen $\left(\underline{u} = 0\,\mathrm{V}, \underline{p}_{\mathrm{d}} = 0\,\mathrm{Pa}\right)$		
$m_{\mathrm{M}} = \left[2\pi f_{0,\mathrm{mM}} \cdot n_{\mathrm{K}}\right]^{-1}$		$f_{0,\mathrm{mM}}$	$\underline{v}_{\mathrm{R}} = 0\,\mathrm{m/s}$
$m_{\mathrm{R}} = \left[2\pi f_{0,\mathrm{mR}} \cdot n_{\mathrm{K}}\right]^{-1}$		$f_{0,\mathrm{mR}}$	$\underline{v}_{\mathrm{M}} = 0\,\mathrm{m/s}$
$M_{\mathrm{Ak}} = \left[2\pi f_{0,\mathrm{Ak}} \cdot N_{\mathrm{Ak}}\right]^{-1}$		$f_{0,\mathrm{Ak}}$	$\underline{v}_{\mathrm{M}} = \underline{v}_{\mathrm{R}} = 0\,\mathrm{m/s}$

5.2.3 Vollständiges Netzwerkmodell des Wandlerbausteins

Abbildung 5.9 zeigt das vollständige Netzwerkmodell des Wandlerbausteins mit angrenzender Quell- und Lastimpedanz. Das Modell wurde basierend auf den in Abschnitt 5.2.1 definierten Systempunkten sowie den in den Abschnitten 3.4 und 5.2.2 beschriebenen Netzwerkmodellen erstellt.

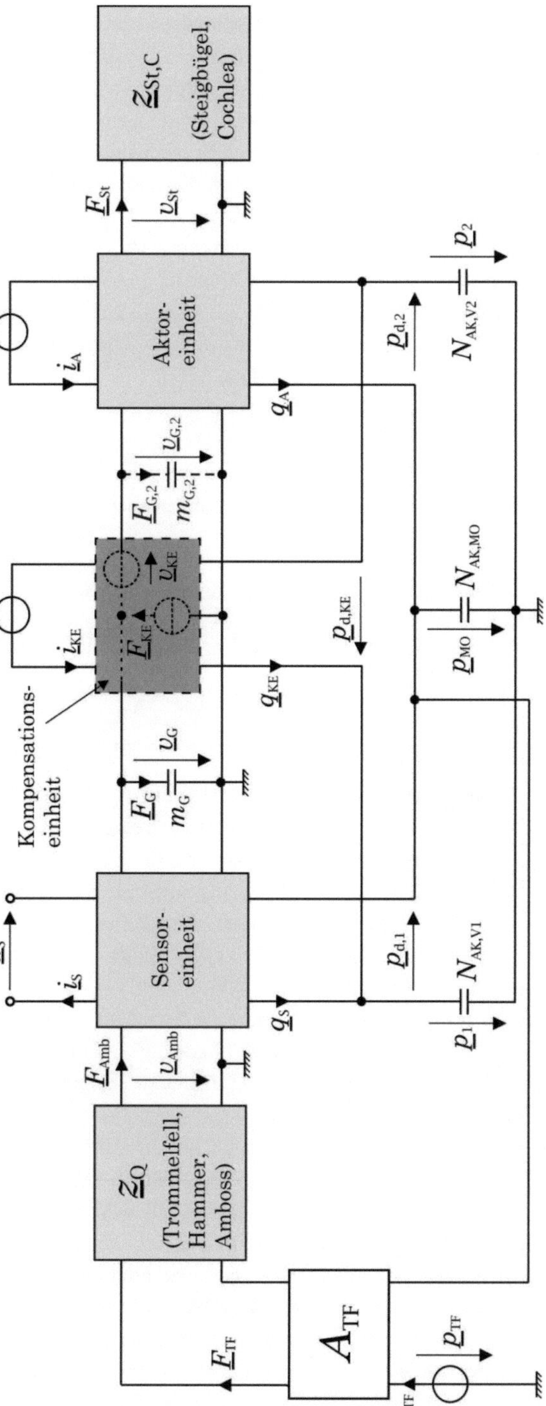

Abbildung 5.9: Netzwerk des Wandlerbausteins mit angrenzender Quell- und Lastimpedanz sowie Druckanregung am Trommelfell

Einen Großteil des Netzwerkmodells bilden die Teilmodelle zur Abbildung von Sensor und Aktor, da diese die Wechselwirkungen zwischen allen drei betrachteten physikalischen Ebenen umfassen. Die mit „Sensoreinheit" und „Aktoreinheit" gekennzeichneten Achtpole enthalten jeweils das in Abbildung 5.3 dargestellte Netzwerkmodell der Unimorph-Biegeplatte.

Das als steif angesehene Gehäuse wird als einzelnes mechanisches Masseelement abgebildet. Die Masse m_G des Gehäuses wird aus dessen geometrischen Abmessungen (Tabelle 4.1) sowie den Materialparametern von Titan berechnet und beträgt $m_G = 95\,\text{mg}$.

Die im Wandlerbaustein eingeschlossenen Luftvolumina $V_{WB} = V_1 + V_2$ sowie das Volumen der Mittelohrhöhle V_{MO} werden jeweils als akustische Nachgiebigkeit N_{Ak} im Netzwerk berücksichtigt. Das Volumen der Mittelohrhöhle wird mit $V_{MO} = 5\,\text{cm}^3$ angenommen. Dieser Wert liegt innerhalb des von Hudde und Engel in [HU982] angegebenen Bereiches. Die Berechnung der akustischen Nachgiebigkeiten erfolgt anhand der Relation aus [LE10] (Abschnitt 3.3.2)

$$N_{Ak,WB/MO} = \frac{V_{WB/MO}}{\kappa \cdot p_0}. \tag{5.9}$$

Tabelle 5.3 gibt die Werte der Einzelvolumina sowie die daraus berechneten akustischen Nachgiebigkeiten an.

Tabelle 5.3: Volumina und Nachgiebigkeiten im Wandlerbaustein und Mittelohr

Volumen	$V_{WB} = 1{,}88 \cdot 10^{-8}\ \text{m}^3$	$V_{MO} = 5 \cdot 10^{-6}\ \text{m}^3$
akustische Nachgiebigkeit	$N_{Ak,WB} = 1{,}33 \cdot 10^{-13}\ \text{m}^3/\text{Pa}$	$N_{Ak,MO} = 3{,}5 \cdot 10^{-11}\ \text{m}^3/\text{Pa}$

Durch Einbringen der KE verkleinern sich die Volumina V_1 und V_2. Je nach Struktur der KE müssen die akustischen Nachgiebigkeiten im Netzwerkmodell angepasst werden.

Der Lastimpedanz-Zweipol sowie der Quellimpedanz-Vierpol in Abbildung 5.9 enthalten die entsprechenden Bauelemente aus Abbildung 3.4. Die KE ist allgemein als Kraft- oder Geschwindigkeitsquelle abgebildet. Da je nach Struktur der KE das Gehäuse des Wandlerbausteins aus einem oder zwei Teilen bestehen kann, besitzt das Netzwerk eine optionale zweite Gehäusemasse $m_{G,2}$ mit daran wirkenden mechanischen Größen.

Die mechanische Anregungskraft $\underline{F}_{TF}$ am Trommelfell wird im vollständigen Netzwerk durch den Differenzdruck $\underline{p}_d = \underline{p}_{MO} - \underline{p}_{TF}$ über dem Trommelfell erzeugt. Dadurch bildet das Netzwerk auch die akustische Verkopplung der Luft vor und hinter dem Trommelfell ab. Die Trommelfellfläche beträgt nach Puria [PU97] $A_{TF} = 60\,\text{mm}^2$.

Mit Hilfe des vollständigen Netzwerkmodells können dynamische Vorgänge am Wandlerbaustein und den umgebenden Quell- und Lastimpedanz innerhalb von wenigen Sekunden auf einem heutigen Standard-PC simuliert werden. Die Gültigkeit des Netzwerkmodells wurde anhand von Simulationen an einem FE-Modell des Wandlerbausteins nachgewiesen. Eine Beschreibung dieses FE-Modells sowie daran simulierte Übertragungsfunktionen sind in Anhang B dieser Arbeit dargestellt.

Für einige Entwurfsarbeiten lässt sich die Komplexität des Modells noch reduzieren. Dies hat den Vorteil, dass bei Strukturänderungen am Wandlerbaustein weniger Netzwerkelemente angepasst werden müssen. Bei der Reduzierung des Netzwerkes ist darauf zu achten, dass das dynamische Verhalten des Modells im betrachteten Frequenzbereich nicht zu stark verändert wird. Eine relative Änderung von bis zu 10 % im Vergleich zum vollständigen Modell wird noch als hinreichend genau erachtet.

5.3 2D-FE-Modell einer piezoelektrischen Unimorph-Biegeplatte

In diesem Abschnitt wird das 2D-FE-Modell einer piezoelektrischen Unimorph-Biegeplatte beschrieben. Statische Analysen sowie Modalanalysen an diesem FE-Modell dienen dazu, die Netzwerkparameter des in Abschnitt 5.2.2 dargestellten Dreitor-Netzwerkmodells der Unimorph-Biegeplatte zu bestimmen. Desweiteren wird das FE-Modell zur Optimierung von Sensor und Aktor in Abschnitt 6.1 genutzt.

Aufbau

Die Rotationssymmetrie der Unimorph-Biegeplatte erlaubt es, das FE-Modell als halbes 2D-Querschnittsmodell abzubilden. Dies hat den Vorteil, dass das Modell aus wenigen Knoten und Elementen besteht. Der Lösungsprozess nimmt somit weniger Rechenzeit als bei einem dreidimensionalen Modell in Anspruch. Eine bemaßte Skizze des FE-Modells, das mit der Workbench-Umgebung des kommerziellen Programms ANSYS (Release 14) erstellt wurde, zeigt Abbildung 5.10.

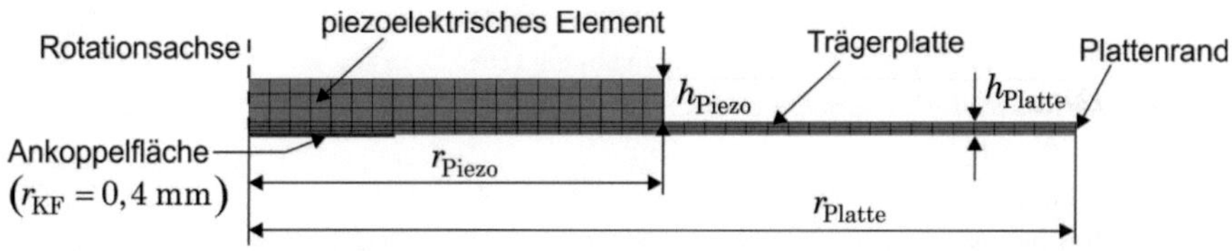

Abbildung 5.10: Rotationssymmetrisches 2D-Finite-Elemente-Modell einer piezoelektrischen Unimorph-Biegeplatte

Die Trägerplatte und das piezoelektrische Element sind im Modell ideal miteinander verbunden. Desweiteren wird die Dicke der Elektroden vernachlässigt. Die Abmessungen h_{Piezo}, h_{Platte} und r_{Piezo} können variabel eingestellt werden. Die Variabilität dieser Modellparameter erlaubt es, Abhängigkeiten wichtiger Funktionsparameter, z. B. die Spannung am piezoelektrischen Element im Sensorbetrieb, von den Modellparametern zu untersuchen. Der Radius der Trägerplatte ist mit $r_{\text{Platte}} = 2\ \text{mm}$ zunächst konstant. Die Ankoppelfläche stellt die Verbindungsfläche der Trägerplatte von Sensor und Aktor mit den angrenzenden Ohrimpedanzen dar. Der gewählte Radius $r_{\text{KF}} = 0,4\ \text{mm}$ entspricht dabei nach Lehner et al. [LH98] dem der Verbindungsstelle zwischen Ambossfortsatz und Steigbügelkopf.

Die Trägerplatte aus Titan besitzt konstante Materialeigenschaften. Die elektromechanischen Eigenschaften des piezoelektrischen Elementes sind variabel, sodass sich durch das Modell unterschiedliche piezoelektrische Materialien wie Keramiken oder Einkristalle abbilden lassen. Die in den Simulationen verwendeten Materialkennwerte der piezoelektrischen Werkstoffe befinden sich im Anhang dieser Arbeit.

Last- und Randbedingungen

Die Bestimmung der Netzwerkparameter in Tabelle 5.2 sowie die unterschiedlichen Funktionsparameter bei der Optimierung von Sensor- und Aktoreinheit erfordern variable Randbedingungen und Lasten am FE-Modell. Eine Übersicht der in den Simulationsexperimenten angewendeten Einspannungen zeigt Tabelle 5.4.

Tabelle 5.4: Einspannungen am FE-Modell in der Plattenmitte und am Plattenrand

	Rand mit Drehlager	Rand mit Festlager
Rand eingespannt	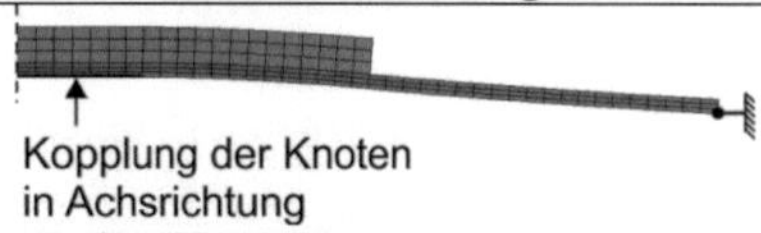	
Ankoppelfläche eingespannt	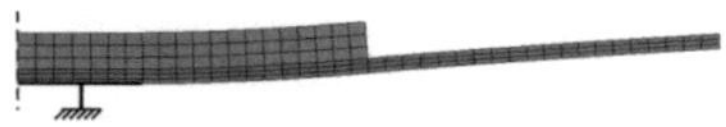	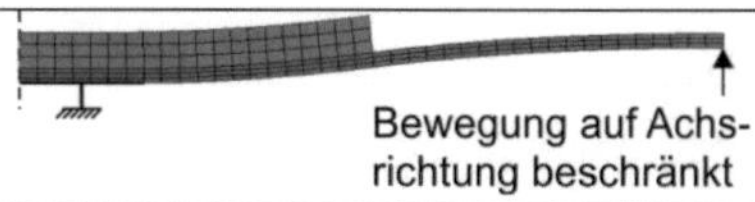

Die Ankoppelfläche in der Plattenmitte des Modells kann sowohl festgehalten als auch frei schwingend sein. Bei frei schwingender Ankoppelfläche bewegen sich per Definition die entsprechenden Knoten gleichförmig und ausschließlich in Richtung der Symmetrieachse. Auch der Plattenrand ist wahlweise eingespannt oder frei beweglich. Bei der Einspannung am Plattenrand ist zwischen einer festen Einspannung (Festlager) und einer drehbar gelagerten Einspannung (Drehlager) zu unterscheiden. Die Simulation eines Festlagers erfordert die Vergrößerung des Plattenradius um $10\ \%$ auf $r_{\mathrm{Platte,FL}} = 2{,}2\ \mathrm{mm}$, um eine realitätsnähere nichtideale Einspannung abzubilden.

Die Art der Einspannung am Plattenrand ist auch dann relevant, wenn der Plattenrand im Simulationsexperiment frei beweglich sein soll. So kann der frei bewegliche Rand einer sonst fest eingespannten Trägerplatte nur in Achsrichtung bewegt werden. Dagegen ist der Rand einer sonst drehbar gelagerten Platte auch in der zweiten Dimension verschiebbar.

Neben diesen Randbedingungen können am Modell Lastbedingungen definiert werden. Dazu gehören nach Abbildung 5.11 die Spannung am piezoelektrischen Element, eine in die Ankoppelfläche eingeleitete Kraft oder eine Differenzdrucklast an der Trägerplatte.

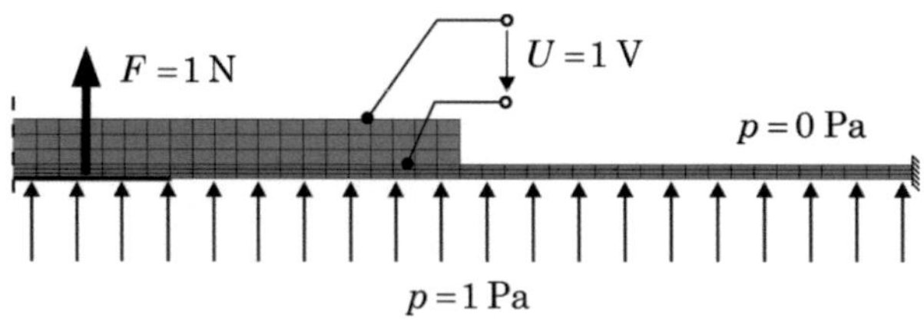

Abbildung 5.11: Elektrische, mechanische und akustische Lasten am FE-Modell zur Bestimmung der Netzwerkparameter

Das einfache FE-Modell bildet die jeweils ersten mechanischen und akustischen Resonanzen der Unimorph-Biegeplatte ab. Schwingungsmoden, die nicht axialsymmetrisch sind, z. B. die 11-Mode, werden durch das rotationssymmetrische Modell nicht erfasst.

6 Optimierung von Sensor, Aktor und Kompensationseinheit

Wie in Kapitel 5 gezeigt wurde, stellen Netzwerk- und FE-Methoden sowie deren Verbindung durch die Methoden der Kombinierten Simulation ein geeignetes Simulationswerkzeug zur effizienten Vorausberechnung des Wandlerbaustein-Verhaltens bzw. des Verhaltens einzelner Komponenten davon dar. Die vorgestellten Netzwerk- und FE-Modelle bilden somit die Grundlage zur Optimierung von Sensor, Aktor und KE. Die Optimierungsarbeiten zu diesen Wandlern sind notwendig, damit sie die bestmöglichen elektromechanischen Eigenschaften hinsichtlich ihrer Anwendung im Wandlerbaustein besitzen. Optimale Wandlereigenschaften sind die Voraussetzung, um mit dem Wandlerbaustein eine möglichst hohe Hörverstärkung g zu erzielen. Die simulationsgestützten Entwurfsarbeiten zur Optimierung von Sensor, Aktor und KE sind Gegenstand dieses Kapitels.

Die Optimierungsaufgabe besteht darin, die Modellparameter herauszustellen, bei denen die für den jeweiligen Wandler definierten Funktionsparameter ausgewählte Optimalitätskriterien, z. B. eine maximale Sensorspannung, bestmöglich erfüllen. Die Variation der Modellparameter erfolgt dabei innerhalb eines vorgegebenen zulässigen Bereiches. Im Gegensatz zu anderen Optimierungsaufgaben, z. B. der Maximierung der Sensitivität eines Drucksensors bei Gerlach und Dötzel in [GE08] (Abschnitt 9.1), werden die optimalen Modellparameter nicht automatisch anhand einer Zielfunktion gesucht, sondern aus der Schar der mit den verschiedenen Modellparametern ermittelten Funktionsparameter ausgewählt. Die Optimierungsaufgabe wird vorwiegend auf Grundlage der in Kapitel 5 erstellten Netzwerk- und FE-Modelle gelöst.

Der Einsatz von Unimorph-Biegeplatten als Sensor- und Aktoreinheit wurde bereits in Abschnitt 4.1 festgelegt. Jedoch sind die optimalen Geometrieverhältnisse von Trägerplatte zu piezoelektrischem Element für die Anwendung als elektromechanische Wandler bisher nicht bekannt. Abschnitt 6.1 beschreibt die Optimierung der elektromechanischen Eigenschaften der Unimorph-Biegeplatten.

Die optimale Struktur der KE ist noch unbekannt. In Abschnitt 6.2 werden die notwendigen Entwurfsarbeiten beschrieben, um aus einer Vielzahl von möglichen Strukturen die am besten als KE geeignete Struktur herauszustellen. Die Abhängigkeit der Kompensationswirkung von verschiedenen Parametern, z. B. den Mittelohrimpedanzen, wird anhand von Parameterstudien im Netzwerkmodell simuliert.

6.1 Optimierung der elektromechanischen Sensor- und Aktoreigenschaften

Die elektromechanischen Eigenschaften von kreisrunden Unimorph-Biegeplatten sind von verschiedenen Parametern abhängig. Neben den Materialien der Trägerplatte und des piezoelektrischen Elementes hat das Größenverhältnis dieser beiden Komponenten großen Einfluss auf die Sensitivität im Sensorbetrieb oder die Kraftwirkung im Aktorbetrieb.

Das geometrische Optimum, d. h. das optimale Verhältnis der Abmessungen von piezoelektrischem Element zu den Abmessungen der Trägerplatte, ist für elektroakustische Anwendungen bereits bekannt. Funktionsparameter ist dabei ein maximaler Schallfluss bzw. Schalldruckpegel im Aktorbetrieb. Im Sensorbetrieb soll die Spannungsamplitude $|\underline{u}|$ am piezoelektrischen Element bei einer aufgeprägten Drucklast $\underline{p}$ maximal sein.

Beim Einsatz der Unimorph-Biegeplatten als elektromechanische Wandler im Sensor-Aktor-Wandlerbaustein werden andere physikalische Last- und Funktionsparameter betrachtet. Das für elektroakustische Anwendungen bekannte Optimum ist daher nicht auf elektromechanische Anwendung übertragbar. Damit sowohl Sensor- als auch Aktoreinheit die bestmöglichen elektromechanischen Eigenschaften aufweisen, ist eine erneute Optimierung der Geometrie des piezoelektrischen Elementes in Abhängigkeit der Trägerplattengeometrie notwendig. Der Optimierungsprozess erfolgt anhand von statischen Analysen und Modalanalysen an dem in Abschnitt 5.3 beschriebenen FE-Modell.

6.1.1 Ablauf des Optimierungsprozesses

Die Bestimmung der optimalen elektromechanischen Sensor- und Aktoreigenschaften erfolgt anhand der folgend genannten Schritte:

1. **Definition der Funktionsparameter und konstanten Parameter** (z. B. Materialparameter)

2. **Variation der Modellparameter in FE-Simulationsexperimenten** (z. B. Höhe der Trägerplatte)

3. **Berechnung der zu den jeweiligen Modellparametern zugehörigen Funktionsparameter** (z. B. Sensorspannung) **und Restriktionsparameter** (z. B. Resonanzfrequenz)

4. **Auswahl der optimalen Modellparameter für Sensor- und Aktoreinheit**

Funktionsparameter Die zu optimierenden Funktionsparameter sind vom Betriebsmodus der Unimorph-Biegeplatte abhängig. Im Sensorbetrieb wird das Ziel verfolgt, die Spannungsamplitude $|\underline{u}_\mathrm{S}|$ am piezoelektrischen Element für eine in die Ankoppelfläche eingeleitete Kraft $\underline{F}_\mathrm{Amb}$ zu maximieren. Beim Betrieb des Wandlers als Aktor soll dagegen die in die angrenzende Last $\underline{z}_\mathrm{St,C}$ eingeleitete Kraftamplitude $|\underline{F}_\mathrm{St}|$ maximal sein. Der Aktor wird dabei mit der Spannung $\underline{u}_\mathrm{A}$ angeregt. Abbildung 6.1 zeigt die quasistatischen Netzwerke der Unimorph-Biegeplatte für beide Betriebsmodi bei akustischem Kurzschluss $(\underline{p}_\mathrm{d} = 0\ \mathrm{Pa})$.

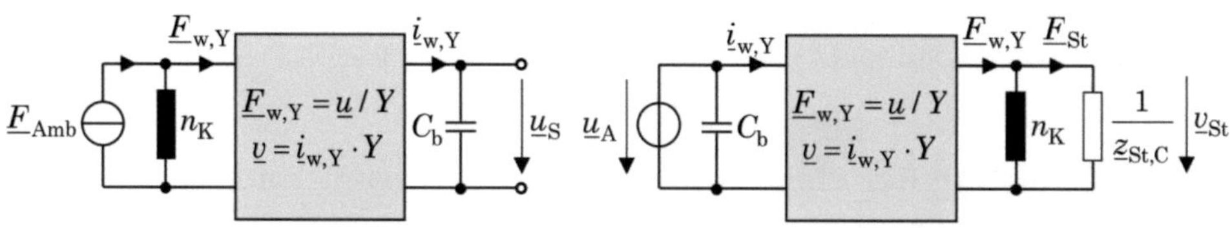

Abbildung 6.1: Quasistatische Netzwerke der Wandler im Sensor- und Aktorbetrieb bei akustischem Kurzschluss

Die beiden Funktionsparameter lassen sich in Abhängigkeit der Lastgrößen durch die Gleichungen

$$|\underline{u}_\mathrm{S}| = \left| \frac{j\omega n_\mathrm{K} \cdot Y}{j\omega n_\mathrm{K} + j\omega C_\mathrm{b} \cdot Y^2} \cdot \underline{F}_\mathrm{Amb} \right| \tag{6.1}$$

und

$$|\underline{F}_{\mathrm{St}}| = \left| \frac{j\omega n_{\mathrm{K}}}{j\omega n_{\mathrm{K}} + (1/\underline{z}_{\mathrm{St,C}})} \cdot \frac{\underline{u}_{\mathrm{A}}}{Y} \right| \tag{6.2}$$

beschreiben. Zwischen den beiden Funktionsparametern und den zugehörigen Lasten bestehen unterschiedliche mathematische Zusammenhänge. Daraus folgt, dass die optimale Sensor- und Aktorgeometrie nicht übereinstimmen müssen. Zur Bestimmung der optimalen Modellparameter von Sensor und Aktor sind somit unterschiedliche Simulationsexperimente notwendig.

Konstante Parameter Um den Optimierungsprozess einzugrenzen, werden ausgewählte Abmessungen, Materialeigenschaften und Einspannungen als Konstanten festgelegt. Diese Parameter umfassen

- die Radien der Trägerplatte sowie des Ankopplungsbereiches in der Plattenmitte. Diese entsprechen mit $r_{\mathrm{Platte,DL}} = 2\ \mathrm{mm}$ (Drehlager) bzw. $r_{\mathrm{Platte,FL}} = 2{,}2\ \mathrm{mm}$ (Festlager) und $r_{\mathrm{KF}} = 0{,}4\ \mathrm{mm}$ den Festlegungen aus Abschnitt 5.3.
- die festgebremste Einspannung des Trägerplattenrandes ($\underline{v}_{\mathrm{R}} = 0\ \mathrm{m/s}$). Die Optimierung von eingespannten Wandlern in einem frei beweglichen Gehäuse ist nicht notwendig.
- die Materialeigenschaften der Unimorph-Biegeplatte. Die Trägerplatte besteht aus Titan, als piezoelektrisches Material wird in den Simulationen das einkristalline Material Blei-Zirkonat-Niobat (PZN) von Zhang et al. [ZH02] verwendet. Die piezoelektrische Ladungskonstante dieses Materials ist mit $d_{33} = 2900\ \mathrm{pC/N}$ fünf bis zehnmal höher als die konventioneller harter und weicher Piezokeramiken aus Blei-Zirkonat-Titanat (PZT) wie z. B. PIC181 ($d_{33} = 265\ \mathrm{pC/N}$) [PI11]. Zudem besitzt das Material eine sehr hohe elektromechanische Kopplung von $k > 0{,}9$.

Modellparameter Im Optimierungsprozess sind die Höhe der Trägerplatte h_{Platte}, die Höhe des piezoelektrischen Elementes h_{Piezo} sowie dessen Durchmesser d_{Piezo} freie Modellparameter. Die Variation dieser Parameter erfolgt in dem Bereich:

- $h_{\mathrm{Platte}} = [40\ \mu\mathrm{m}, 50\ \mu\mathrm{m} ... 100\ \mu\mathrm{m}]$,
- $h_{\mathrm{Piezo}} = [10\ \mu\mathrm{m}, 20\ \mu\mathrm{m} ... 100\ \mu\mathrm{m}]$,
- $d_{\mathrm{Piezo}} = [1\ \mathrm{mm}, 1{,}5\ \mathrm{mm} ... 3{,}5\ \mathrm{mm}]$.

Weiterhin werden am Plattenrand die unterschiedlichen Einspannungen „fest eingespannt“ und „drehbar gelagert“ simuliert. Insgesamt ergibt sich daraus ein Parameterfeld von 840 Varianten, die mit Hilfe des 2D-FE-Modells der Unimorph-Biegeplatte nacheinander gelöst werden müssen.

Die minimale Höhe der Trägerplatte $h_{\mathrm{Platte}} = 40\ \mu\mathrm{m}$ orientiert sich an aktuell bei Mittelohrmikrofonen eingesetzten Biegeplatten [KO13]. Die Platte ist bei dieser Höhe noch biegesteif und benötigt keine zusätzliche Vorspannung.

Der betrachtete Bereich von h_{Piezo} lässt sich nicht ausschließlich mit dem einkristallinen Material PZN realisieren. Wie die Hersteller TRS Technologies [TR11], Microfine Piezo [MF11] oder Morgan Technical Ceramics [MO12] zeigen, besitzen die Einkristalle derzeit eine minimale Höhe von $h_{\mathrm{Piezo}} = 100\ \mu\mathrm{m}$. Nach Moon et al. [MO02], Yang et al. [YA01] und Levy et al. [LE02] sind mit hohem technologischen Aufwand auch kleinere Schichthöhen in der Größenordnung $10\ \mu\mathrm{m}$ möglich. Diese werden jedoch noch nicht kommerziell angeboten.

Höhen von $h_{\mathrm{Piezo}} = [10\ \mu\mathrm{m} ... 100\ \mu\mathrm{m}]$ lassen sich wie bei Bai et al. [BA12], Hindrichsen et al. [HI10], Kim et al. [KI11] oder auch Thiele et al. [TH01] beschrieben, per Siebdruckverfahren herstellen.

Alternativ kann dies nach Schroth et al. [SC97] auch mit Inkjet-Druckverfahren geschehen. Das zum Druck verwendete, zerkleinerte PZT besitzt mit $d_{33} \leq 200\,\mathrm{pC/N}$ (InSensor A/S [IS12]) eine um den Faktor zwei bis drei kleinere Ladungskonstante als herkömmliche Piezokeramiken. Bei Auswahl der optimalen Höhe h_{Piezo} des piezoelektrischen Elementes muss daher auch das zur Herstellung dieser Schichthöhe notwendige Fertigungsverfahren beachtet werden.

Dem Optimierungsprozess vorangestellte Simulationen haben gezeigt, dass Dünnfilmschichten im Nanometer-Bereich, wie sie Sporn et al. [SP95] beschreiben, hinsichtlich der optimalen Wandlereigenschaften keinen Vorteil gegenüber anderen Herstellungsverfahren bieten.

Nebenbedingungen Neben den Funktionsparametern werden durch Simulationsexperimente zusätzliche Restriktionsparameter berechnet. Diese Parameter dienen zur Kontrolle von Material- oder Linearitätsgrenzen. Varianten, welche die folgenden Nebenbedingungen nicht erfüllen, werden aus dem Feld der Modellparameter entfernt:

- Für die im Mittelohr auftretenden Kräfte und Spannungen darf die Grenzdehnung des Piezomaterials nicht überschritten werden. Typischerweise umfasst die maximale Grenzdehnung piezoelektrischer Keramiken bzw. piezoelektrischer Einkristalle den Bereich $\varepsilon_{\mathrm{Piezo,max}} = [0{,}1\,\%...1\,\%]$ ([TR11] , [PI11]).
- Um eine annähernd lineare Durchbiegung der Trägerplatte zu gewährleisten, muss nach Pfeifer und Werthschützky [PW89] (Abschnitt 2.2.2) für druckbelastete Platten ein Verhältnis $\gamma_{\mathrm{M}} = \xi_{\mathrm{M}} / h_{\mathrm{Platte}} < 0{,}3$ eingehalten werden. Der Linearitätsfehler beträgt dann maximal $5\,\%$. Dieses maximale Verhältnis wird folgend auch für die kraft- und spannungsbelasteten Unimorph-Biegeplatten als Restriktion verwendet.
- Für die Resonanzfrequenzen $f_{0,\mathrm{mM}}$ und $f_{0,\mathrm{mR}}$ der Wandler gilt die Bedingung $f_{0,\mathrm{mM/mR}} > f_{\mathrm{Nutz,max}} = 8\,\mathrm{kHz}$. Diese Restriktion ist notwendig, da der Wirkungsgrad der Wandler oberhalb der Resonanz abnimmt. Zudem gelten die anderen Nebenbedingungen nur für den quasistatischen Betrieb. Im Resonanzfall können z. B. Dehnungen von $\varepsilon_{\mathrm{Piezo,max}} > 1\,\%$ auftreten. Die Folge wäre ein Bruch des piezoelektrischen Elementes. Die Resonanzfrequenzen müssen mittels einer Modalanalyse bestimmt werden.

6.1.2 Sensorbetrieb

Das Simulationsexperiment zur Bestimmung der optimalen Modellparameter im Sensorbetrieb zeigt Abbildung 6.2.

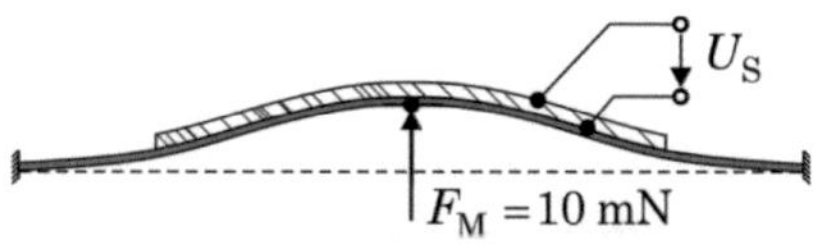

Abbildung 6.2: Simulationsexperiment zur Bestimmung der optimalen Sensorgeometrie

In die Ankoppelfläche der Trägerplatte wird eine statische Kraft $F = 10$ mN eingespeist. Bei einer Trommelfellfläche $A_{\mathrm{TF}} = 60\,\mathrm{mm}^2$ entspricht dies einem äquivalenten Schalldruckpegel von $L_{\mathrm{P,TF}} = 138\,\mathrm{dB}$. Es ist davon auszugehen, dass diese Kraft beim normalen Betrieb des Wandlerbausteins nicht überschritten wird. Ergebnis des Simulationsexperimentes ist die statische Sensorspannung U_S sowie die Restriktionsparameter $\varepsilon_{\mathrm{Piezo}}$ und γ_{M}. Beim Betrieb des Wandlers im quasistatischen Frequenzbereich $f \ll f_{0,\mathrm{mM/mR}}$ entspricht die statische Spannung U_S dabei dem zu maximierenden Funktionsparameter $|\underline{u}_\mathrm{S}|$.

Die höchsten Sensorspannungen U_S werden für die Plattenhöhe $h_\mathrm{Platte} = 40\,\mu\mathrm{m}$ erzielt. Die Nebenbedingungen werden für alle betrachteten Werte der Modellparameter eingehalten. Abbildung 6.3 zeigt die ermittelten Sensorspannungen in Abhängigkeit der anderen Modellparameter für die Plattenhöhe $h_\mathrm{Platte} = 40\,\mu\mathrm{m}$. Die simulierten Spannungen U_S für die Modellparameter $h_\mathrm{Platte} = [50\,\mu\mathrm{m} ... 100\,\mu\mathrm{m}]$ sind in Anhang C dieser Arbeit dargestellt.

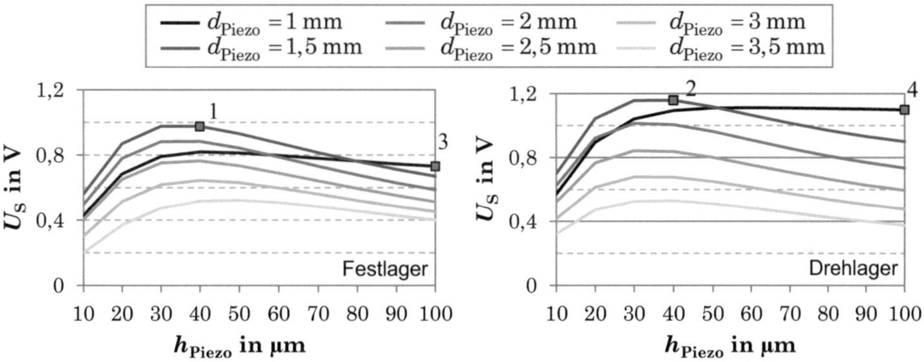

Abbildung 6.3: Statische Sensorspannungen bei Krafteinleitung in die Ankoppelfläche der Unimorph-Biegeplatte, die Höhe der Trägerplatte ist mit h_Platte=40 µm konstant

Die maximalen Spannungen U_S für beide Einspannungen werden für die in den Diagrammen gekennzeichneten Konfigurationen **1** und **2** erzielt. Die Modellparameter sind dabei für beide Einspannungen (Fest- und Drehlager) gleich. Die Parameter der beiden Konfigurationen fasst Tabelle 6.1 zusammen.

Tabelle 6.1: Parameter der Konfigurationen mit maximaler Sensorspannung bei einer Anregungskraft von 10 mN

	Modellparameter	Funktionsparameter	Restriktionen
1	$h_\mathrm{Platte} = 40\,\mu\mathrm{m}$ $h_\mathrm{Piezo} = 40\,\mu\mathrm{m}$	$U_\mathrm{S,1} = 1\,\mathrm{V}$	$\varepsilon_\mathrm{Piezo} = 0,004\,\%$, $\gamma_\mathrm{M} = 0,02$ $f_{0,\mathrm{mM}} = 16,8\,\mathrm{kHz}$, $f_{0,\mathrm{mR}} = 15,78\,\mathrm{kHz}$
2	$d_\mathrm{Piezo} = 1,5\,\mathrm{mm}$	$U_\mathrm{S,2} = 1,16\,\mathrm{V}$	$\varepsilon_\mathrm{Piezo} = 0,0043\,\%$, $\gamma_\mathrm{M} = 0,02$ $f_{0,\mathrm{mM}} = 15,6\,\mathrm{kHz}$, $f_{0,\mathrm{mR}} = 14,3\,\mathrm{kHz}$

Mit einer Höhe $h_\mathrm{Piezo} = 40\,\mu\mathrm{m}$ kann das piezoelektrische Element kommerziell nicht aus PZN hergestellt werden. Gedruckte Schichten besitzen jedoch einen um den Faktor 10 kleineren elektromechanischen Übertragungsfaktor als PZN. Bei gleichen Modellparametern erzielen gedruckte piezoelektrische Schichten daher auch eine um diesen Faktor kleinere Spannung im Vergleich zu denen in Abbildung 6.3.

Die piezoelektrischen Elemente der im Diagramm markierten Konfigurationen **3** und **4** können aufgrund ihrer Höhe $h_\mathrm{Piezo} = 100\,\mu\mathrm{m}$ aus PZN gefertigt werden. Die jeweiligen Spannungsunterschiede zwischen den Konfigurationen **1** und **3** sowie **2** und **4** sind mit $0,3\,\mathrm{V}$ bzw. $60\,\mathrm{mV}$ kleiner als der Unterschied des elektromechanischen Übertragungsfaktors. Die optimalen Modellparameter sind daher die Konfigurationen **3** und **4**. Tabelle 6.2 zeigt die Parameter der optimalen Konfigurationen für den Sensorbetrieb.

Tabelle 6.2: Parameter der optimalen Konfigurationen bei einer Anregungskraft von 10 mN

<table>
<tr><th></th><th>Modellparameter</th><th>Funktionsparameter</th><th>Restriktionen</th></tr>
<tr><td>3</td><td rowspan="2">$h_{\text{Platte}} = 40\ \mu\text{m}$
$h_{\text{Piezo}} = 100\ \mu\text{m}$
$d_{\text{Piezo}} = 1\ \text{mm}$</td><td>$U_{\text{S,3}} = 0{,}7\ \text{V}$</td><td>$\varepsilon_{\text{Piezo}} = 0{,}0024\ \%,\ \gamma_{\text{M}} = 0{,}02$
$f_{0,\text{mM}} = 15{,}2\ \text{kHz},\ f_{0,\text{mR}} = 14{,}4\ \text{kHz}$</td></tr>
<tr><td>4</td><td>$U_{\text{S,4}} = 1{,}1\ \text{V}$</td><td>$\varepsilon_{\text{Piezo}} = 0{,}0028\ \%,\ \gamma_{\text{M}} = 0{,}02$
$f_{0,\text{mM}} = 14\ \text{kHz},\ f_{0,\text{mR}} = 12{,}8\ \text{kHz}$</td></tr>
</table>

Bei Gesprächsschalldruckpegeln von $L_{\text{P,TF}} = 50\ \text{dB}$ liegen die Sensorspannungen für die Konfigurationen **3** und **4** in der Größenordnung $10\ \mu\text{V}$. Die Auswertung solcher Spannungen ist mit einer ausreichenden Dynamik von $20\ \text{dB}$ mit aktueller Verstärkertechnik möglich.

6.1.3 Aktorbetrieb

Zur Berechnung der optimalen Modellparameter für den Aktorbetrieb sind die beiden statischen Simulationsexperimente in Abbildung 6.4 notwendig.

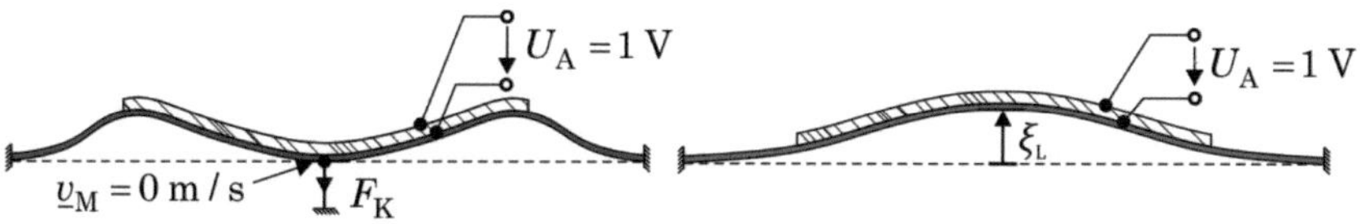

Abbildung 6.4: Simulationsexperimente zur Bestimmung der optimalen Aktorgeometrie, Berechnung der Kurzschlusskraft (links) und Leerlaufauslenkung (rechts)

Im ersten Experiment wird die Ankoppelfläche mechanisch festgehalten ($\underline{v}_{\text{M}} = 0\ \text{m/s}$), am piezoelektrischen Element liegt die statische Spannung $U_{\text{A}} = 1\ \text{V}$ an. Ergebnis des Experimentes ist die statische Kurzschlusskraft F_{K} im Plattenmittelpunkt. Im zweiten Simulationsexperiment bleibt die Ankoppelfläche in Achsrichtung frei beweglich. Bei anliegender Spannung $U_{\text{A}} = 1\ \text{V}$ kann die statische Leerlaufauslenkung ξ_{L} der Ankoppelfläche bestimmt werden. Dieses Simulationsexperiment liefert auch die beiden Restriktionsparameter $\varepsilon_{\text{Piezo}}$ und γ_{M}. Aus den beiden statischen Parametern Kurzschlusskraft $\underline{F}_{\text{K}}$ und Leerlaufauslenkung ξ_{L} lässt sich anschließend die mechanische Quellimpedanz des Aktors

$$\underline{z}_{\text{Q,A}} = \frac{F_{\text{K}}}{j\omega\xi_{\text{L}}} \tag{6.3}$$

ermitteln. Dabei gilt $\underline{z}_{\text{Q,A}} = 1 / j\omega n_{\text{K}}$ (Abbildung 6.1). Die Berechnung der in die Lastimpedanz $\underline{z}_{\text{St,C}}$ eingeleiteten Kraftamplitude $\left|\underline{F}_{\text{St}}\right|$ erfolgt durch die Gleichung

$$\left|\underline{F}_{\text{St}}\right| = \left|\frac{\underline{F}_{\text{K}} \cdot \left(1/\underline{z}_{\text{Q,A}}\right)}{\left(1/\underline{z}_{\text{Q,A}}\right) + \left(1/\underline{z}_{\text{St,C}}\right)}\right|. \tag{6.4}$$

Zur Berechnung des Funktionsparameters $\left|\underline{F}_{\text{St}}\right|$ wird dabei der in Abbildung 3.3 dargestellte Mittelwert der Lastimpedanz $\overline{\left|\underline{z}_{\text{St,C}}\right|}$ verwendet.

Die höchsten Kräfte werden wiederum für eine Höhe der Trägerplatte von $h_{\text{Platte}} = 40\ \mu\text{m}$ erzielt. Auch die Restriktionsparameter liegen für alle betrachteten Werte der Modellparameter innerhalb der definierten Grenzen. Abbildung 6.5 zeigt die Kräfte $\left|\underline{F}_{\text{St}}\right|$ in Abhängigkeit der anderen Modellparameter für $h_{\text{Platte}} = 40\ \mu\text{m}$ und einer Frequenz von $f = 100\ \text{Hz}$. Die Ergebnisse für die anderen untersuchten Höhen der Trägerplatte sind wiederum in Anhang C dargestellt.

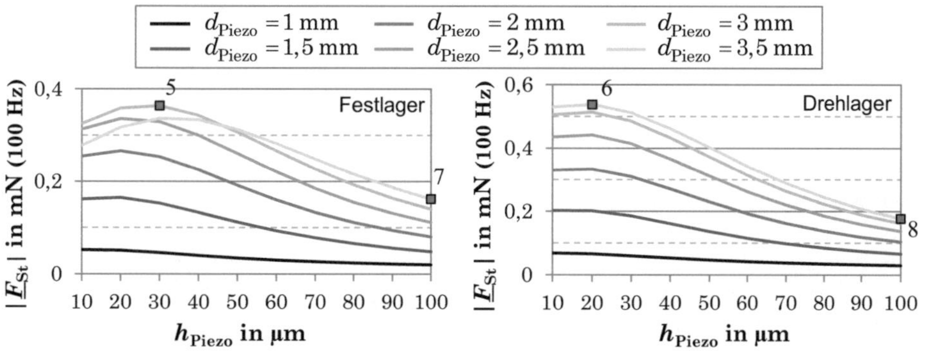

Abbildung 6.5: Vom Aktor in die Last eingespeiste Kraft bei *f*=100 Hz, die Höhe der Trägerplatte ist mit h_{Platte}=40 µm konstant

Die Diagramme zeigen, dass bei den gekennzeichneten Konfigurationen **5** und **6** die maximalen Kraftamplituden $|\underline{F}_{St}|$ in die Last eingeleitet werden. Tabelle 6.3 zeigt eine Zusammenfassung der Parameter dieser Aktorkonfigurationen.

Tabelle 6.3: Parameter der Konfigurationen mit maximaler Krafteinleitung in die Last bei einer Anregungsspannung von 1 V

	Modellparameter	Funktionsparameter	Restriktionen
5	$h_{Platte} = 40$ µm $h_{Piezo} = 30$ µm $d_{Piezo} = 3$ mm	$\lvert\underline{F}_{St,5}\rvert = 0,36$ mN	$\varepsilon_{Piezo} = 0,0033$ %, $\gamma_M = 0,047$ $f_{0,mM} = 15,6$ kHz, $f_{0,mR} = 14,45$ kHz
6	$h_{Platte} = 40$ µm $h_{Piezo} = 20$ µm $d_{Piezo} = 3,5$ mm	$\lvert\underline{F}_{St,6}\rvert = 0,54$ mN	$\varepsilon_{Piezo} = 0,0058$ %, $\gamma_M = 0,07$ $f_{0,mM} = 15,1$ kHz, $f_{0,mR} = 11,3$ kHz

Analog zur Optimierung der Sensoreinheit ist ein piezoelektrisches Element mit einer Höhe $h_{Piezo} = 100$ µm vorteilhafter. Das piezoelektrische Element kann dann aus dem Material PZN hergestellt werden und erzielt im Vergleich mit gedruckten piezoelektrischen Schichten eine höhere, absolute Krafteinleitung in die Last. Optimale Konfigurationen für den Aktorbetrieb sind somit die in Abbildung 6.5 gekennzeichneten Konfigurationen **7** und **8**. Deren Parameter fasst Tabelle 6.4 zusammen.

Tabelle 6.4: Parameter der optimalen Konfigurationen bei einer Anregungsspannung von 1 V

	Modellparameter	Funktionsparameter	Restriktionen
7	$h_{Platte} = 40$ µm $h_{Piezo} = 100$ µm $d_{Piezo} = 3,5$ mm	$\lvert\underline{F}_{St,7}\rvert = 0,16$ mN	$\varepsilon_{Piezo} = 0,0015$ %, $\gamma_M = 0,02$ $f_{0,mM} = 20,7$ kHz, $f_{0,mR} = 23,4$ kHz
8		$\lvert\underline{F}_{St,8}\rvert = 0,18$ mN	$\varepsilon_{Piezo} = 0,0016$ %, $\gamma_M = 0,021$ $f_{0,mM} = 23$ kHz, $f_{0,mR} = 23,77$ kHz

Der Aktor ist für diese Konfigurationen in der Lage, bei der maximal zulässigen Spannung im Mittelohr $(|\underline{u}| = 6\text{ V})$ und einer Frequenz von $f = 100$ Hz Kräfte von $|\underline{F}_{St,7}| = 0,96$ mN bzw.

$|\underline{F}_{\mathrm{St,8}}| = 1{,}08\,\mathrm{mN}$ in die Last einzuleiten. Dies entspricht äquivalenten Schalldruckpegeln am Trommelfell von $L_{\mathrm{P,Äq,7}} = 118\,\mathrm{dB}$ bzw. $L_{\mathrm{P,Äq,8}} = 119\,\mathrm{dB}$.

Basierend auf der Quellimpedanz $\underline{z}_{\mathrm{Q,A}}$ und dem mittleren Amplitudenverlauf der Lastimpedanz $|\underline{z}_{\mathrm{St,C}}|$ lässt sich feststellen, dass die Aktorkonfigurationen **7** und **8** für alle Frequenzen im Nutzfrequenzbereich f_{Nutz} die größtmögliche Krafteinleitung in die Last ermöglichen. Weiterhin gelten die herausgestellten Optima auch für Abweichungen der Lastimpedanzamplitude $|\underline{z}_{\mathrm{St,C}}|$ vom Mittelwert in dem in Abbildung 3.3 gezeigten Bereich.

Mit Hilfe der zeiteffizienten statischen FE-Experimente und FE-Modalanalysen konnten die optimalen Modellparameter der Unimorph-Biegeplatten von Sensor und Aktor für den Einsatz als elektromechanische Wandler im Wandlerbaustein ermittelt werden. Die gewählte Ergebnisdarstellung in Abbildung 6.3 und Abbildung 6.5 erlaubt es, Änderungen von Funktionsparametern für andere Modellparameter in den Bereichsgrenzen, z. B. bei Variation der Höhe des piezoelektrischen Elementes, direkt abzulesen. Die Untersuchungen zu Sensor- und Aktoreinheit in diesem Abschnitt haben weiterhin gezeigt, dass die ausgewählten optimalen Modellparameter unabhängig von den beiden untersuchten Einspannungen (Festlager oder Drehlager) sind. Dennoch unterscheiden sich die erzielten elektromechanischen Eigenschaften der Unimorph-Biegeplatten bei den verschiedenen Lagerungen voneinander. Dies verdeutlicht der Vergleich der Spannungen der Sensorkonfigurationen **3** und **4**. Die Spannung der drehbar gelagerten Konfiguration ist um $57\,\%$ größer als die der fest eingespannten Variante. Bei der Miniaturisierung des Wandlerbausteins ist daher zu prüfen, ob sich eine drehbar gelagerte Einspannung am Plattenrand realisieren lässt. Basierend auf den Ergebnissen lassen sich folgend die zu den optimalen Modellparametern zugehörigen Parameter des bereits vorgestellten Netzwerkmodells der Unimorph-Biegeplatte ermitteln.

6.1.4 Netzwerkparameter der optimalen Sensor- und Aktoreinheit

Nach der Optimierung von Sensor- und Aktoreinheit werden die Parameter des Dreitor-Netzwerkmodells in Abbildung 5.3 bestimmt. Berechnet werden die Parameter der Konfigurationen **3** und **7** mit Festlager am Plattenrand. Dazu dienen die in Tabelle 5.2 aufgeführten Simulationsexperimente. Tabelle 6.5 zeigt die mit FE-Methoden bestimmten Netzwerkparameter.

Tabelle 6.5: Werte der Netzwerkparameter zur Abbildung der piezoelektrischen Unimorph-Biegeplatten von Sensor- und Aktoreinheit

Netzwerkparameter		Sensor	Aktor
Mechanische Nachgiebigkeit	n_{K} in m/N	$8{,}3 \cdot 10^{-5}$	$1{,}4 \cdot 10^{-5}$
Masse	m_{M} in kg	$1{,}3 \cdot 10^{-6}$	$4{,}2 \cdot 10^{-6}$
Masse	m_{R} in kg	$3 \cdot 10^{-6}$	$3{,}77 \cdot 10^{-6}$
Mechanische Reibung	h_{M} in s/kg	639	146
Elektrisch-mechanischer Wandler	Y in m/As	4762	106,4
Kapazität	C_{b} in nF	0,235	2
Mechanisch-akustischer Wandler	A_{Eff} in m^2	$5{,}4 \cdot 10^{-6}$	$6{,}15 \cdot 10^{-6}$
Akustische Nachgiebigkeit	N_{Ak} in m^3/Pa	$3{,}2 \cdot 10^{-16}$	$0{,}81 \cdot 10^{-16}$
Akustische Masse	M_{Ak} in kg/m^4	18010	75170
Akustische Reibung	Z_{Ak} in kg/s · m^4	$9{,}37 \cdot 10^{7}$	$3{,}8 \cdot 10^{8}$
Elektrisch-akustischer Wandler	X in Pa/V	125	−642

6.2 Struktur der Kompensationseinheit

Die Position der KE im Gehäuse sowie die zur Verfügung stehenden Abmessungen erlauben viele mögliche Strukturen, welche die Funktionalität besitzen, die Gehäusebewegung zu reduzieren. Abbildung 6.6 zeigt eine Übersicht der möglichen Strukturen, die in drei Strukturgruppen sowie mehrere Untergruppen unterteilt sind. Es lässt sich zunächst keine Aussage darüber treffen, welche der Strukturen für den Einsatz als KE im Wandlerbaustein am besten geeignet ist. In einem Entwurfsprozess, der die systematische Untersuchung und Bewertung jeder einzelnen Struktur anhand ausgewählter Optimalitätskriterien vorsieht, muss diese Struktur herausgestellt werden. Folgende Kriterien werden in den Entwurfsprozess einbezogen:

- Kompensationswirkung, d. h. von der KE ins Gehäuse geleitete Kraft bzw. am Gehäuse bewirkte Auslenkung,
- technologische Realisierbarkeit und Fertigungsaufwand,
- Wechselwirkung (mechanisch oder akustisch) mit anderen Bauteilen des Hörgerätes.

Anhand dieser Kriterien erfolgen eine Bewertung jeder einzelnen Struktur und die Zuordnung zu den Gruppen:

- **Struktur ist nicht als Kompensationseinheit geeignet,**
- **Struktur ist bedingt als Kompensationseinheit geeignet,**
- **Struktur ist als Kompensationseinheit geeignet.**

Neben analytischen Berechnungen werden in den Strukturanalysen Simulationen mit Netzwerk- und FE-Modellen genutzt. Das Ende der Entwurfsarbeiten in diesem Abschnitt bildet eine Auflistung aller betrachteten Strukturen in der Reihenfolge ihrer Eignung als KE.

Um den Entwurfsprozess sinnvoll einzugrenzen, wird zusätzlich zu den in Abschnitt 4.3 definierten Spezifikationen eine weitere Einschränkung vorgenommen. Die Übersicht in Abbildung 6.6 enthält ausschließlich Strukturen, deren Antrieb als piezoelektrischer Wandler ausgeführt ist. Wie bereits in Abschnitt 4.1 erwähnt, besitzen piezoelektrische Antriebe gegenüber anderen elektromechanischen Wandlermechanismen gleicher Baugröße (z. B. elektrodynamisch oder piezomagnetisch) einen höheren Übertragungsfaktor. In den Berechnungen und Simulationen werden für alle piezoelektrischen Elemente wiederum die elektromechanischen Eigenschaften des einkristallinen Materials PZN verwendet. Regelungstechnische Aspekte werden in diesem Abschnitt nicht untersucht.

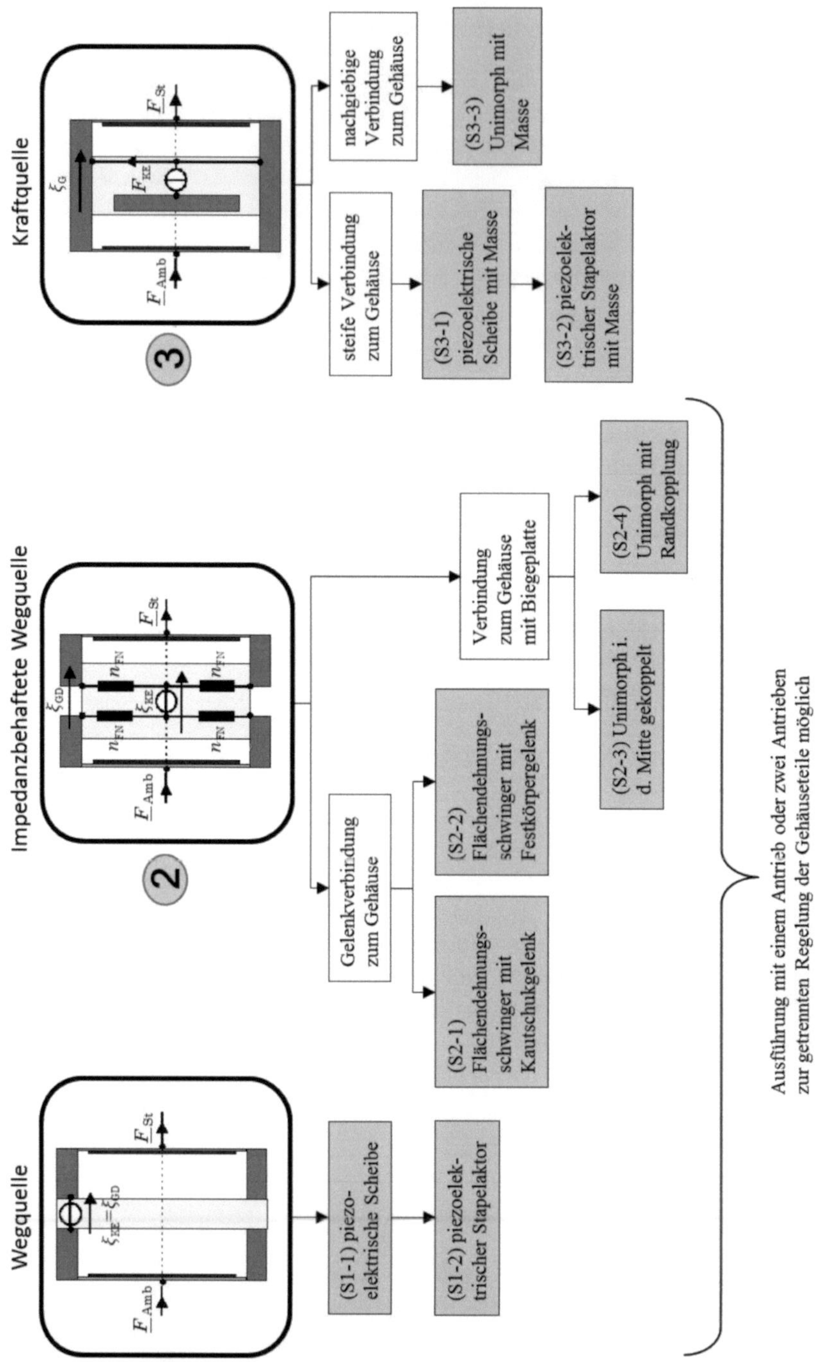

Abbildung 6.6: Übersicht der möglichen Kompensationseinheiten, eingeteilt in drei Strukturgruppen (1-3), Untergruppen (weiß hinterlegt) und einzelne Strukturen (grau hinterlegt)

6.2.1 Entwurfsvorbereitende Betrachtungen

Vor der Analyse einzelner Strukturen der KE werden zunächst die Antriebskonzepte der KE diskutiert. Darüber hinaus werden die auf die unterschiedlichen Strukturen der KE wirkenden Lastadmittanzen bestimmt und der Funktionsparameters, anhand dessen die Kompensationswirkung der untersuchten Strukturen beurteilt wird, festgelegt.

Quellcharakteristiken der KE

Eine Reduzierung der Gehäusebewegung kann durch die KE mittels direkter Wegstellung am Gehäuse oder Krafteinspeisung in das Gehäuse erfolgen. Weg- bzw. kraftangepasste Quellen sind in der Lage, die unterschiedlichen mechanischen Größen bereitzustellen. Die Quellcharakteristik der KE wird durch ihre Einbauposition im Gehäuse und die Eigenschaften der bei dieser Position wirksamen Last bestimmt. Es ist zu beachten, dass Aussagen zu den einzelnen Strukturen ausschließlich in Verbindung mit den Lastadmittanzen gelten. Alle betrachteten Strukturen lassen sich nach ihrer Quellcharakteristik in die drei Strukturgruppen in Abbildung 6.7 einteilen.

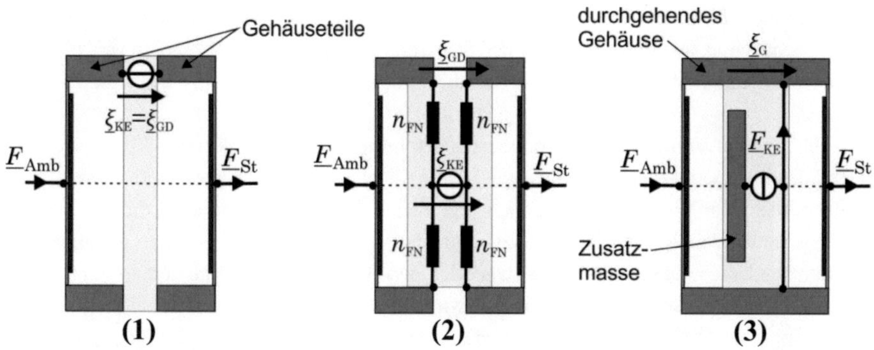

ξ_{KE}...Stellweg der Wegquelle

$\underline{F}_{KE}$...Durch die Kraftquelle ins Gehäuse eingeleitete Kraft

n_{FN}...Nachgiebigkeit der impedanzbehafteten Wegquelle

Abbildung 6.7: Querschnitt des Wandlerbausteins mit den drei verschiedenen Strukturgruppen der Kompensationseinheit in Abhängigkeit ihrer Quelleigenschaften: (1) Wegquelle, (2) impedanzbehaftete Wegquelle, (3) Kraftquelle

Strukturen der Gruppe (1) bedingen eine Trennung des Gehäuses in zwei Teile. Die KE befindet sich zwischen diesen Gehäuseteilen. In diese Hauptgruppe ordnen sich alle mechanisch steifen Strukturen ein, die eine konstante Wegstellung $\underline{\xi}_{GD}$ an den Gehäuseteilen erzwingen. Die mechanische Quelladmittanz $\underline{h}_{KE,1}$ dieser Strukturen ist mit

$$\underline{h}_{KE,1} \ll \underline{h}_L \qquad (6.5)$$

sehr klein gegenüber der Lastadmittanz $\underline{h}_L = 1/\underline{z}_L$. Analog zur Strukturgruppe (1) wird die KE bei Strukturen der Gruppe (2) zwischen zwei Gehäuseteilen platziert. Strukturgruppe (2) enthält alle Strukturen, die eine additiv zur Admittanz des piezoelektrischen Elementes $\underline{h}_{Piezo} = j\omega n_{Piezo}$ wirkende Admittanz $\underline{h}_{FN} = j\omega n_{FN}$ aufweisen. In Abhängigkeit von dieser Federnachgiebigkeit n_{FN} wirken die Strukturen als Weg- oder als Kraftquelle. Für

$$\underline{h}_{KE,2} = \underline{h}_{Piezo} + \underline{h}_{FN} \ll \underline{h}_L \qquad (6.6)$$

arbeitet die Struktur als wegstellende Quelle. Ist dagegen die Admittanz $\underline{h}_{\mathrm{KE,2}}$ mit

$$\underline{h}_{\mathrm{KE,2}} = \underline{h}_{\mathrm{Piezo}} + \underline{h}_{\mathrm{FN}} \gg \underline{h}_{\mathrm{L}} \tag{6.7}$$

viel größer als die Lastadmittanz $\underline{h}_{\mathrm{L}}$, erfolgt durch die Quelle vorwiegend eine Krafteinspeisung in die angrenzenden Gehäuseteile. Die Strukturen der Gruppe (3) müssen eine hohe Quelladmittanz

$$\underline{h}_{\mathrm{KE,3}} \gg \underline{h}_{\mathrm{L}} \tag{6.8}$$

besitzen, um eine konstante Kraft in das Gehäuse einspeisen zu können. Bei dieser Gruppe ist der Wandlerbaustein durch ein durchgehendes Gehäuse gekennzeichnet. Die KE ist innerhalb des Gehäuses positioniert und mechanisch mit dem Gehäuse verbunden. Unterstützt wird die Krafteinspeisung durch eine zusätzliche Masse m_{ZM}, an der sich der piezoelektrische Antrieb abstützen kann (Abbildung 6.7).

Wirkende Lastadmittanzen

Als Lastadmittanz wirken auf die KE das Gehäuse bzw. die beiden Gehäuseteile, Sensor- und Aktoreinheit sowie die Mittel- und Innenohrimpedanzen $\underline{z}_{\mathrm{Q,R}}$ und $\underline{z}_{\mathrm{St,C}}$. In Abhängigkeit ihrer Quellcharakteristik sind die möglichen KEen unterschiedlich mit dem Gehäuse des Wandlerbausteins verbunden. Dementsprechend wirkt auf die Strukturen der Strukturgruppen (1) und (2) eine andere Lastadmittanz $\underline{h}_{\mathrm{L},\xi}$ als auf die Strukturen der Gruppe (3). Auf die Strukturen der Gruppe (3) wirkt die Lastadmittanz $\underline{h}_{\mathrm{L,F}}$.

Die Abbildung der wirkenden Lastadmittanzen erfolgt mit dem in Abschnitt 5.2 entwickelten Netzwerkmodell des Wandlerbausteins. Dieses kann für die folgenden Entwurfsarbeiten in seiner Komplexität vereinfacht werden. Der Vorteil der sich daraus ergibt ist, dass sich die Strukturen, die mit Netzwerkmethoden untersucht werden, leichter in ein Netzwerkmodell mit wenigen Bauelementen und physikalischen Ebenen einbinden lassen. Das Modell bildet weiterhin den Betriebsfall des Wandlerbausteins im Nutzfrequenzbereich ab. Die Änderung der auf die KE wirkenden Lastadmittanzen $\underline{h}_{\mathrm{L},\xi}$ und $\underline{h}_{\mathrm{L,F}}$ kann durch die Vereinfachung des Netzwerkes vernachlässigt werden. Eine Reduzierung der Netzwerkelemente in Abbildung 5.9 wird erreicht durch:

- elektrische Kurzschlüsse an Sensor-und Aktoreinheit. Damit entfallen alle elektrischen Bauelemente sowie elektrisch-mechanische und elektrisch-akustische Wandler.
- Vernachlässigung der effektiv schwingenden Masseanteile der Unimorph-Biegeplatten, da der Nutzfrequenzbereich des Wandlerbaustein unterhalb der Wandlerresonanzen liegt.
- akustische Kurzschlüsse außerhalb und innerhalb des Wandlerbausteins. Es entfallen alle akustischen Bauelemente sowie die mechanisch-akustischen Wandler.

Das verbleibende rein mechanische Netzwerkmodell zeigt Abbildung 6.8. Der Wandlerbaustein wird in diesem Modell nur noch durch die mechanischen Nachgiebigkeiten von Sensor und Aktor sowie die Gehäusemasse m_{G} abgebildet. Die Werte der Netzwerkelemente entsprechen weiterhin denen in Abbildung 3.4 und Tabelle 6.5. Die mechanischen Netzwerke der verschiedenen Quellarten (1-3) der KE sind ebenfalls im Bild eingezeichnet. Die Abbildung der piezoelektrischen Antriebe erfolgt in der mechanischen Ebene jeweils durch eine Kraftquelle $\underline{F}_{KE} = \underline{u}_{\mathrm{KE}} / Y_{\mathrm{KE}}$ sowie die Nachgiebigkeit n_{Piezo}.

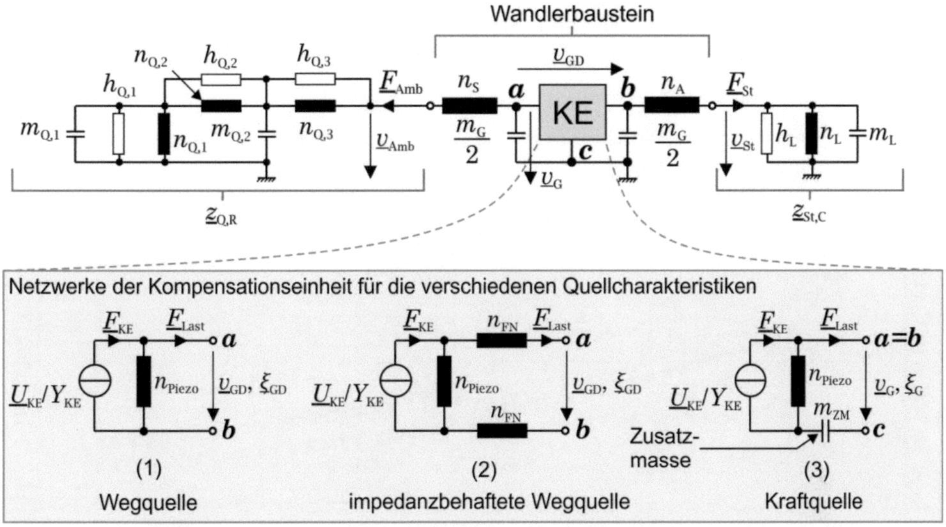

Abbildung 6.8: Mechanisches Netzwerk zur Simulation der an der Kompensationseinheit wirkenden Last. Ebenfalls eingezeichnet: die mechanischen Netzwerke der verschiedenen Quellarten der Kompensationseinheit mit piezoelektrischen Antrieben

Die aus Kapitel 3 bekannte Streuung der Ohrimpedanzen wird durch Anpassen der entsprechenden Netzwerkelemente von $\underline{z}_{\mathrm{Q,R}}$ und $\underline{z}_{\mathrm{St,C}}$ in Abbildung 6.8 berücksichtigt. Mit Hilfe des Impedanz-Transformationsfaktors $x = \{0{,}1; 1; 10\}$ werden im Netzwerk mechanische

- Massen $m \cdot x$,
- Nachgiebigkeiten n / x und
- Reibungsadmittanzen h / x

so angepasst, dass die individuellen Streuungen der Ohrimpedanzen von zwei Größenordnungen abgebildet werden. Für $x = 1$ entsprechen die Netzwerkparameter denen aus Abbildung 3.4. Mit $x = 0{,}1$ lassen sich niedrige Ohrimpedanzen, mit $x = 10$ hohe Ohrimpedanzen simulieren.

Die an den Klemmen ***a*** und ***b*** (Gruppe (1) und (2)) bzw. ***a*** und ***c*** (Gruppe (3)) bestimmten frequenzabhängigen Amplitudengänge $|\underline{h}_{\mathrm{L},\xi}|$ und $|\underline{h}_{\mathrm{L,F}}|$ für $x = \{0{,}1; 1; 10\}$ zeigt Abbildung 6.9. Zum Vergleich zeigt das Diagramm auch die wirksamen Lastadmittanzen, die mit dem vollständigen Netzwerkmodell simuliert wurden. Die Amplituden der auf die Strukturen der KE wirkenden Lastadmittanzen umfassen die Bereiche

$$|\underline{h}_{\mathrm{L},\xi}| = \left[0{,}8\,\frac{\mathrm{m}}{\mathrm{Ns}} \ldots 26\,\frac{\mathrm{m}}{\mathrm{Ns}}\right] \tag{6.9}$$

sowie

$$|\underline{h}_{\mathrm{L,F}}| = \left[0{,}1\,\frac{\mathrm{m}}{\mathrm{Ns}} \ldots 11\,\frac{\mathrm{m}}{\mathrm{Ns}}\right]. \tag{6.10}$$

Diese Lastadmittanzen ändern sich nur geringfügig, wenn statt des vollständigen Wandlerbaustein-Netzwerkes nur das reduzierte Netzwerk berücksichtigt wird. Dies gilt zunächst nur für die Betrachtung der wirksamen Lastadmittanzen. Es wird noch gezeigt, dass die Betrachtung akustischer Wechselwirkungen mit anderen Teilen des Wandlerbausteins zur Beurteilung der Eignung von Strukturen notwendig ist.

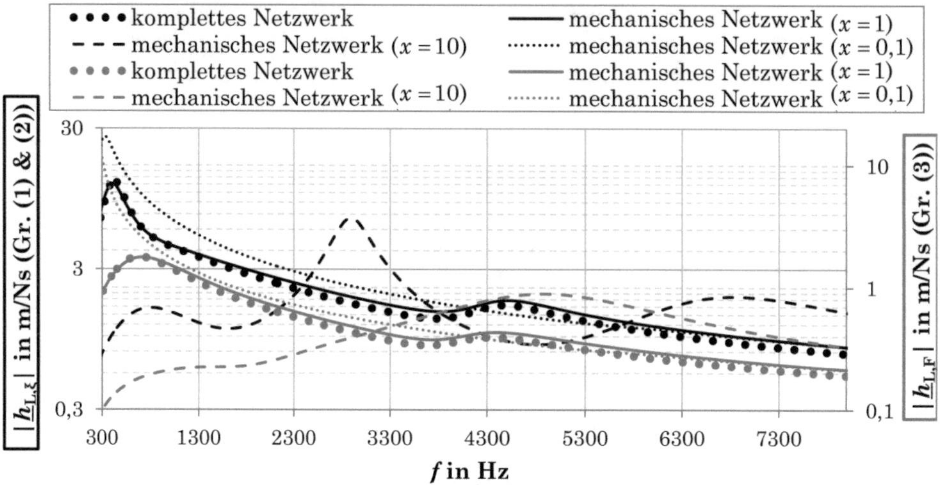

Abbildung 6.9: Bereiche der unterschiedlichen Lastadmittanzen für Strukturen der Gruppe (2) (grau) und der Gruppen (1) und (3) (schwarz), Streuungen der Ohrimpedanzen wurden durch Anpassung der Netzwerkelemente um den Impedanz-Transformationsfaktor x berücksichtigt

Für $x = \{0{,}1; 1\}$ ähneln sich jeweils die Amplitudengänge der Lastadmittanzen $\underline{h}_{\mathrm{L},\xi}$ und $\underline{h}_{\mathrm{L,F}}$ in Abbildung 6.9 über einen Großteil des Frequenzbereiches. Daraus folgt, dass die Eigenschaften des Wandlerbausteins die auf die KE wirkenden Lastadmittanzen für diese Ohrimpedanzen bestimmen, da sich $|\underline{h}_{\mathrm{L},\xi}|$ und $|\underline{h}_{\mathrm{L,F}}|$ sonst linear zu x ändern würden. Für $x = 10$ dominieren die Ohrimpedanzen dagegen den Verlauf der Lastadmittanzen $\underline{h}_{\mathrm{L},\xi}$ und $\underline{h}_{\mathrm{L,F}}$ in Abbildung 6.9.

Bewertung der Kompensationswirkung

Die Wirkung der KE wird danach beurteilt, wie viel Kraft sie in das Gehäuse einleitet. Da das Gehäuse als konzentriertes Masseelement m_{G} angesehen wird, ist die im Gehäuse wirkende Kraft $\underline{F}_{\mathrm{G}}$ proportional zur Gehäusebewegung $\underline{\xi}_{\mathrm{G}}$. Ein wichtiges Optimalitätskriterium ist somit das Verhältnis

$$\left|\frac{\underline{\xi}_{\mathrm{G}}}{\underline{u}_{\mathrm{KE}}}\right| \text{ in } \frac{\mathrm{nm}}{\mathrm{V}}. \tag{6.11}$$

Es beschreibt die auf die elektrische Anregungsspannung normierte Auslenkung des Gehäuses, die von der KE durch direkte Wegstellung am bzw. durch Krafteinleitung ins Gehäuse erzielt wird. Die KE muss ähnlich hohe Auslenkungen wie die Aktoreinheit am Gehäuse erzeugen, um diese möglichst stark zu reduzieren. Abbildung 6.10 zeigt die Auslenkung $|\underline{\xi}_{\mathrm{G}} / \underline{u}_{\mathrm{A}}|$ bei Anregung des mechanischen Netzwerkes in Abbildung 6.8 mit einer Kraft $\underline{F}_A = \underline{u}_{\mathrm{A}} / Y_{\mathrm{A}}$ am Aktor (Kraftquelle ist parallel zum Element n_{A} geschaltet) und kurzgeschlossenen Klemmen ***a*** und ***b***. Die individuelle Streuung der Ohrimpedanzen wird wie zuvor durch Transformation der entsprechenden Netzwerkelemente um $x = \{0{,}1; 1; 10\}$ berücksichtigt.

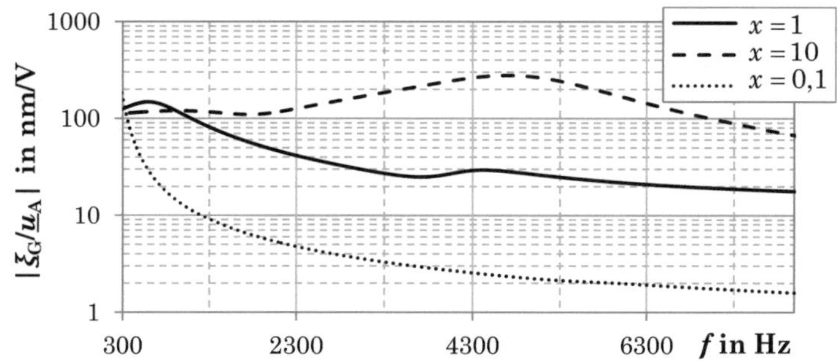

Abbildung 6.10: Auslenkung am Gehäuse bei Anregung des Aktors mit $\underline{u}$=1 V für unterschiedliche Ohrimpedanzen (gekennzeichnet durch den Impedanz-Transformationsfaktor x)

Aus der Abbildung ist zu entnehmen, dass

$$\left|\frac{\underline{\xi}_{\mathrm{G}}}{\underline{u}_{\mathrm{KE}}}\right| \leq 280\,\frac{\mathrm{nm}}{\mathrm{V}}. \tag{6.12}$$

Dieser Wert lässt sich leicht mit denen vergleichen, die von den folgend untersuchten Strukturen erreicht werden.

Obwohl das Verhältnis von Quellimpedanz zu Lastimpedanz $\underline{z}_{\mathrm{Q,R}} / \underline{z}_{\mathrm{St,C}}$ für unterschiedliche Faktoren x konstant bleibt, ist die Auslenkung am Gehäuse über einen Großteil des Frequenzbereiches in Abbildung 6.10 von x abhängig. Daraus folgt, dass die vom Aktor am Gehäuse bewirkte Auslenkung in diesem Bereich maßgeblich von der Lastimpedanz $\underline{z}_{\mathrm{St,C}}$ und den mechanischen Eigenschaften des Wandlerbausteins bestimmt wird. Nur im tieffrequenten Bereich um $f = 300\,\mathrm{Hz}$ ist das Verhältnis $\left|\underline{\xi}_{\mathrm{G}} / \underline{u}_{\mathrm{A}}\right| = \left[100\,\mathrm{nm/V} \ldots 160\,\mathrm{nm/V}\right]$ vergleichsweise unabhängig von x. In diesem Bereich dominieren die Ohrimpedanzen $\underline{z}_{\mathrm{Q,R}}$ und $\underline{z}_{\mathrm{St,C}}$ das Netzwerkverhalten und somit die vom Aktor verursachte Gehäuseauslenkung.

6.2.2 Wegstellende Strukturen

In diesem Abschnitt werden die Strukturen mit Wegquellencharakter in Gruppe (1) betrachtet. Die piezoelektrischen Antriebe sind direkt zwischen den beiden Gehäuseteilen platziert. Der Antrieb bewirkt somit eine direkte Wegstellung $\underline{\xi}_{\mathrm{Piezo}}$ an den Gehäuseteilen. Diese ist gleich dem Differenzweg $\underline{\xi}_{\mathrm{GD}}$ zwischen den Gehäuseteilen.

Struktur (S1-1) piezoelektrischer Dickenschwinger

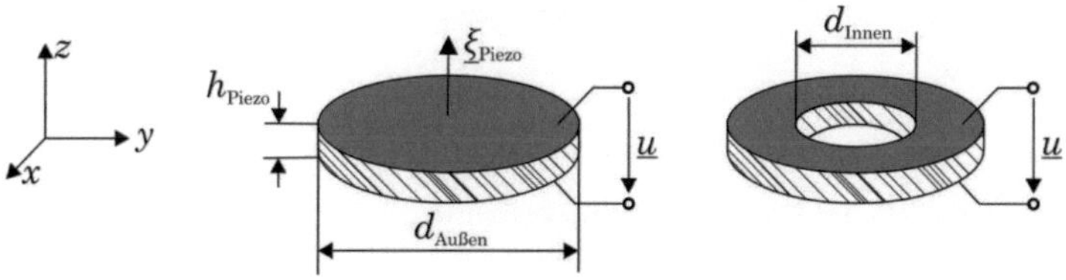

$h_{\mathrm{Piezo}} = 1\,\mathrm{mm}, \quad d_{\mathrm{Innen}} = 4\,\mathrm{mm}, \quad d_{\mathrm{Außen}} = 5\,\mathrm{mm}$

Abbildung 6.11: Piezoelektrischer Dickenschwinger, ausgeführt als Scheibe und Ring

Piezoelektrische Scheiben nach Abbildung 6.11 besitzen den Vorteil, dass sie kostengünstig und in hoher Stückzahl kommerziell verfügbar sind. Die Auslenkung in Dickenrichtung ist dabei unabhängig davon, ob das Piezoelement als Vollscheibe oder als Ring vorliegt. Aus dem bekannten Netzwerkmodell für freie Dickenschwinger (Lenk et al. [LE10], Abschnitt 9.2.4) geht hervor, dass mit

$$\underline{\xi}_{\text{Piezo}} = \frac{n_{\text{KE}}}{Y_{\text{KE}}} \cdot \underline{u}_{\text{KE}} = d_{33} \cdot \underline{u}_{\text{KE}} \text{ (Leerlaufbetrieb)} \tag{6.13}$$

nur die piezoelektrische Ladungskonstante d_{33} in die Berechnung des zur Spannung $\underline{u}_{\text{KE}}$ proportionalen Stellweges $\underline{\xi}_{\text{Piezo}}$ einfließt. Das Verhältnis von Nachgiebigkeit n_{KE} und piezoelektrischem Wandlerfaktor Y_{KE} bleibt konstant. Ein Dickenschwinger aus PZN [ZH02] erreicht somit nur ein sehr geringes Verhältnis $\left|\underline{\xi}_{\text{Piezo}} / \underline{u}_{\text{KE}}\right| = 2{,}9\,\text{nm/V}$.

Im Gegensatz zum Stellweg $\underline{\xi}_{\text{Piezo}}$ ist die Quelladmittanz $\underline{h}_{\text{KE},1} = j\omega n_{\text{KE}}$ von der Form des Dickenschwingers abhängig. Für die in Abbildung 6.11 angegebenen Abmessungen besitzen Scheibe und Ring mit

$$\left|\underline{h}_{\text{KE,Ring}}\right| = \left[3{,}73 \cdot 10^{-5}\,\text{m/Ns} ... 9{,}95 \cdot 10^{-4}\,\text{m/Ns}\right] \text{ und}$$

$$\left|\underline{h}_{\text{KE,Scheibe}}\right| = \left[1{,}34 \cdot 10^{-5}\,\text{m/Ns} ... 3{,}57 \cdot 10^{-4}\,\text{m/Ns}\right]$$

stets eine Quelladmittanz $\underline{h}_{\text{KE},1} \ll \underline{h}_{\text{L},\xi}$ im Nutzfrequenzbereich f_{Nutz}. Der Antrieb erzwingt damit eine konstante Wegstellung $\underline{\xi}_{\text{GD}}$ an der Last. Aufgrund des geringen Stellweges ist die Struktur nicht als KE geeignet.

Vorteile	• Einfacher Aufbau & hohe Verfügbarkeit • Niedrige Quelladmittanz
Nachteile	Geringes Verhältnis $\left|\underline{\xi}_{\text{GD}} / \underline{u}_{\text{KE}}\right| = 2{,}9\,\text{nm/V}$
Fazit	**Struktur ist nicht als Kompensationseinheit geeignet**

Struktur (S1-2) piezoelektrischer Stapelaktor

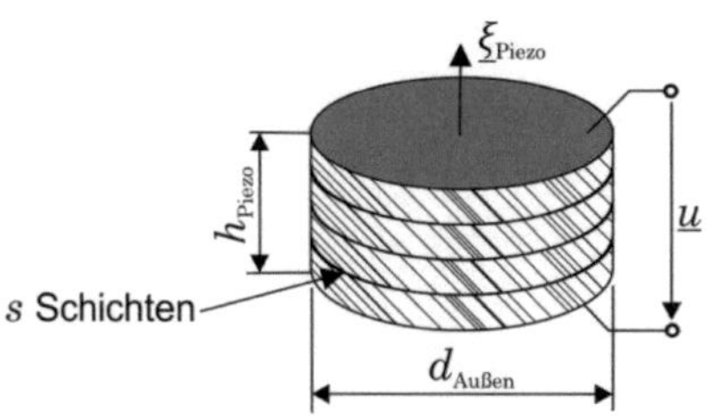

$h_{\text{Piezo}} = 1\,\text{mm} = s \cdot h_{\text{Schicht}}, \quad d_{\text{Außen}} = 5\,\text{mm}$

Abbildung 6.12: Piezoelektrischer Stapelaktor als Dickenschwinger

Häufig werden zur Vergrößerung der Stellwege von piezoelektrischen Aktoren mehrere piezoelektrische Scheiben zu einem Stapelaktor zusammengesetzt. Bei gleichbleibender Gesamtdicke h_{Piezo} ist die Quelladmittanz des Mehrschichtaktors gegenüber einer einzelnen Scheibe nahezu konstant. Analog zu Struktur (S1-1) gilt daher $\underline{h}_{\text{KE,Stapel}} \ll \underline{h}_{\text{L},\xi}$. Der Stellweg von Stapelaktoren ist mit

$$\underline{\xi}_{\text{Piezo}} \sim s \cdot \underline{u}_{\text{KE}}, \text{ mit } s\text{...Anzahl der Schichten} \tag{6.14}$$

sowohl proportional zur elektrischen Spannung als auch zur Anzahl der verwendeten Schichten. In Abhängigkeit der Schichtanzahl können somit bei gleicher Spannung $\underline{u}_{\text{KE}}$ höhere Stellwege an den Gehäuseteilen gegenüber einer einzelnen Scheibe (Struktur S1-1) erzielt werden. Mit $s = 10$, $h_{\text{Schicht}} = 100\ \mu\text{m}$ und $\underline{u}_{\text{KE}} = 1\ \text{V}$ lässt sich bereits ein Stellweg von $\left|\underline{\xi}_{\text{GD}} / \underline{u}_{\text{KE}}\right| = 29\ \text{nm}/\text{V}$ realisieren. Um den Stellweg weiter zu vergrößern, müssten noch dünnere Schichten verwendet werden. Im Vergleich zu einer einzelnen Scheibe ist die Herstellung von Piezo-Stapelaktoren mit einem erhöhten Fertigungsaufwand verbunden, da alle s Schichten mit Elektroden versehen und miteinander verklebt werden müssen. Die Herstellung eines Stapelaktors aus vielen dünnen Schichten mit einer Gesamtdicke $h_{\text{Piezo}} = 1\ \text{mm}$ ist unverhältnismäßig hoch. Derzeit existiert kein Unternehmen, welches kommerziell Mehrschichtaktoren mit der geforderten Gesamtdicke und hinreichend dünnen Einzelschichten anbietet, um das geforderte Verhältnis $\left|\underline{\xi}_{\text{GD}} / \underline{u}_{\text{KE}}\right|$ in Gleichung (6.12) zu erreichen. Die aufwendige Herstellung der Struktur spricht aus wirtschaftlicher Sicht nur für eine bedingte Eignung als KE.

Vorteile	$\left\|\underline{\xi}_{\text{GD}} / \underline{u}_{\text{KE}}\right\| \approx 280\ \text{nm}/\text{V}$ bei geringer Quelladmittanz möglich
Nachteile	Hoher Fertigungsaufwand, um hohes $\left\|\underline{\xi}_{\text{GD}} / \underline{u}_{\text{KE}}\right\|$ zu erzielen
Fazit	**Struktur ist bedingt als Kompensationseinheit geeignet**

6.2.3 Impedanzbehaftete, wegstellende Strukturen

Das gemeinsame Merkmal der in Gruppe (2) eingeordneten Strukturen ist, dass zusätzlich zur Nachgiebigkeit n_{Piezo} des piezoelektrischen Antriebes eine Federnachgiebigkeit n_{FN} wirkt. Von n_{FN} hängt die Quellnachgiebigkeit $n_{\text{KE}} = n_{\text{Piezo}} + n_{\text{FN}}$ und somit das Quellverhalten der Strukturen ab. Steigt n_{FN}, so wächst auch der über dem Federelement abfallende Weg. Gleichzeitig sinkt die in das Gehäuse eingeleitete Kraft. Zur Reduzierung der Bewegung am Gehäuse sollte daher die Nachgiebigkeit n_{FN} so klein wie möglich sein.

Struktur (S2-1) Flächendehnungsschwinger mit Kautschukgelenk

Bei der in Abbildung 6.13 gezeigten Struktur wird als piezoelektrischer Antrieb ein Flächendehnungsschwinger eingesetzt. Lenk et al. [LE10] (Abschnitt 9.2.4) zeigen, dass zwischen den Abmessungen und elektromechanischen Eigenschaften von Flächendehnungsschwingern die Proportionalitätsbeziehungen

$$n_{\text{K}} \sim \frac{1}{h_{\text{Piezo}}} \text{ und } Y \sim \frac{1}{r_{\text{Piezo}}} \tag{6.15}$$

gelten. Anhand Gleichung (6.13) lässt sich daraus der Zusammenhang

$$\left|\underline{\xi}_{\text{Piezo}}\right| \sim \frac{r_{\text{Piezo}}}{h_{\text{Piezo}}} \cdot \left|\underline{u}_{\text{KE}}\right| \tag{6.16}$$

ableiten. Damit besteht eine direkte Beziehung zwischen den Abmessungen des piezoelektrischen Elementes h_{Piezo} und r_{Piezo} sowie dessen Stellweg $\underline{\xi}_{\text{Piezo}}$.

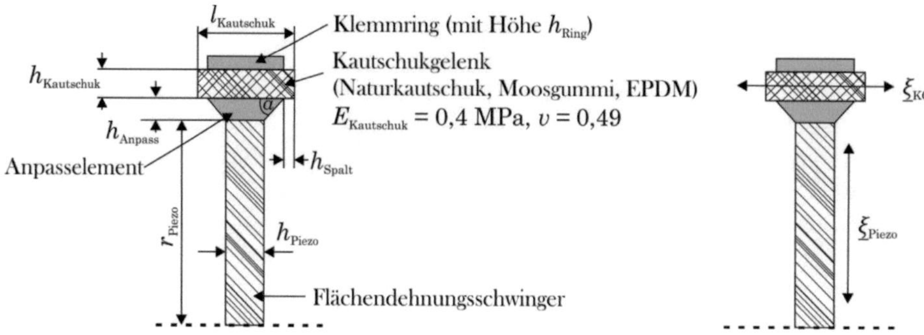

$h_{Kautschuk} = [0{,}1\text{ mm} \ldots 0{,}5\text{ mm}]$, $h_{Ring} = 100\ \mu\text{m}$, $h_{Anpass} = (l_{Kautschuk} - h_{Piezo})/2$

$l_{Kautschuk} = [0{,}3\text{ mm} \ldots 1\text{ mm}]$, $h_{Spalt} = 50\ \mu\text{m}$, $h_{Piezo} = 200\ \mu\text{m}$

$r_{Piezo} = d_{Gehäuse}/2 - h_{Ring} - h_{Kautschuk} - h_{Anpass}$ $\alpha = 45°$

Abbildung 6.13: Schnittbild durch einen rotationssymmetrischen Flächendehnungsschwinger mit Kautschukgelenk zur Richtungstransformation

In der aktuellen Struktur ist neben dem piezoelektrischen Antrieb ein Gelenk aus Kautschuk mit mechanischen Eigenschaften nach [RE11] vorgesehen. Das Gelenk bewirkt eine Transformation der Längsdehnung des Piezoelementes in eine Auslenkung $\underline{\xi}_{KG} = \underline{\xi}_{GD}$ in Richtung der Gehäuseachse. Ein zusätzliches trapezförmiges Anpasselement sorgt dabei für eine gleichmäßige Übertragung der Bewegung des Flächendehnungsschwingers auf das Kautschukgelenk. Die Fixierung des Gelenkes erfolgt mit Hilfe eines Klemmringes.

Zur Analyse der Struktur wurde die rotationssymmetrische Anordnung aus Abbildung 6.13 in ein statisches FE-Modell überführt. Bei konstanter Spannung $U_{KE} = 1$ V am Piezoelement lassen sich von der Höhe $h_{Kautschuk}$ und der Länge $l_{Kautschuk}$ des Kautschuks abhängige Stellwege $\underline{\xi}_{GD}$ realisieren. Das Ergebnis der FE-Simulation fasst Abbildung 6.14 zusammen.

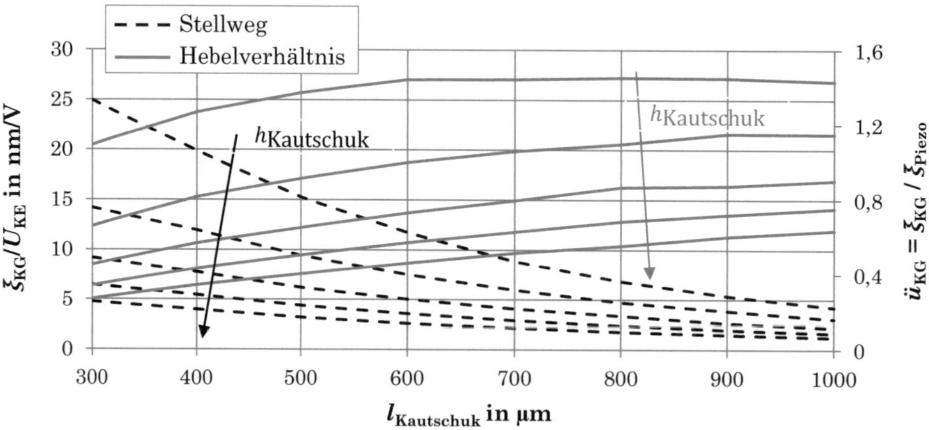

Abbildung 6.14: Normierte Stellwege in Abhängigkeit der Höhe des Kautschukgelenkes bei einer statischen Anregungsspannung am piezoelektrischen Element von U=1 V im Leerlaufbetrieb (gestrichelt) sowie das daraus abgeleitete Verhältnis von Stellweg zum Antriebsweg $\ddot{u}$ (durchgehend)

Mit dieser Gelenkstruktur kann ein maximaler statischer Leerlaufweg von $\xi_{KG} / U_{KE} = 25\text{ nm} / \text{V}$ realisiert werden. Damit lassen sich für Ohrimpedanzen mit $x = \{0{,}1\,1\}$ die Rückkopplungen vom Aktor auf das Gehäuse bereits teilweise kompensieren. Weiterhin ist festzustellen, dass das Gelenk trotz der nahezu idealen Querkontraktion von $\upsilon = 0,49$ nur für kleine Höhen $h_{\text{Kautschuk}}$ eine Hebelwirkung von

$$\ddot{u}_{\text{KG}} = \frac{\xi_{\text{KG}}}{\xi_{\text{Piezo}}} > 1 \tag{6.17}$$

erzielt. Für größere Höhen $h_{\text{Kautschuk}}$ besitzt das Gelenk einen Transformationsfaktor $\ddot{u}_{\text{KG}} < 1$.

Die Bestimmung der Quellnachgiebigkeit

$$n_{\text{KE,KG}} = \frac{\xi_{\text{KG,L}}}{F_{\text{KG,F}}} \tag{6.18}$$

erfolgt im FE-Modell anhand eines zweiten Simulationsexperimentes. Dabei wird die statische Kurzschlusskraft $F_{\text{KG,K}}$ durch die Übergangsfläche vom Kautschuk zum Gehäuse berechnet. In Abhängigkeit von $h_{\text{Kautschuk}}$ umfasst die Quellnachgiebigkeit nach Gleichung (6.18) den Bereich $n_{\text{KE,KG}} = \left[7 \cdot 10^{-6}\ \text{m/N} ... 5,8 \cdot 10^{-5}\ \text{m/N}\right]$. Die entsprechende Quelladmittanz $\underline{h}_{\text{KE,KG}} = j\omega n_{\text{KE,KG}}$ liegt für hohe Frequenzen $f > 5\ \text{kHz}$ in der Größenordnung der zu treibenden Lastadmittanz $\underline{h}_{\text{L},\xi}$. Es wird somit nur ein Teil des Stellweges des Gelenkes ξ_{KG} auf die angrenzenden Gehäuseteile übertragen.

Weitere Untersuchungen zur Geometrie des Kautschukgelenks sowie zum Elastizitätsmodul des Kautschuks zeigen, dass für den Stellweg und die Quellnachgiebigkeit der Zusammenhang

$$\underline{\xi}_{\text{GD}} \sim n_{\text{KE,GD}} \sim \frac{1}{E_{\text{Kautschuk}}} \sim \frac{1}{h_{\text{Kautschuk}}} \tag{6.19}$$

gilt. Mit kleinen Kautschukhöhen bzw. niedrigen Elastizitätsmodulen werden zwar höhere Stellwege am Gelenk erzielt, jedoch bewirkt die ebenfalls steigende Quellnachgiebigkeit $n_{\text{KE,KG}}$, dass diese nicht in eine Bewegung der Gehäuseteile umgesetzt werden können.

Die Herstellung des Flächendehnungsschwingers mit Kautschukgelenk ist aufwendig. Zudem begrenzt die hohe Quelladmittanz die Eignung der Struktur als KE. Sie ist damit nur bedingt als KE geeignet.

Vorteile	Gutes Verhältnis $\left|\underline{\xi}_{\text{GD}} / \underline{u}_{\text{KE}}\right| = 25\ \text{nm/V}$
Nachteile	• Erhöhter Fertigungsaufwand • Quelladmittanz im Bereich der Lastadmittanz
Fazit	**Struktur ist bedingt als Kompensationseinheit geeignet**

Struktur (S2-2) Flächendehnungsschwinger mit Festkörpergelenk

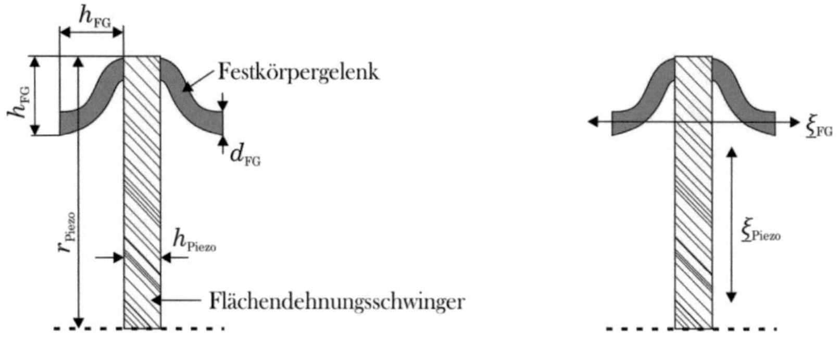

$d_{FG} = 150\ \mu m, \quad h_{FG} = 500\ \mu m, \quad r_{Piezo} = 2{,}5\ mm, \quad h_{Piezo} = [100\ \mu m \ldots 500\ \mu m]$

Abbildung 6.15: Schnittbild durch einen rotationssymmetrischen Flächendehnungsschwinger mit Festkörpergelenk zur Richtungstransformation

Die Positionierung eines federnden Festkörpergelenkes an der Stirnseite des in Abbildung 6.15 gezeigten Flächendehnungsschwingers bewirkt eine Transformation der Längsdehnung in eine parallel zur Achse des Wandlerbausteins gerichtete Bewegung. Zusätzlich wird die Ausdehnung des Antriebes in Richtung der Rotationsachse zur Wegstellung genutzt.

Die Struktur wurde zur Analyse in ein statisches FE-Modell überführt. Das Ergebnis der Untersuchungen zeigt Abbildung 6.16. Zwischen der Höhe h_{Piezo} des piezoelektrischen Elementes und dem in Achsrichtung wirkenden Stellweg $\underline{\xi}_{FG} = \underline{\xi}_{GD}$ besteht im Leerlaufbetrieb der Zusammenhang

$$h_{Piezo} \sim \frac{1}{\underline{\xi}_{FG}}. \tag{6.20}$$

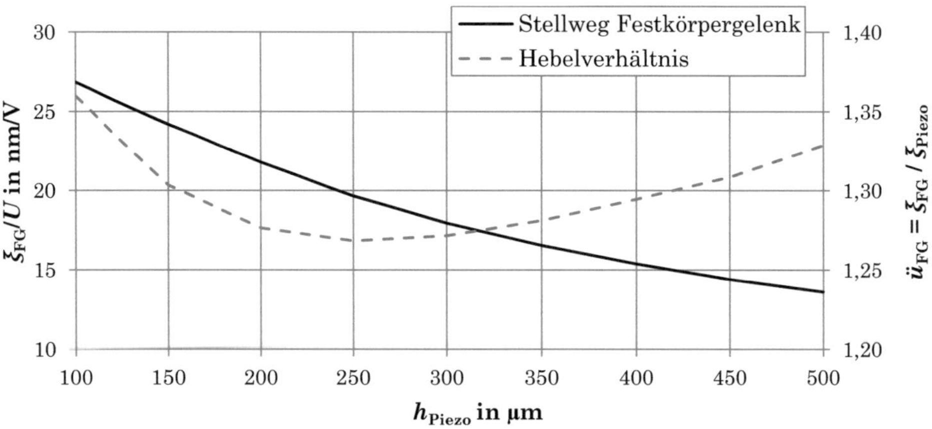

Abbildung 6.16: Abhängigkeit des Leerlaufstellweges (schwarz) und des Hebelverhältnisses (grau) von der Höhe des piezoelektrischen Elementes

Der abnehmende Verlauf des Hebelverhältnisses

$$\ddot{u}_{\mathrm{FG}} = \frac{\xi_{\mathrm{FG}}}{\xi_{\mathrm{Piezo}}} \tag{6.21}$$

für $h_{\mathrm{Piezo}} = [100\,\mu\mathrm{m}...250\,\mu\mathrm{m}]$ lässt sich nach Gleichung (6.16) dadurch erklären, dass mit zunehmender Höhe des Flächendehnungsschwingers dessen Längsdehnung abnimmt. Der anschließende Anstieg der Hebelwirkung für $h_{\mathrm{Piezo}} > 250\,\mu\mathrm{m}$ ist auf eine größer werdende Dehnung des Antriebes in Achsrichtung zurückzuführen. Der maximale Leerlaufstellweg der Struktur beträgt $\xi_{\mathrm{FG}} / U_{\mathrm{KE}} = 27\,\mathrm{nm/V}$. Analog zu Struktur (S2-1) ist die Hebelwirkung des Festkörpergelenkes mit $\ddot{u}_{\mathrm{FG}} = [1{,}27...1{,}36]$ gering. Die Längsdehnung des piezoelektrischen Elementes wird kaum verstärkt.

Die Quellnachgiebigkeit $n_{\mathrm{KE,FG}}$ der Struktur wird wiederum anhand der Parameter $\xi_{\mathrm{FG,L}}$ und $F_{\mathrm{FG,K}}$, die durch statische Simulationsexperimente im Leerlauf und im festgehaltenen Zustand gewonnen werden, bestimmt. Die Wandstärke d_{FG} des Federgelenkes muss dünn ausgeführt werden, um eine Hebelwirkung $\ddot{u}_{\mathrm{FG}} > 1$ zu erzielen. Dadurch besitzt die Struktur jedoch eine große, von der Höhe h_{Piezo} abhängige Quellnachgiebigkeit $n_{\mathrm{KE,FG}} = [1\cdot 10^4\,\mathrm{m/N}...1\cdot 10^5\,\mathrm{m/N}]$. Daraus folgt $j\omega n_{\mathrm{KE,FG}} \gg \underline{h}_{\mathrm{L},\xi}$. Die Struktur kann somit nur einen geringen Teil des erzeugten Stellweges $\underline{\xi}_{\mathrm{FG}}$ an den Gehäuseteilen umsetzen.

Neben der hohen Nachgiebigkeit des Festkörpergelenkes stellen die hohen Anforderungen an die Fertigung des federnden Festkörpergelenkes einen weiteren Nachteil der Struktur dar. Sie ist somit nicht als KE geeignet.

Vorteile	• Nutzung der Längs- und Querdehnung des Piezoelementes • Gutes Verhältnis $\lvert \underline{\xi}_{\mathrm{GD}} / \underline{u}_{\mathrm{KE}} \rvert = 27\,\mathrm{nm/V}$
Nachteile	• Fertigung kompliziert • Struktur sehr weich
Fazit	**Struktur ist nicht als Kompensationseinheit geeignet**

Struktur (S2-3) Unimorph-Biegeplatten, in der Plattenmitte verbunden

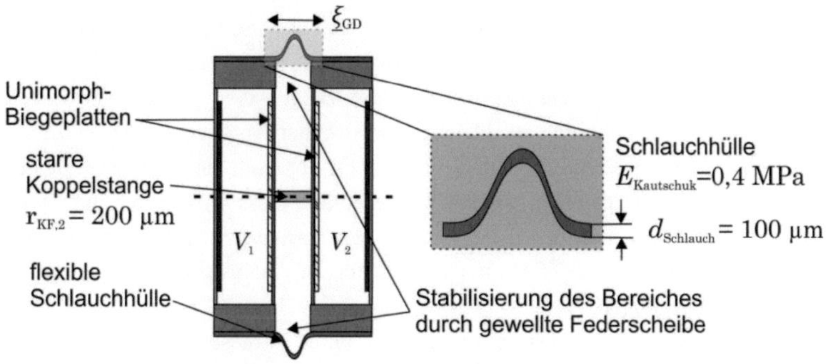

Abbildung 6.17: In der Plattenmitte starr gekoppelte Unimorph-Biegeplatten als Kompensationseinheit

Eine weitere mögliche Ausführung der KE stellt die in Abbildung 6.17 dargestellte Struktur dar. Dabei sind zwei piezoelektrische Unimorph-Biegeplatten in der Mitte durch eine dünne starre Koppelstange miteinander verbunden. Am Rand sind die Trägerplatten jeweils in einem der beiden Gehäuseteile eingespannt. Bei gleicher Ansteuerung der piezoelektrischen Elemente kann durch die Struktur ein hoher Stellweg $\underline{\xi}_{\mathrm{GD}}$ zwischen den Gehäuseteilen erzeugt werden.

Der maximale Differenzweg wird für das in Abschnitt 6.1.3 herausgestellte Aktoroptimum erzeugt. FE-Simulationen am 2D-FE-Modell der Unimorph-Biegeplatte zeigen, dass dieses optimale Verhältnis der Abmessungen von Trägerplatte zu piezoelektrischem Element auch dann gilt, wenn der Radius der Ankoppelfläche in der Plattenmitte von $r_{\mathrm{KF}} = 0,4\ \mathrm{mm}$ auf $r_{\mathrm{KF,2}} = 0,2\ \mathrm{mm}$ verkleinert wird, um die Durchbiegung des Unimorphs noch zu erhöhen. Mit Hilfe des in Abschnitt 5.3 erstellten FE-Modells wurden bei verkleinerter Ankoppelfläche die statischen Leerlaufauslenkungen ξ_{GD} der Aktorkonfigurationen **7** und **8** berechnet. Da bei dieser Struktur der KE zwei Unimorph-Biegeplatte in Reihe wirken, müssen die Auslenkungen noch verdoppelt werden. Sie betragen dann

- $\xi_{\mathrm{GD,FL}} / U_{\mathrm{KE}} = 292\ \mathrm{nm/V}$ (Festlager am Plattenrand) und
- $\xi_{\mathrm{GD,DL}} / U_{\mathrm{KE}} = 318\ \mathrm{nm/V}$ (Drehlager am Plattenrand).

Die zugehörigen Quellnachgiebigkeiten sind mit $n_{\mathrm{KE,FL}} = 1,77 \cdot 10^{-5}\ \mathrm{m/N}$ für die fest eingespannte und $n_{\mathrm{KE,DL}} = 1,6 \cdot 10^{-5}\ \mathrm{m/N}$ für die drehbar gelagerte Struktur nahezu gleich. Im Nutzfrequenzbereich gilt für diese Quelladmittanzen $j\omega n_{\mathrm{KE,DL}} < j\omega n_{\mathrm{KE,FL}} < \underline{h}_{\mathrm{L},\xi}$. Die Struktur besitzt somit gute Quelleigenschaften, da der erzeugte Stellweg zum Großteil an der Last umgesetzt wird.

Die Verbindung der Biegeplatten über die schmale Koppelstange reicht nicht aus, um die Gehäuseteile stabil miteinander zu verbinden. Es muss zusätzlich ein stabilisierendes Federelement zwischen die Plattenränder der KE eingebracht werden, um ein Verkippen der Gehäuseteile zu verhindern. Zweckmäßig für diese Aufgabe erweist sich eine dünnwandige, gewellte Federscheibe mit einer Nachgiebigkeit $n_{\mathrm{Feder}} > n_{\mathrm{KE,FL,DL}}$, um die Durchbiegung der Unimorph-Biegeplatte nicht zu beeinflussen. Solche Federscheiben werden beispielsweise von Febrotec [FE11] angeboten. Experimente zeigen allerdings, dass trotz der stabilisierenden Wirkung der Feder die mechanische Stabilität der Struktur im praktischen Betrieb nicht sicher gewährleistet werden kann.

Weiterhin besteht die Gefahr, dass umliegendes Gewebe des Mittelohres in den Spalt hineinwächst und die Funktion der KE behindert. Eine dünne Schlauchhülle aus Kautschuk nach Abbildung 6.17 verhindert das Eindringen von biologischem Gewebe in den Zwischenraum. Mit $n_{\mathrm{Schlauch}} = 4,6 \cdot 10^{-3}\ \mathrm{m/N}$ stellt die Hülle eine geringe zusätzliche Last für die Struktur dar.

Die potentiell hohen Auslenkungen der Unimorph-Struktur haben zur Folge, dass in den Volumina V_1 und V_2 der Gehäuseteile ein hoher akustischer Druck erzeugt wird. Ein hoher Druck in der sensorseitigen Gehäusekammer beeinflusst das Schwingungsverhalten der Sensoreinheit und kann zu einem instabilen Systemverhalten führen. Eine Lochung der Unimorph-Biegeplatten bewirkt eine ausreichende Senkung des Druckes in den Luftvolumina bei gleichbleibend hoher Auslenkung. Es ist zu beachten, dass neben den akustischen Eigenschaften auch die mechanischen Eigenschaften der Trägerplatten durch eine Lochung verändert werden. Die gelochte Unimorph-Biegeplatte muss hinsichtlich ihrer elektromechanischen Eigenschaften neu optimiert werden. Der Einfluss der Lochung in Unimorph-Biegeplatten auf die Eigenschaften der Platten wurde in [STE11] untersucht. Bei der Analyse von Struktur (S3-3) wird näher auf diese Problematik eingegangen.

Aufgrund der geringen mechanischen Stabilität der Struktur ist diese nur bedingt für den Einsatz als KE geeignet.

Vorteile	• $\lvert \underline{\xi}_{\mathrm{GD}} / \underline{u}_{\mathrm{KE}} \rvert > 280\ \mathrm{nm/V}$ möglich • Niedriger Quelladmittanz
Nachteile	Ausreichende Stabilität der Struktur nicht gesichert
Fazit	**Struktur ist bedingt als Kompensationseinheit geeignet**

Struktur (S2-4) Unimorph-Biegeplatten, am Plattenrand verbunden

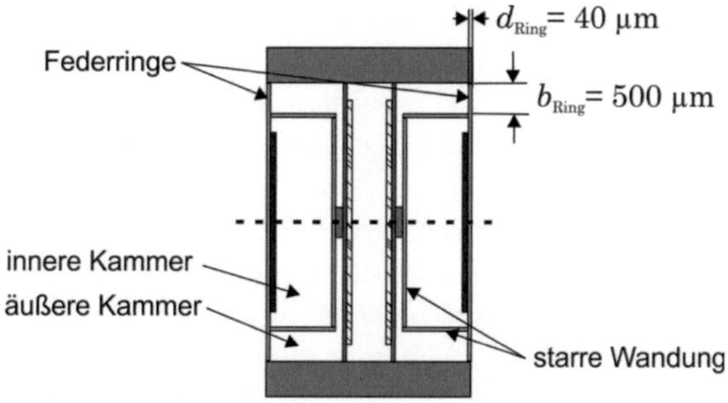

Abbildung 6.18: Realisierung der Kompensationseinheit durch Unimorph-Biegeplatten sowie eine Raum-in-Raum-Konstruktion des Wandlerbausteins

Gegenüber den bisher diskutierten Strukturen der Gruppen (1) und (2) besteht der Vorteil der Struktur des Wandlerbausteins in Abbildung 6.18 in dem durchgehenden Gehäuse. Darin sind sowohl Sensor- und Aktoreinheit als auch die KE untergebracht. Über die dargestellte Raum-in-Raum-Konstruktion sind Sensor- und Aktoreinheit mit den Unimorph-Biegeplatten der KE verbunden. Im Gegensatz zu Struktur (S2-3) ist bei dieser Bauart keine akustische Rückkopplung der KE auf die Sensoreinheit über das Luftvolumen im Gehäuse möglich. Zudem ist die Konstruktion mechanisch stabiler als Struktur (S2-3).

Die Raum-in-Raum-Konstruktion bedingt eine Verkleinerung der zur Verfügung stehenden Abmessungen von Sensor- und Aktoreinheit. Weiterhin besitzt der Federring zwischen innerer und äußerer Gehäusekammer für die Abmessungen in Abbildung 6.18 eine geringe Nachgiebigkeit $n_{\text{Federring}} = 1,6 \cdot 10^{-6}$ m / N . Diese Nachgiebigkeit des Federringes ist eine Größenordnung kleiner als die der KE (siehe Struktur (S2-3)). Die Kompensationswirkung der KE wird dadurch deutlich gemindert.

Der Aufbau der Raum-in-Raum Konstruktion ist aus fertigungstechnischer Sicht aufwendig. Aufgrund der verminderten Kompensationswirkung durch den Federring sowie dem vergleichsweise hohen Fertigungsaufwand, ist die Struktur nicht als KE geeignet.

Vorteile	Geschlossenes, stabiles Gehäuse
Nachteile	• Steifigkeit des Federringes reduziert die Kompensationswirkung • Aufwendige Fertigung • Verkleinerung der effektiven Sensor- und Aktorfläche
Fazit	**Struktur ist nicht als Kompensationseinheit geeignet**

Die Analyse wegstellender Strukturen der Gruppen (1) und (2) hat gezeigt, dass nur zwei der betrachteten Strukturen (S2-1 und S2-3) bedingt geeignet für den Einsatz als KE im Wandlerbaustein sind. Vorteil dieser beiden Strukturen sind zwar die hohen am Gehäuse erzeugten Stellwege, jedoch ist ihr Aufbau aufwendig bzw. die mechanische Stabilität nicht gesichert. Als abschließende Untersuchung zu diesen Strukturgruppen wird im Folgenden die Möglichkeit einer getrennten Wegstellung an den beiden Gehäuseteilen überprüft.

6.2.4 Getrennte Regelung der Gehäuseteile bei wegstellenden Strukturen

Beim Betrieb der bereits analysierten Strukturen der Gruppen (1) und (2) muss entschieden werden, auf welches der beiden Gehäuseteile eine geregelte Kompensation der vom Aktor bewirkten Auslenkung angewendet werden soll. In jedem Fall bewirkt eine Schwingungsreduzierung an einem der Gehäuseteile, dass mechanische Schwingungen vom Aktor weniger stark auf den Sensor übertragen werden. Jedoch muss sich die KE zur Erzeugung des notwendigen Stellweges $\underline{\xi}_{\mathrm{GD}}$ an dem geregelten Gehäuseteil, am jeweils anderen, ungeregelten Gehäuseteil abstützen. Die daraus resultierende Auslenkung dieses anderen Gehäuseteils kann die vom Wandlerbaustein in das Innenohr geleitete Kraft negativ beeinflussen. Dies ist beispielsweise der Fall, wenn die KE zur Reduzierung der Auslenkung des Gehäuseteils am Sensor eingesetzt wird. Die Auslenkung des Gehäuseteils am Aktor kann dann gerade entgegengesetzt gerichtet zur Aktorauslenkung sein. Die Folge wäre eine Minderung der Krafteinleitung in den Steigbügel. Es lässt sich nicht vorhersagen, auf welches Gehäuseteil die Regelung angewendet werden muss, um eine hohe Kompensationswirkung bei gleichzeitig hoher Hörverstärkung zu erzielen.

Eine mögliche Lösung dieser Problemstellung besteht darin, die Bewegung beider Gehäuseteile zu regeln. Um eine gezielte Wegstellung an beiden Gehäuseteilen zu erreichen, muss die KE zwei piezoelektrische Antriebe besitzen. Weiterhin müssen diese Antriebe mechanisch entkoppelt sein. Abbildung 6.19 zeigt den schematischen Aufbau einer solchen KE. Sie besitzt zwei wegstellende Antriebe $\underline{\xi}_{\mathrm{GD,1}}$ und $\underline{\xi}_{\mathrm{GD,2}}$ sowie eine elastische Schicht mit der Nachgiebigkeit n_{Kpl} zur Entkopplung.

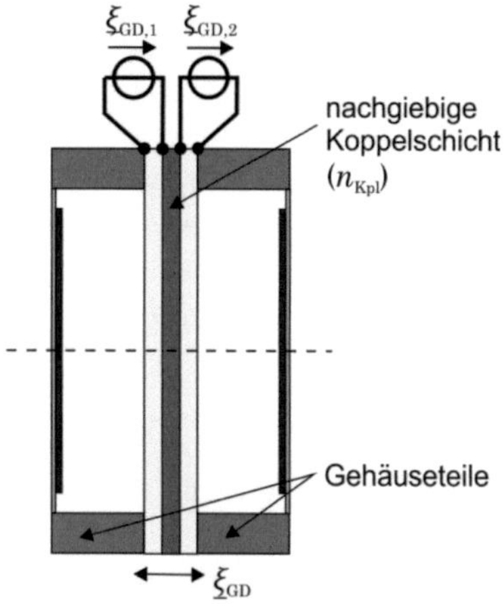

Abbildung 6.19: Kompensationseinheit mit zwei wegstellenden Antrieben und einer elastischen Koppelschicht zur getrennten Regelung der beiden Gehäuseteile

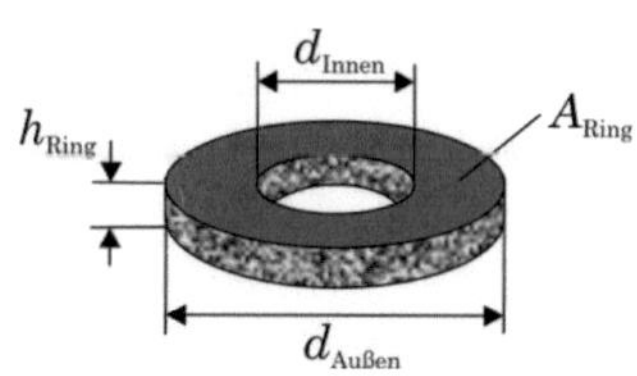

$h_{\mathrm{Ring}} = 0{,}5\,\mathrm{mm}, \quad d_{\mathrm{Innen}} = 4\,\mathrm{mm}, \quad d_{\mathrm{Außen}} = 5\,\mathrm{mm}, \quad E_{\mathrm{Kautschuk}} = 0{,}4\,\mathrm{MPa}$ [RE11]

Abbildung 6.20: Dünner Kautschukring zur Entkopplung der piezoelektrischen Antriebe

Die elastische Koppelschicht kann als Kautschukring nach Abbildung 6.20 ausgeführt werden. Dieser besitzt mit den in der Abbildung angegebenen Abmessungen und dem Elastizitätsmodul $E_{\text{Kautschuk}}$ nach [LE10] (Abschnitt 3.1.3) eine mechanische Nachgiebigkeit

$$n_{\text{Kpl}} = \frac{h_{\text{Ring}}}{E_{\text{Kautschuk}} \cdot A_{\text{Ring}}} = 1{,}77 \cdot 10^{-4}\ \frac{\text{m}}{\text{N}}. \tag{6.22}$$

Damit die elastische Schicht eine ausreichende Entkopplung der piezoelektrischen Antriebe ermöglicht, muss die mechanische Admittanz der Schicht

$$j\omega n_{\text{Kpl}} > \underline{h}_{\text{L},\xi} \tag{6.23}$$

sein. Diese Bedingung wird jedoch nur für Frequenzen $f > 3{,}5\ \text{kHz}$ erfüllt (vgl. $\underline{h}_{\text{L},\xi}$ in Abbildung 6.9). Bei niedrigeren Frequenzen wirken die beiden Antriebe $\underline{\xi}_{\text{GD},1}$ und $\underline{\xi}_{\text{GD},2}$ gegenüber der Lastadmittanz $\underline{h}_{\text{L},\xi}$ nahezu direkt miteinander verbunden. Da kein Material existiert, das einen wesentlich geringeren Elastizitätsmodul als der betrachtete Kautschuk besitzt und gleichzeitig die Antriebe stabil miteinander verbindet, wird die Bedingung in Gleichung (6.23) nicht erfüllt. Eine getrennte Regelung der Gehäuseteile ist somit nicht möglich.

6.2.5 Kraftstellende Strukturen

Im folgenden Abschnitt werden Strukturen mit Kraftquellencharakteristik untersucht. Ein gemeinsamer Vorteil dieser Strukturen gegenüber den zuvor betrachteten wegstellenden Strukturen ist, dass sie innerhalb des Gehäuses untergebracht sind. Ein einteiliges Gehäuse vereinfacht den Aufbau und erhöht die mechanische Stabilität des Wandlerbausteins. Weiterhin kann die in Abschnitt 6.2.4 diskutierte Problemstellung, die Regelung eines oder beider Gehäuseteile betreffend, vernachlässigt werden, da die KE die Kompensationswirkung nur an einem durchgehenden Gehäuse leisten muss.

Die kraftstellenden Strukturen sind dadurch gekennzeichnet, dass ihr piezoelektrischer Antrieb über ein Verbindungselement mit dem Gehäuse verbunden ist. Desweiteren bildet eine mit dem Antrieb verbundene Zusatzmasse m_{ZM} einen wesentlichen Bestandteil der Strukturen. Die Wirkung von m_{ZM} wird anhand des Netzwerkes in Abbildung 6.21 betrachtet. Das Netzwerk entspricht dem bereits in Abbildung 6.8 gezeigten, wobei die wirkende Lastadmittanz $\underline{h}_{\text{L,F}}$ in einem Bauelement zusammengefasst wurde.

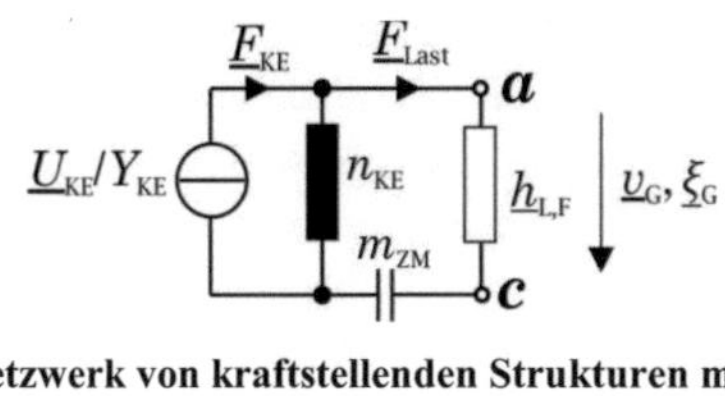

Abbildung 6.21: Mechanisches Netzwerk von kraftstellenden Strukturen mit angrenzender Lastadmittanz

Basierend auf dem Netzwerk wird die in die Last eingeleitete Kraft durch die Gleichung

$$\underline{F}_{\text{Last}} = \frac{j\omega n_{\text{KE}}}{j\omega n_{\text{KE}} + \underline{h}_{\text{L,F}} + 1/j\omega m_{\text{ZM}}} \tag{6.24}$$

beschrieben. Daraus folgt

$$\underline{F}_{\text{Last}} \sim m_{\text{ZM}}, \text{ für } m_{\text{ZM}} \leq \frac{1}{\left|j\omega \underline{h}_{\text{L,F}}\right|}. \qquad (6.25)$$

Durch das Gewicht der Zusatzmasse kann somit die Höhe der Kraft $\underline{F}_{\text{Last}}$ eingestellt werden, die in die Lastadmittanz $\underline{h}_{\text{L,F}}$ eingeleitet wird.

Zum Vergleich der Kompensationswirkung mit den anderen Strukturen der Gruppen (1) und (2) werden die von den folgend analysierten Strukturen erzeugten Kräfte auf die Bewegung des Gehäuses $\underline{\xi}_{\text{G}}$ zurückgeführt. Diese ist mit $\underline{\xi}_{\text{G}} = \underline{F}_{\text{Last}} \cdot \underline{h}_{\text{L,F}} / j\omega$ proportional zu der in die Last eingeleiteten Kraft. Auf die Weise lässt sich wiederum das Verhältnis $\left|\underline{\xi}_{\text{G}} / \underline{u}_{\text{KE}}\right|$ zur Bewertung der Strukturen nutzen.

Struktur (S3-1) piezoelektrischer Scheibenaktor mit Zusatzmasse und starrer Verbindung zum Gehäuse

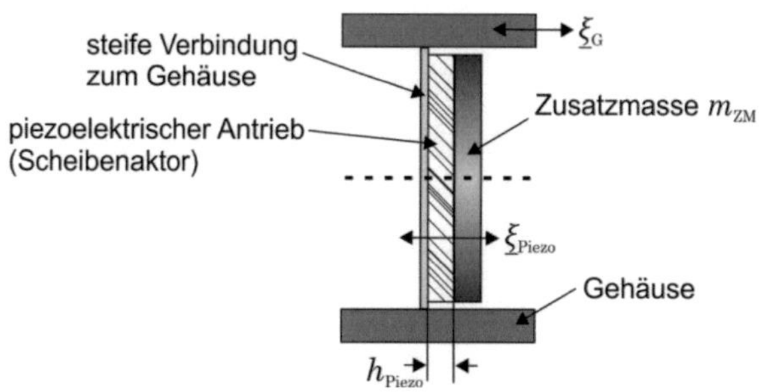

$h_{\text{Piezo}} = 100\ \mu\text{m}, \qquad m_{\text{ZM}} = \left[10\ \text{mg} \ldots 100\ \text{mg}\right]$

Abbildung 6.22: Piezoelektrischer Scheibenaktor mit Zusatzmasse und starrer Verbindung zum Gehäuse

Die Struktur in Abbildung 6.22 besitzt ein scheibenförmiges piezoelektrisches Element als Antrieb. Darauf ist eine scheibenförmige Masse m_{ZM} angebracht. Eine steife Platte verbindet den Piezoantrieb auf der gegenüberliegenden Seite mit dem Gehäuse. Die Masse der Verbindungsplatte wird in den Untersuchungen nicht betrachtet.

Gleichung (6.13) zeigt, dass der von der piezoelektrischen Scheibe erzeugte Weg $\underline{\xi}_{\text{Piezo}}$ im Leerlauf unabhängig von deren Abmessungen ist. Da weiterhin die Admittanz des Antriebes $j\omega n_{\text{KE}} \ll \underline{h}_{\text{L,F}}$ ist, sind die Abmessungen des Scheibenaktors für die Analyse der Struktur nicht relevant. Mit Hilfe des mechanischen Netzwerkmodells in Abbildung 6.8 wurde die Kompensationswirkung der Struktur für verschiedene Zusatzmassen m_{ZM} untersucht. Das Gewicht der Zusatzmasse variiert in dem in Abbildung 6.22 dargestellten Bereich. Der Bereich umfasst dabei auch Massen, die aufgrund ihres Gewichtes nicht im Wandlerbaustein eingesetzt werden könnten. Sie dienen ausschließlich zur Analyse des Einflusses der Zusatzmasse auf die Kompensationswirkung der Struktur.

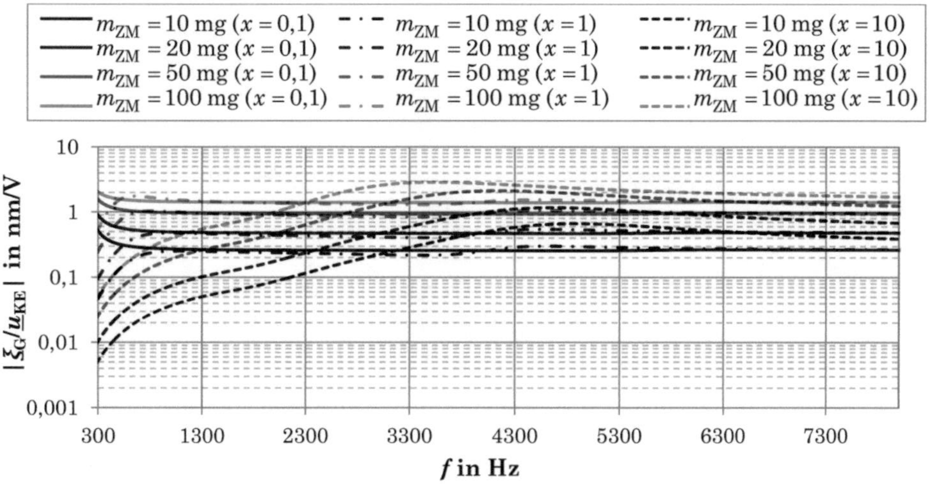

Abbildung 6.23: Normierte Auslenkung des Gehäuses für einen massebelasteten Scheibenaktor

Abbildung 6.23 zeigt als Ergebnis der Parameterstudie die normierten Amplitudengänge $|\underline{\xi}_G / \underline{u}_{KE}|$ der durch die Struktur erzeugten Gehäuseauslenkung bei einer Anregungsspannung von $|\underline{u}_{KE}| = 1\,\mathrm{V}$ an der KE. Die am Gehäuse bewirkte Auslenkung $|\underline{\xi}_G|$ verhält sich proportional zum Gewicht der Zusatzmasse m_{ZM} im Bereich $m_{ZM} = [10\,\mathrm{mg}...100\,\mathrm{mg}]$. Jedoch sind die durch die Struktur erzeugten Auslenkungen mit $|\underline{\xi}_G / \underline{u}_{KE}| < 10\,\mathrm{nm/V}$ sehr klein. Dies liegt an der niedrigen Quellnachgiebigkeit des piezoelektrischen Antriebes. Für hohe Ohrimpedanzen ($x = 10$) sinkt die Kompensationswirkung der Struktur im Frequenzbereich $f < 2\,\mathrm{kHz}$ stark. Dieses Verhalten lässt sich auf die niedrige Lastadmittanz $\underline{h}_{L,F}$ in diesem Bereich zurückführen (siehe Abbildung 6.9). Die von der Struktur erzeugten Stellwege $|\underline{\xi}_G|$ von einigen Nanometern reichen nicht aus um sie als KE einzusetzen.

Vorteile	Einfacher Aufbau
Nachteile	• Niedrige Quelladmittanz • Geringe Kompensationswirkung $|\underline{\xi}_G / \underline{u}_{KE}| < 10\,\mathrm{nm/V}$
Fazit	**Struktur ist nicht als Kompensationseinheit geeignet**

Struktur (S3-2) piezoelektrischer Stapelaktor mit Zusatzmasse und starrer Verbindung zum Gehäuse

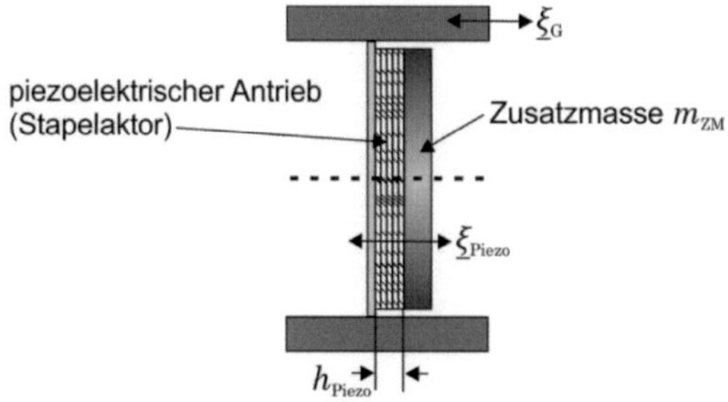

$h_{Piezo} = s \cdot 100\ \mu m$, mit $s = \{1;\ 5;\ 10\}$ $\quad m_{ZM} = \{10\ mg;\ 20\ mg;\ 50\ mg\}$

Abbildung 6.24: Piezoelektrischer Stapelaktor mit Zusatzmasse und starrer Verbindung zum Gehäuse

Bei Struktur (S3-2) in Abbildung 6.24 wurde der piezoelektrische Antrieb aus Struktur (S3-1) durch einen Mehrschichtaktor ersetzt. Alle anderen Eigenschaften entsprechen denen der zuvor diskutierten Struktur (S3-1). Die normierten Amplitudengänge $\left|\underline{\xi}_G / \underline{u}_{KE}\right|$ der am Gehäuse erzeugten Auslenkungen wurden für eine unterschiedliche Anzahl s piezoelektrischer Schichten sowie für verschiedene Zusatzmassen m_{ZM} am Netzwerkmodell untersucht. Das Ergebnis zeigt Abbildung 6.25 für konstante Ohrimpedanzen $(x = 1)$.

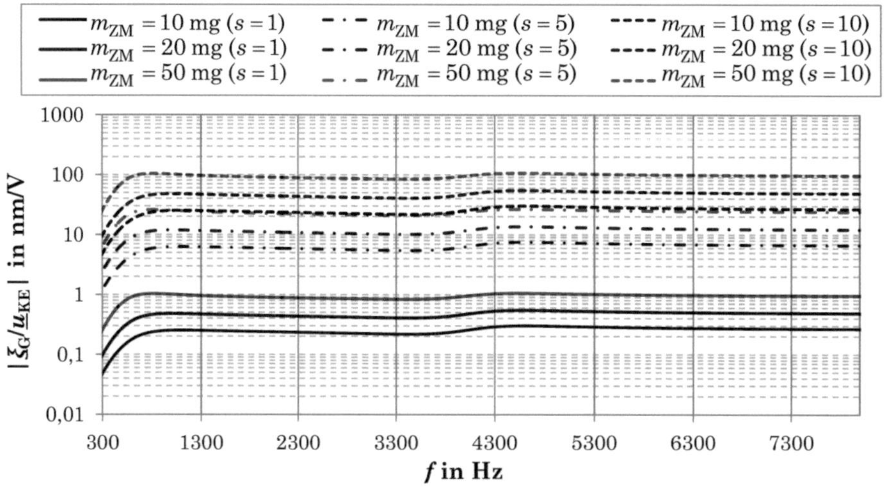

Abbildung 6.25: Normierte Auslenkung des Gehäuses für einen massebelasteten Stapelaktor

Mit zunehmender Anzahl piezoelektrischer Schichten wird eine höhere Krafteinleitung in das Gehäuse bewirkt. Dies äußert sich im Diagramm in einer erhöhten Auslenkung $\left|\underline{\xi}_G\right|$. Es gilt

$$\left|\underline{\xi}_G\right| \sim s\,. \tag{6.26}$$

Zudem ist analog zu Struktur (S3-1) eine Erhöhung der Zusatzmasse mit einer Vergrößerung der Auslenkung am Gehäuse verbunden.

Die Quelladmittanz $\underline{h}_{\mathrm{KE},3}$ der Struktur ist für die untersuchte Anzahl an Schichten s stets kleiner als die Lastadmittanz $\underline{h}_{\mathrm{L,F}}$. Um mit der Struktur das geforderte Verhältnis $\left|\underline{\xi}_{\mathrm{G}} / \underline{u}_{\mathrm{KE}}\right|$ in Gleichung (6.12) annähernd zu erfüllen, sind $s \gg 10$ Schichten notwendig. Wie bereits bei Struktur (S1-2) diskutiert, ist die Herstellung eines entsprechenden Stapelaktors bei den zur Verfügung stehenden Abmessungen der KE sehr aufwendig. Die Struktur ist daher nur bedingt als KE geeignet.

Vorteile	Hohes Verhältnis $\left\|\underline{\xi}_{\mathrm{G}} / \underline{u}_{\mathrm{KE}}\right\| > 100\,\mathrm{nm/V}$ möglich
Nachteile	• Hoher fertigungstechnischer Aufwand • Hohe Masse m_{ZM} notwendig
Fazit	**Struktur ist bedingt als Kompensationseinheit geeignet**

Struktur (S3-3) piezoelektrische Unimorph-Biegeplatte mit Zusatzmasse

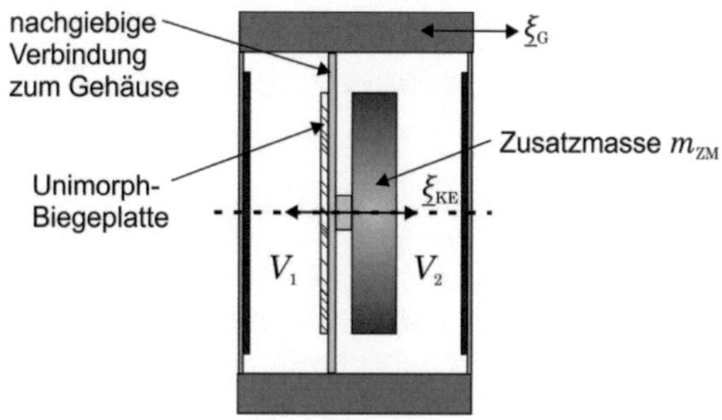

Abbildung 6.26: Piezoelektrische Unimorph-Biegeplatte mit Zusatzmasse

Abbildung 6.26 zeigt die Ausführung der KE als piezoelektrische Unimorph-Biegeplatte. Die Zusatzmasse m_{ZM} ist durch einen dünnen Steg mit der Mitte der Trägerplatte verbunden. Krause et al. [KR12] zeigen, dass für die in das Gehäuse bzw. die angrenzende Lastadmittanz $\underline{h}_{\mathrm{L,F}}$ eingeleitete Kraft $\underline{F}_{\mathrm{Last}}$ der Zusammenhang

$$\underline{F}_{\mathrm{Last}} \sim \underline{\xi}_{\mathrm{KE}} = \frac{n_{\mathrm{KE}}}{Y_{\mathrm{KE}}} \tag{6.27}$$

gilt. Dabei bezeichnet $\underline{\xi}_{\mathrm{KE}}$ die Auslenkung der Struktur in der Plattenmitte, n_{KE} die mechanische Nachgiebigkeit des Unimorphs und Y_{KE} den elektromechanischen Wandlerfaktor.

Bei der Analyse von Struktur (S2-3) wurde bereits die optimale Aktorkonfiguration der Unimorph-Biegeplatte zur Erzeugung eines maximalen Stellweges beschrieben. Anhand der dort genannten statischen Leerlaufauslenkung ξ_{GD} und der Quellnachgiebigkeit n_{KE} kann der Wandlerfaktor $Y_{\mathrm{KE}} = n_{\mathrm{KE}} / \xi_{\mathrm{GD}}$ berechnet werden. Mit Hilfe der beiden Parameter n_{KE} und Y_{KE} lässt sich die Unimorph-Struktur am mechanischen Netzwerkmodell untersuchen.

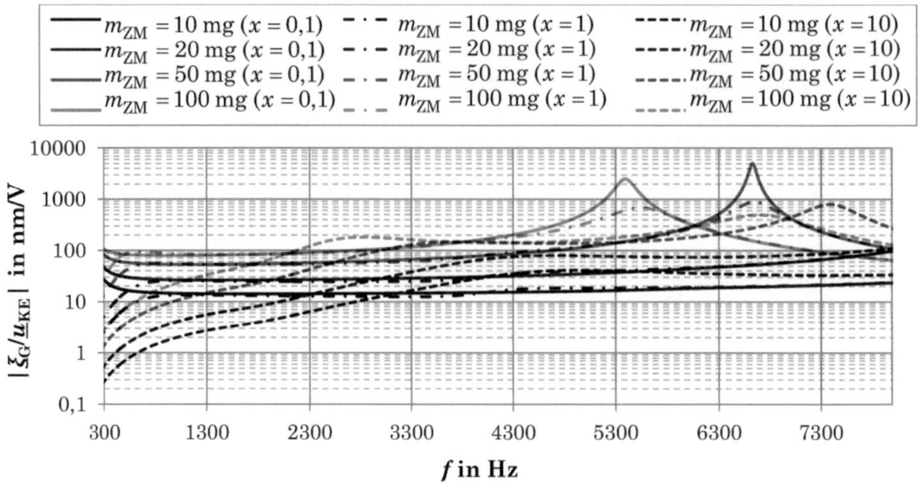

Abbildung 6.27: Normierte Auslenkung des Gehäuses für eine massebelastete, piezoelektrische Unimorph-Biegeplatte und verschiedene Zusatzmassen

Abbildung 6.27 zeigt die normierten Amplitudengänge $\left|\underline{\xi}_G / \underline{u}_{KE}\right|$ der durch die Unimorph-Struktur am Gehäuse erzeugten Auslenkungen bei variierender Zusatzmasse m_{ZM} sowie fester Einspannung am Plattenrand. Wie schon bei den anderen kraftstellenden Strukturen in Gruppe (3), nimmt die Gehäuseauslenkung $\left|\underline{\xi}_G\right|$ mit steigender Masse m_{ZM} zu. Desweiteren sinkt bei hohen Ohrimpedanzen ($x = 10$) die Auslenkung am Gehäuse für $f < 2\,\text{kHz}$ stark. Dies ist wiederum auf die niedrige Lastadmittanz $\underline{h}_{L,F}$ in diesem Frequenzbereich zurückzuführen.

Im Gegensatz zu den bisher untersuchten kraftstellenden Strukturen zeigt der normierte Amplitudengang der Auslenkung in Abbildung 6.27 eine deutliche Änderung der Resonanzfrequenz in Abhängigkeit der Zusatzmasse. Dies ist auf die vergleichsweise hohe Nachgiebigkeit n_{KE} der Struktur zurückzuführen. Nach Krause et al. [KR12] wird diese Resonanzfrequenz $f_{0,KE}$, mit

$$f_{0,KE} \sim \frac{1}{\sqrt{n_{KE} \cdot m_{ZM}}}, \tag{6.28}$$

unter anderem durch die Nachgiebigkeit des Unimorphs n_{KE} sowie die Zusatzmasse m_{ZM} bestimmt.

Um mit der KE die gleiche Wirkung wie der Aktor auf das Gehäuse auszuüben, sind hohe Zusatzmassen $m_{ZM} > 100$ mg notwendig. Diese sind jedoch einerseits zu schwer und zum anderen verschiebt sich die Resonanzfrequenz $f_{0,KE}$ in den Nutzfrequenzbereich. Bei Verwendung leichterer Zusatzmassen muss die geringere Kompensationswirkung durch eine höhere Spannung am piezoelektrischen Element ausgeglichen werden. Sonst wird die durch den Aktor verursachte Gehäuseauslenkung nur teilweise kompensiert.

Bei der Analyse von Struktur (S2-3) wurde die akustische Wechselwirkung der KE mit der Sensoreinheit über das Luftvolumen im Inneren des geschlossenen Gehäuses genannt. Auch bei dieser Struktur bewirkt die Durchbiegung der Unimorph-Biegeplatte einen hohen akustischen Druckabfall $\underline{p}_d = \underline{p}_2 - \underline{p}_1$ in den Gehäusevolumina V_1 und V_2 (Abbildung 6.26). Der Einfluss der akustischen Rückkopplung ist von der Amplitude und der Phase der Auslenkung $\underline{\xi}_{KE}$ an der KE in Bezug zur Sensorschwingung abhängig.

Ein Simulationsbeispiel, basierend auf dem vollständigen Netzwerkmodell des Wandlerbausteins, verdeutlicht die akustische Wechselwirkung der KE mit dem Sensor. Das Netzwerkmodell wird mit einem Schalldruck von $\left|\underline{p}_{\mathrm{TF}}\right| = 1\ \mathrm{Pa}$ am Trommelfell angeregt. Gleichzeitig erfolgt eine Anregung der KE ($m_{\mathrm{ZM}} = 10\ \mathrm{mg}$) mit $\left|\underline{u}_{\mathrm{KE}}\right| = 2\ \mathrm{V}$. Abbildung 6.28 zeigt die sich daraufhin einstellende harmonische Spannung an der Sensoreinheit unter bzw. ohne Berücksichtigung der Luft im Innenraum des Wandlerbausteins.

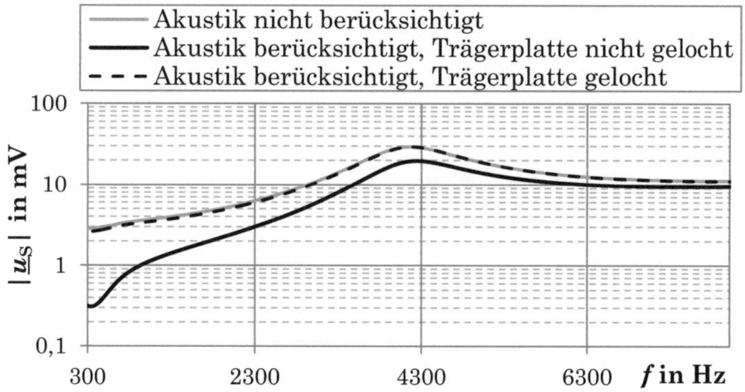

Abbildung 6.28: Vergleich der Sensorspannung ohne und mit Lochung der Trägerplatte der Kompensationseinheit bei Anregung am Trommelfell und an der Kompensationseinheit

Die relative Änderung der Spannung von bis zu 89 % bei $f = 350\ \mathrm{Hz}$ kann bereits ein früheres Aufschwingen des Wandlerbausteins bewirken.

Zur Reduzierung der akustischen Rückkopplung auf die Sensoreinheit werden in die Trägerplatte Löcher nach Abbildung 6.29 eingebracht. Diese ermöglichen einen Luftaustausch zwischen den beiden Gehäusevolumina V_1 und V_2 .

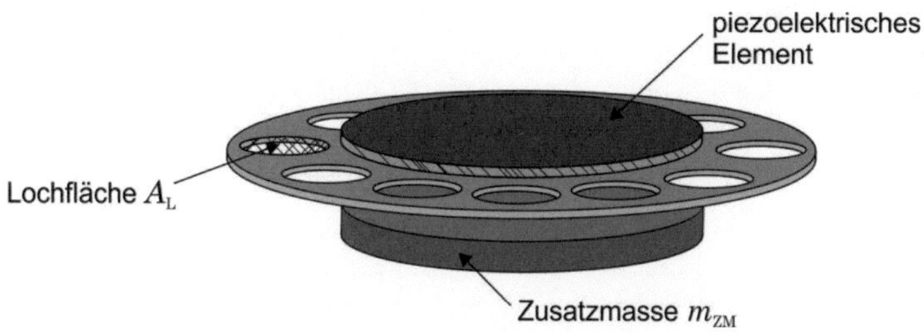

Abbildung 6.29: Gelochte piezoelektrische Unimorph-Biegeplatte mit Zusatzmasse

Die Anzahl n und Fläche der Löcher A_{L} beeinflussen die Druckdifferenz $\underline{p}_{\mathrm{d}}$ über der Unimorph-Biegeplatte. Ebenso beeinflussen die Löcher die akustischen und mechanischen Eigenschaften des Unimorphs. Steinert hat in [STE11] den Einfluss der Lochung von Unimorph-Biegeplatten in geschlossenen Volumina auf deren akustische und mechanische Eigenschaften untersucht. Dabei wurden unter anderem die folgenden Zusammenhänge für die optimale Lochgröße und –anzahl in Abhängigkeit von der Unimorph-Geometrie gezeigt:

- Das minimale Verhältnis von Lochfläche zu Plattenfläche beträgt $A_{\mathrm{L}}\ /\ A_{\mathrm{Platte}} = 0{,}0025$. Bei einem Plattenradius $r_{\mathrm{Platte}} = 2\ \mathrm{mm}$ entspricht das einem Lochradius von $r_{\mathrm{L}} = 0{,}1\ \mathrm{mm}$.
- Die Lochanzahl N_{L} sollte so groß wie möglich gewählt werden. Die elektromechanischen Eigenschaften, speziell das Verhältnis $n_{\mathrm{KE}}\ /\ Y_{\mathrm{KE}}$ aus Gleichung (6.27), ändert sich dabei maximal

um $6\,\%$. Es ist jedoch darauf zu achten, dass die Resonanzfrequenz $f_{0,\mathrm{KE}}$ mit steigender Lochanzahl sinkt.

- Optional muss der Radius des piezoelektrischen Elementes verkleinert werden, um eine ausreichende Lochung zu realisieren.

Steinert zeigt weiterhin, dass sich das akustische Verhalten einer gelochten Trägerplatte in einem geschlossenen Volumen in guter Näherung durch das in Abbildung 6.30 dargestellte akustische Netzwerk abbilden lässt.

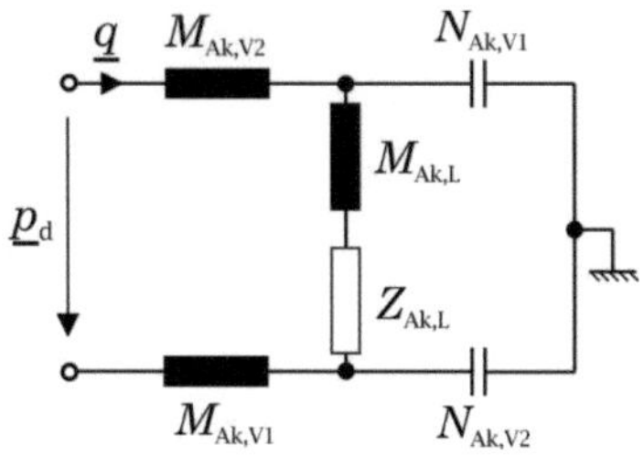

Abbildung 6.30: Akustisches Netzwerk zur Berücksichtigung des akustischen Verhaltens gelochter Unimorph-Biegeplatten in einem abgeschlossenen Volumen nach Steinert [STE11]

Das dominierende Element des Netzwerkes ist die akustische Masse $M_{\mathrm{Ak,L}}$ der Lochung. Es genügt daher in den meisten Fällen die Lochung der Trägerplatte anhand dieses Masseelementes im Netzwerk zu berücksichtigen. Die akustische Masse kann mit Hilfe der von Steinert [STE11] entwickelten Formel

$$M_{\mathrm{Ak,L}} = \rho_{\mathrm{Luft}} \cdot \frac{2 \cdot 0{,}428}{\pi \cdot r_{\mathrm{Platte}}} \cdot \left[N_{\mathrm{L}} \cdot \left(\frac{r_{\mathrm{L}}}{r_{\mathrm{Platte}}} \right)^2 \right]^{-0{,}383} \tag{6.29}$$

berechnet werden. Abbildung 6.28 zeigt, dass mit einer Lochung von $r_{\mathrm{L}} = 0{,}1\,\mathrm{mm}$ und $N_{\mathrm{L}} = 30$ die akustische Rückkopplung über das Luftvolumen nahezu vollständig eliminiert werden kann.

Aufgrund des einfachen Aufbaus der Struktur sowie der vergleichsweise hohen Auslenkungen am Gehäuse wird die Struktur als geeignet eingestuft.

Vorteile	• Einfacher Aufbau • Hohes Verhältnis $\lvert \underline{\xi}_{\mathrm{G}} / \underline{u}_{\mathrm{KE}} \rvert > 100\,\mathrm{nm/V}$ möglich
Nachteile	• Stark frequenzabhängige Quelladmittanz • $\lvert \underline{\xi}_{\mathrm{G}} / \underline{u}_{\mathrm{KE}} \rvert$ abhängig von m_{ZM}
Fazit	**Struktur ist als Kompensationseinheit geeignet**

Die Arbeiten zu den kraftstellenden Strukturen der Strukturgruppe (3) haben gezeigt, dass die Struktur (S3-3) am besten für den Einsatz als KE geeignet ist. Die Bauform der Struktur ermöglicht ein durchgehendes Gehäuse und ist somit mechanisch sehr stabil. Ein Nachteil der Struktur ist jedoch, dass ihre Wirkung auf das Gehäuse stark frequenzabhängig ist. Inwieweit die geeignete Struktur eine Erhöhung der Hörverstärkung oder eine virtuelle Zunahme der Gehäusemasse ermöglicht, zeigen die messtechnischen Untersuchungen am makroskopischen Experimentalmodell in Kapitel 7.

6.2.6 Einfluss der Gehäusemasse auf die Kompensationswirkung

In diesem Abschnitt wird der Einfluss der Gehäusemasse m_G auf die Kompensationswirkung der Strukturen betrachtet. Ziel ist es, qualitative Zusammenhänge zwischen einer reduzierten Gehäusemasse m_G und der Kompensationsleitung herauszustellen. Die Untersuchungen erfolgen an dem mechanischen Netzwerkmodell aus Abbildung 6.8. Betrachtet werden die reduzierten Gehäusemassen $m_G = 25\,\text{mg}$ und $m_G = 50\,\text{mg}$.

Änderung der wirkenden Lastadmittanzen

In Abschnitt 6.2.1 wurde festgestellt, dass für $x = \{0{,}1; 1\}$ die mechanischen Eigenschaften des Wandlerbausteins die Amplitudengänge $|\underline{h}_{L,\xi}|$ und $|\underline{h}_{L,F}|$ der Lastadmittanzen maßgeblich beeinflussen. Für $x = 10$ nimmt der Frequenzbereich zu, in dem die Ohrimpedanzen diese Admittanzverläufe bestimmen. Simulationsexperimente mit $m_G = 25\,\text{mg}$ und $m_G = 50\,\text{mg}$ zeigen, dass für Ohrimpedanzen mit $x = \{0{,}1; 1\}$ der qualitative Zusammenhang

$$m_G \sim \frac{1}{|\underline{h}_{L,\xi}|} \sim \frac{1}{|\underline{h}_{L,F}|} \tag{6.30}$$

gilt. Daraus folgt, dass selbst für diese geringen Gehäusemassen der Wandlerbaustein die Lastadmittanzen bestimmt. Bei Ohrimpedanzen mit $x = 10$ bewirkt die Änderung der Gehäusemasse hauptsächlich eine Verschiebung der Resonanzstellen im Admittanzverlauf. Abbildung 6.31 zeigt am Beispiel der Amplitudengänge $|\underline{h}_{L,F}|$ die Änderung der Lastadmittanz bei den reduzierten Gehäusemassen im Vergleich zur ursprünglichen Gehäusemasse.

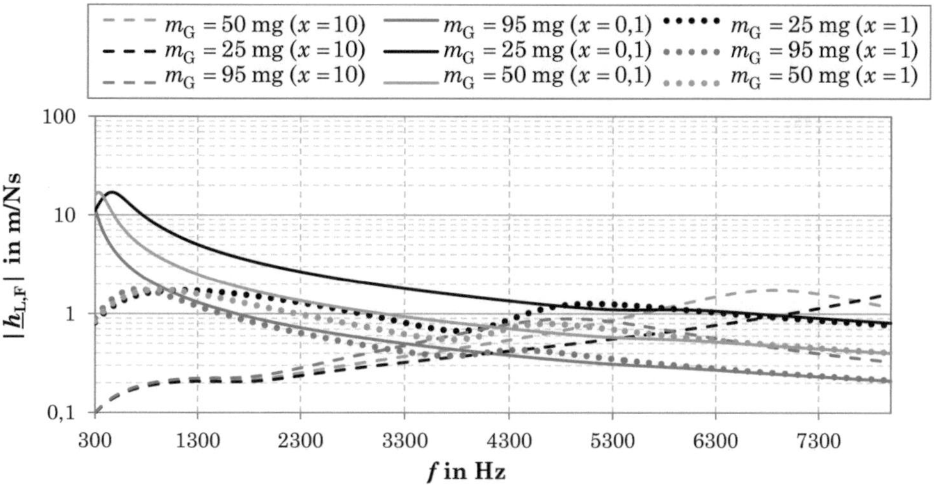

Abbildung 6.31: Änderung der auf die Kompensationseinheit wirkenden Lastadmittanzen bei Verkleinerung der Gehäusemasse

Der in den Gleichungen (6.9) und (6.10) beschriebene Bereich der Lastadmittanzen $|\underline{h}_{L,\xi}|$ und $|\underline{h}_{L,F}|$ erweitert sich bei Verkleinerung der Gehäusemasse auf

$$|\underline{h}_{L,\xi}| = \left[0{,}8\,\frac{\text{m}}{\text{Ns}} \ldots 100\,\frac{\text{m}}{\text{Ns}}\right] \text{und}\ |\underline{h}_{L,F}| = \left[0{,}1\,\frac{\text{m}}{\text{Ns}} \ldots 17\,\frac{\text{m}}{\text{Ns}}\right]. \tag{6.31}$$

Gehäusebewegung bei Anregung am Aktor

Eine Änderung der Gehäusemasse beeinflusst neben der auf die KE wirkenden Lastadmittanz auch die vom Aktor verursachte Rückkopplung auf das Gehäuse.

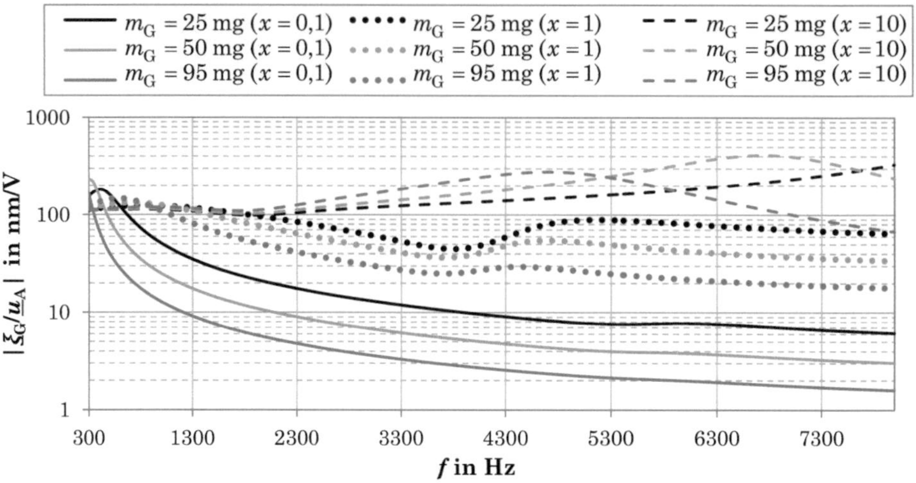

Abbildung 6.32: Normierte Auslenkung am Gehäuse bei Anregung am Aktor für verschiedene Gehäusemassen und Ohrimpedanzen (gekennzeichnet durch den Impedanz-Transformationsfaktor *x*)

Abbildung 6.32 zeigt den auf die Anregungsspannung $\underline{u}_A$ am Aktor normierten Amplitudengang der Gehäuseauslenkung $|\underline{\xi}_G / \underline{u}_A|$ für die reduzierten Gehäusemassen. Zum Vergleich sind die bereits in Abbildung 6.10 dargestellten Gehäuseauslenkungen für $m_G = 95$ mg ebenfalls eingezeichnet.

Die Gewichtsreduzierung von m_G bewirkt für Ohrimpedanzen mit $x = \{0{,}1; 1\}$ eine umgekehrt proportionale Zunahme der Gehäuseauslenkung $|\underline{\xi}_G|$ über einen großen Teil des Nutzfrequenzbereiches. Die mechanische Rückkopplung vom Aktor auf das Gehäuse nimmt zu. Für hohe Ohrimpedanzen mit $x = 10$ beeinflusst die Gehäusemasse analog zu den in Abbildung 6.31 diskutierten Lastadmittanzen die Resonanzfrequenz in der Gehäuseauslenkung. Aufgrund dieser Resonanzänderung beträgt das maximale Verhältnis $|\underline{\xi}_G / \underline{u}_A|$ in Abbildung 6.32 $|\underline{\xi}_G / \underline{u}_A| = 410\,\text{nm/V}$.

Änderung der Kompensationswirkung

Auf Grundlage der diskutierten Änderungen von Lastadmittanz und der vom Aktor am Gehäuse bewirkten Auslenkung bei den reduzierten Gehäusemassen lassen sich Änderungen der Kompensationswirkung der analysierten Strukturen ableiten.

An der Kompensationswirkung der wegstellenden Strukturen in Gruppe (1) ändert sich nichts. Die von ihnen erzeugten Stellwege sind nicht von der Gehäusemasse abhängig. Auch hat die Verkleinerung der Gehäusemasse nur wenig Einfluss auf die Kompensationswirkung der Strukturen in Gruppe (2). Die Vergrößerung des Bereiches der Lastadmittanz in Gleichung (6.31) bewirkt nur, dass ein größerer Teil des von den Strukturen erzeugten Stellweges, in dem Frequenzbereich indem sich die Admittanz erhöht hat, an den Gehäuseteilen umgesetzt werden kann.

Den größten Einfluss hat eine reduzierte Gehäusemasse auf die Kompensationswirkung der Strukturen in Gruppe (3). Die am Gehäuse bewirkte Auslenkung $|\underline{\xi}_G|$ der kraftstellenden Strukturen ist stark abhängig von der Gehäusemasse. Die Änderung der Kompensationswirkung wird anhand der als geeignet eingestuften Struktur (S3-3) näher untersucht. Abbildung 6.33 zeigt die normierten Amplitudengänge der von dieser Struktur am Gehäuse bewirkten Auslenkungen $|\underline{\xi}_G / \underline{u}_{KE}|$ für die untersuchten Gehäusemassen. Das Gewicht der Zusatzmasse ist mit $m_{ZM} = 10$ mg zunächst konstant.

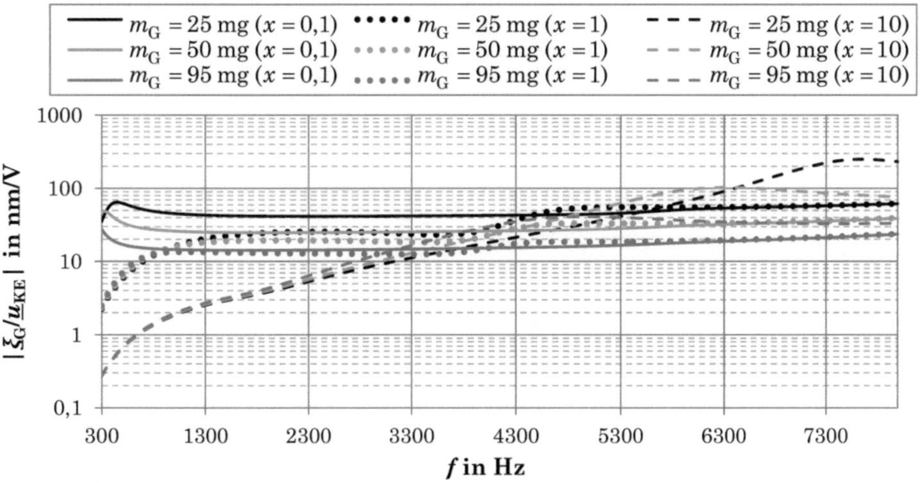

Abbildung 6.33: Normierte Auslenkung am Gehäuse bei Anregung an der Kompensationseinheit für verschiedene Gehäusemassen und Ohrimpedanzen (gekennzeichnet durch den Impedanz-Transformationsfaktor x) sowie konstanter Zusatzmasse m_{ZM}=10mg

Analog zur Anregung des Wandlerbausteins am Aktor in Abbildung 6.32 steigt die von der KE am Gehäuse bewirkte Auslenkung mit sinkender Gehäusemasse m_G ($x = \{0,1; 1\}$). Für Ohrimpedanzen mit $x = 10$ stellt die Gehäusemasse wiederum die Resonanzfrequenz im Auslenkungsverlauf ein. Dies entspricht der gleichen Wirkung, die der Aktor auf das Gehäuse bei diesen Ohrimpedanzen hat. Die höhere Rückkopplung vom Aktor auf das Gehäuse bei reduzierter Gehäusemasse wird durch die Struktur (S3-3) ausgeglichen.

Eine Reduzierung der Gehäusemasse und somit der Gesamtmasse des Wandlerbausteins ermöglicht ein höheres Gewicht der Zusatzmasse m_{ZM}. Folgend wird das Gewicht der Zusatzmasse in Abhängigkeit der Gehäusemasse ausgewählt. Die Gesamtmasse des Wandlerbausteins soll dabei $m_{Ges} \approx 100$ mg betragen. Abbildung 6.34 zeigt die im Netzwerk simulierten Amplitudengänge $|\underline{\xi}_G / \underline{u}_{KE}|$ für die variable Zusatzmasse.

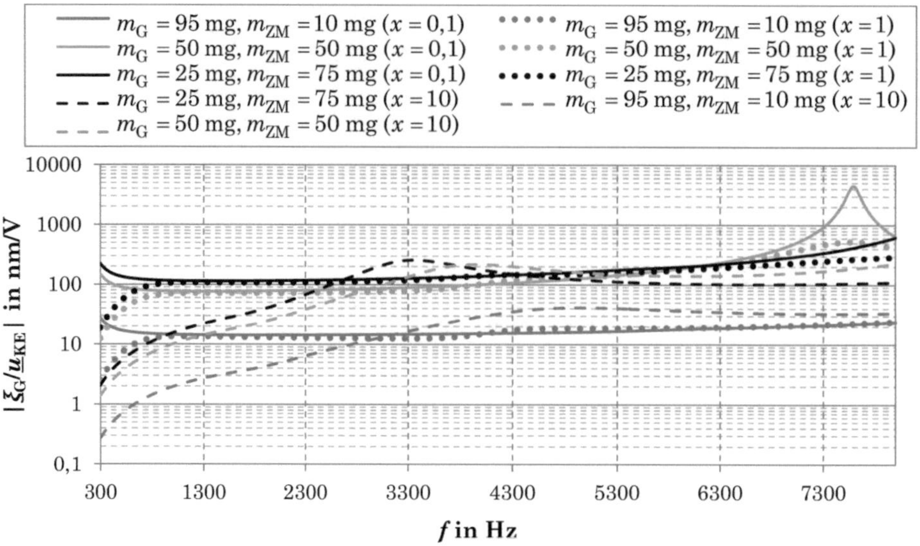

Abbildung 6.34: Normierte Auslenkung am Gehäuse bei Anregung an der Kompensationseinheit für verschiedene Gehäusemassen und Ohrimpedanzen (gekennzeichnet durch den Impedanz-Transformationsfaktor *x*) und variabler Zusatzmasse

Bei einer Gehäusemasse $m_G = 50$ mg und einer ebenso schweren Zusatzmasse $m_{ZM} = 50$ mg kann die von der KE am Gehäuse bewirkte Auslenkung um den Faktor vier vergrößert werden. Eine weitere Erhöhung auf $m_{ZM} = 75$ mg bei einer Gehäusemasse $m_G = 25$ mg hat dagegen keinen großen Einfluss mehr auf die Gehäusebewegung. Dies erklärt der Zusammenhang in Gleichung (6.25), da die Bedingung für die Zusatzmasse gegenüber der Lastadmittanz nicht mehr erfüllt wird. Zudem sinkt die Resonanzfrequenz $f_{0,KE}$ für ein Gewicht der Zusatzmasse $m_{ZM} = 75$ mg in den Nutzfrequenzbereich.

Um die Kompensationswirkung der als geeignet eingestuften Struktur (S3-3) zu erhöhen, sollte die Gehäusemasse daher auf $m_G = 50$ mg reduziert werden. Gleichzeitig lässt sich das Gewicht der Zusatzmasse an der KE soweit erhöhen, dass die Gesamtmasse m_{Ges} nicht überschritten oder die Frequenz $f_{0,KE}$ innerhalb des Nutzfrequenzbereiches verschoben wird.

6.2.7 Auswahl der optimalen Kompensationseinheit

Tabelle 6.6 zeigt eine Übersicht aller analysierten Strukturen in der Reihenfolge ihrer Eignung als KE. Vier der insgesamt neun betrachteten Strukturen sind nicht als KE geeignet, da sie mindestens eines der zum Beginn von Abschnitt 6.2 genannten Optimalitätskriterien nicht erfüllen. Vier Strukturen sind nur bedingt als KE geeignet. Die eingeschränkte Eignung der Strukturen ist unter anderem auf einen derzeit hohen und damit wirtschaftlich nicht vertretbaren Fertigungsaufwand zurückzuführen. Als KE geeignet erscheint nur eine der insgesamt neun betrachteten Strukturen. Ihre Eignung resultiert vor allem aus dem einfachen Aufbau sowie dem Vorteil eines durchgehenden Wandlergehäuses.

Tabelle 6.6: Eignung der untersuchten Strukturen als Kompensationseinheit

Rang	Struktur	Eignung als KE	Bemerkungen
1	S3-3	Geeignet	Durchgehendes Gehäuse, einfacher Aufbau
2	S2-3	Bedingt geeignet	Geringe mechanische Stabilität
3	S3-2		Hoher technologischer Fertigungsaufwand
4	S1-2		
5	S2-1		Quelladmittanz im Bereich der Lastadmittanz
6	S2-2	Nicht geeignet	Sehr hohe Quellnachgiebigkeit und hoher technologischer Fertigungsaufwand
7	S2-4		Sehr hoher technologischer Fertigungsaufwand
8	S3-1		Sehr geringes Verhältnis $\left\|\underline{\xi}_{\mathrm{G}} / \underline{u}_{\mathrm{KE}}\right\| < 10\ \mathrm{nm/V}$
9	S1-1		

Das dynamische Verhalten des Wandlerbausteins mit einer KE nach Struktur (S3-3) wird in Kapitel 7 messtechnisch an einem physischen Experimentalmodell untersucht. Dabei steht im Vordergrund, in welchem Maße die Hörverstärkung g durch die KE erhöht werden kann und von welchen Parametern sie beeinflusst wird.

Vor- und Nachteile der Struktur aus regelungstechnischer Sicht lassen sich derzeit nicht beurteilen. Es ist möglich, dass aufgrund von regelungstechnischen Problemstellungen eine der acht anderen untersuchten Strukturen in Tabelle 6.6 geeigneter für den Einsatz als KE ist. Um dies nachzuweisen, müsste mindestens eine weitere Struktur messtechnisch untersucht werden. Dies ist jedoch nicht Gegenstand dieser Arbeit.

6.3 Zusammenfassung der simulationsgestützten Entwurfsarbeiten

In diesem Kapitel wurden die Sensor-, Aktor- und KE des Wandlerbausteins untersucht und optimiert. Die Optimierungsarbeiten in Abschnitt 6.1 haben gezeigt, dass die piezoelektrischen Unimorph-Biegeplatten unterschiedlich aufgebaut sein müssen, um die bestmöglichen sensorischen und aktorischen Eigenschaften zu erreichen. Bei der Analyse verschiedener möglicher Strukturen für die KE konnte die Unimorph-Biegeplatten-Struktur gegenüber allen anderen als am besten geeignet herausgestellt werden.

Eine Halbierung der Gehäusemasse hat eine höhere Rückkopplung vom Aktor auf den Sensor zur Folge. Diese kann jedoch durch die KE ausgeglichen werden. Zudem kann die Zusatzmasse an der KE aufgrund der reduzierten Gehäusemasse erhöht und eine Zunahme der Kompensationswirkung erreicht werden.

7 Verhaltensanalyse am Experimentalmodell

In den vorangegangenen Kapiteln wurden die einzelnen Komponenten des Wandlerbausteins simulationsgestützt analysiert und optimiert. Basierend auf den gewonnenen Simulationsergebnissen wird im Folgenden das dynamische Verhalten des Wandlerbausteins an einem physischen Modell experimentell untersucht. Die Messungen haben zum Ziel, die durch den Wandlerbaustein erreichbare Hörverstärkung bei inaktiver und aktiver KE zu bestimmen. Mit Hilfe von Netzwerksimulationen, anhand derer Änderungen am Messaufbau simuliert werden können, lassen sich weiterhin Parameter ermitteln, von denen die Hörverstärkung abhängt.

Zur Herstellung eines Wandlerbaustein-Modells im Originalmaßstab müssen technologische Problemstellungen, wie z. B. mikromechanische Fertigungs- und Fügetechniken beherrscht werden. Der Fokus dieser Arbeit liegt jedoch in der Untersuchung der prinzipiellen Machbarkeit des Systems sowie dessen komplexen Verhaltens. Aus diesem Grund erfolgt die Nachbildung des Wandlerbausteins sowie der angrenzenden Mittel- und Innenohrimpedanzen im makroskopischen Maßstab 10:1. Sowohl der Wandlerbaustein als auch die Ohrimpedanzen werden dazu maßstabsgetreu in ein 10:1 Modell transformiert, sodass die Messergebnisse anschließend auf den Originalmaßstab übertragbar sind. Ein makroskopischer Messaufbau hat zudem den Vorteil, dass physikalische Größen einfacher gemessen und Anpassungen leichter vorgenommen werden können. Die Ergebnisse der Analysearbeiten am Experimentalmodell wurden bereits von Krause et al. in [KR13] veröffentlicht.

Abschnitt 7.1 beschreibt die Transformation von elektrischen und mechanischen Parametern in den makroskopischen Maßstab. Die makroskopische Nachbildung der Ohrimpedanzen und des Wandlerbausteins am Experimentalmodell wird in Abschnitt 7.2 betrachtet. Im Anschluss daran werden die einzelnen Experimente und die daraus gewonnenen Ergebnisse dargestellt.

7.1 Transformationsverhältnisse

Der gewählte Maßstab 10:1 bezieht sich zunächst auf die Abmessungen des Wandlerbausteins. Aus der Transformation der Abmessungen um jeweils eine Größenordnung resultieren Änderungen weiterer Parameter, die zur Beschreibung des Verhaltens des Wandlerbausteins sowie der Ohrimpedanzen notwendig sind. Diese Parameter müssen ebenfalls in den 10:1 Maßstab überführt werden. Basierend auf den Transformationsverhältnissen der Parameter zwischen Original- und makroskopischem Maßstab (Indizes „Orig" und „Makro") kann eine maßstabsgerechte Nachbildung des Wandlerbausteins sowie der angrenzenden Mittel- und Innenohrimpedanzen erfolgen. Die Betrachtung der folgenden Transformationsverhältnisse ist zum Aufbau des makroskopischen Modells notwendig:

Geometrie Abmessungen l_{Makro} des makroskopischen Wandlerbausteins werden nach der Vorschrift $l_{\mathrm{Makro}} = 10 \cdot l_{\mathrm{Orig}}$ transformiert. Daraus folgt, dass Flächenmaße und Volumina durch die Zusammenhänge $A_{\mathrm{Makro}} = 10^2 \cdot A_{\mathrm{Orig}}$ und $V_{\mathrm{Makro}} = 10^3 \cdot V_{\mathrm{Orig}}$ in den makroskopischen Maßstab überführt werden.

Mechanische Nachgiebigkeiten Die mechanischen Nachgiebigkeiten n_{Makro} besitzen aufgrund der vergrößerten Maße l_{Makro} der Komponenten in alle Raumrichtungen, d. h. sowohl die Radien als auch die

Höhen der Wandler werden vergrößert, mit $n_{\text{Makro}} = 0{,}1 \cdot n_{\text{Orig}}$ nur noch 10% des ursprünglichen Wertes.

Massen Zwischen Massen und Volumina gilt der Zusammenhang $m = \rho \cdot V$. Für $\rho = \text{konst.}$ werden mechanische Massen, analog zu Volumina, mit $m_{\text{Makro}} = 10^3 \cdot m_{\text{Orig}}$ transformiert.

Mechanische Reibungen Die mechanischen Reibungen der Unimorph-Biegeplatten lassen sich am Modell des Wandlerbausteins nicht einstellen. Im Netzwerk des makroskopischen Modells werden sie jedoch so eingestellt, dass die Güte Q im Vergleich zum Originalmaßstab konstant bleibt. Aus

$$Q_{\text{Makro}} = Q_{\text{Orig}} = h_{\text{Makro}} \cdot \sqrt{\frac{m_{\text{Makro}}}{n_{\text{Makro}}}} = h_{\text{Makro}} \cdot \sqrt{\frac{10^3 \cdot m_{\text{Orig}}}{0{,}1 \cdot n_{\text{Orig}}}} \tag{7.1}$$

folgt, dass Reibungsadmittanzen im Netzwerk des Experimentalmodells mit $h_{\text{Makro}} = 0{,}01 \cdot h_{\text{Orig}}$ nur noch 1% des ursprünglichen Wertes besitzen.

Nutzfrequenzbereich Neben der Transformation von Abmaßen oder mechanischen Parametern ändert sich auch der Frequenzbereich, in dem die Hörverstärkung g erzielt werden soll. Die Berechnung der Resonanzfrequenz eines ungedämpften mechanischen Systems anhand der Gleichung

$$f_{0,\text{Makro}} = \frac{1}{2\pi\sqrt{n_{\text{Makro}} \cdot m_{\text{Makro}}}} = \frac{1}{2\pi\sqrt{0{,}1 \cdot n_{\text{Orig}} \cdot 10^3 \cdot m_{\text{Orig}}}} = \frac{f_{0,\text{Orig}}}{10} \tag{7.2}$$

zeigt, dass sich der Nutzfrequenzbereich des Wandlerbausteins im Modellmaßstab um eine Dekade auf $f_{\text{Nutz,Makro}} = [30\text{ Hz} \ldots 800\text{ Hz}]$ verschiebt.

Mechanische Impedanz Aus den Transformationsverhältnissen der mechanischen Parameter sowie des Nutzfrequenzbereiches lässt sich die Änderung mechanischer Impedanzen $\underline{z}$ ableiten. Die Gleichung

$$\underline{z}_{\text{Makro}} = \frac{\underline{F}}{\underline{v}} = j \cdot \left(\frac{2\pi \cdot f_{0,\text{Orig}}}{10}\right) \cdot \left(10^3 \cdot m_{\text{Orig}}\right) = \frac{1}{j} \cdot \left(\frac{10}{2\pi \cdot f_{0,\text{Orig}}}\right) \cdot \left(\frac{1}{0{,}1 \cdot n_{\text{Orig}}}\right) \tag{7.3}$$

zeigt, dass zwischen den mechanischen Impedanzen im Originalmaßstab und denen im makroskopischen Maßstab der Zusammenhang $\underline{z}_{\text{Makro}} = 10^2 \cdot \underline{z}_{\text{Orig}}$ gilt.

Elektrische Kapazität Bei der Überführung des Wandlerbausteins in den makroskopischen Maßstab nimmt die Elektrische Kapazität des Sensors und der Aktoren zu. Unter Voraussetzung konstanter elektromechanischer Eigenschaften der piezoelektrischen Elemente wächst die Kapazität C aufgrund der größeren Abmessungen auf $C_{\text{Makro}} = 10 \cdot C_{\text{Orig}}$.

Piezoelektrischer Wandler Simulationen am FE-Modell der Unimorph-Biegeplatte zeigen, dass bei der Transformation der Unimorph-Biegeplatte in den makroskopischen Maßstab zwischen den Änderungen der mechanischen Nachgiebigkeit Δn_{K} und des piezoelektrischen Wandlerfaktors ΔY der Zusammenhang $\Delta n_{\text{K}} \sim \Delta Y$ besteht. Die Änderung von $Y_{\text{S,Makro}} = 0{,}1 \cdot Y_{\text{S,Orig}}$ im 10:1 Modell beeinflusst die elektromechanischen Eigenschaften von Sensor und Aktor.

Wirkt auf den Sensor des Modells eine Kraft $\underline{F}_{\text{Makro}} = \underline{F}_{\text{Orig}}$, so wird aufgrund der veränderten Parameter $n_{\text{K,Makro}}$, $Y_{\text{S,Makro}}$ und $C_{\text{b,Makro}}$ nach Gleichung (6.1) ebenfalls eine geringere Sensorspannung

$$\underline{u}_{\mathrm{S,Makro}} = \frac{j\omega n_{\mathrm{K,Makro}} \cdot Y_{\mathrm{S,Makro}}}{j\omega n_{\mathrm{K,Makro}} + j\omega C_{\mathrm{b,Makro}} \cdot Y_{\mathrm{S,Makro}}^2} \cdot \underline{F}_{\mathrm{Makro}}$$
$$= \frac{0{,}1 \cdot j\omega n_{\mathrm{K,Orig}} \cdot 0{,}1 \cdot Y_{\mathrm{S,Orig}}}{0{,}1 \cdot j\omega n_{\mathrm{K,Orig}} + 10 \cdot j\omega C_{\mathrm{b,Orig}} \cdot \left(0{,}1 \cdot Y_{\mathrm{S,Orig}}\right)^2} \cdot \underline{F}_{\mathrm{Orig}} = 0{,}1 \cdot \underline{u}_{\mathrm{S,Orig}} \tag{7.4}$$

im Vergleich zum Originalmaßstab erzeugt. Jedoch wird auch der elektromechanische Wandlerfaktor $Y_{\mathrm{A,Makro}}$ des Aktors kleiner. Der Aktor erzeugt bei gleicher Sensor-Aktor-Verstärkung $v_{1,\mathrm{Makro}} = v_{1,\mathrm{Orig}}$ trotz der kleineren Sensorspannung $\underline{u}_{\mathrm{S,Makro}}$ nach

$$\underline{F}_{\mathrm{A,Makro}} = \frac{v_{1,\mathrm{Makro}} \cdot \underline{u}_{\mathrm{S,Makro}}}{Y_{\mathrm{A,Makro}}} = \frac{v_{1,\mathrm{Orig}} \cdot 0{,}1 \cdot \underline{u}_{\mathrm{S,Orig}}}{0{,}1 \cdot Y_{\mathrm{A,Orig}}} \tag{7.5}$$

eine gleichgroße Kraft $\underline{F}_{\mathrm{A,Makro}} = \underline{F}_{\mathrm{A,Orig}}$, die in den Steigbügel eingeleitet wird. Zum Erreichen einer gleichgroßen Hörverstärkung im makroskopischen Modell ist daher die gleiche Verstärkung v_1 wie im Originalmaßstab notwendig.

Um mit dem Experimentalmodell den gleichen äquivalenten Schalldruck am Trommelfell wie im Originalmaßstab zu erzeugen, muss nach

$$\underline{F}_{\mathrm{Makro}} = p_{\mathrm{TF}} \cdot A_{\mathrm{TF,Makro}} = p_{\mathrm{TF}} \cdot 100 \cdot A_{\mathrm{TF,Orig}} \tag{7.6}$$

eine Kraft $\underline{F}_{\mathrm{St,Makro}} = 100 \cdot \underline{F}_{\mathrm{St,Orig}}$ in den Steigbügel eingeleitet werden. Dazu ist eine Spannungsamplitude $\left|\underline{u}_{\mathrm{A,Makro}}\right| = 10 \cdot \left|\underline{u}_{\mathrm{A,Orig}}\right|$ am Aktor notwendig. Die maximal zulässige Spannungsamplitude am Experimentalmodell beträgt daher $\left|\underline{u}_{\mathrm{Makro}}\right| = 60\ \mathrm{V}$.

7.2 Experimentalaufbau

7.2.1 Messplatz

Die experimentelle Untersuchung des Wandlerbausteins erfolgt an einem neu aufgebauten Messplatz. Eine schematische Darstellung dieses Messplatzes zeigt Abbildung 7.1. Neben der makroskopischen Nachbildung des Wandlerbausteins und der angrenzenden Mittel- und Innenohrimpedanzen, umfasst der Messplatz Geräte zur Signalerzeugung, -verarbeitung und –erfassung.

Die elektrische Ansteuerung der Kraftquelle, welche die Anregung am Trommelfell nachbildet, erfolgt mit Hilfe eines Signalgenerators. Sowohl die Spannung an der Sensoreinheit als auch die am Gehäuse gemessene Beschleunigung werden mit einem 2-Kanal-Filter vorverstärkt. Eine weitere variable Verstärkung dieser Signale wird durch aufgebaute Analogverstärker in den im Bild gezeigten Bereichen ermöglicht. Eine optionale Signalverarbeitung in der Sensor-Aktor-Strecke dient zur Filterung des Sensorsignals. Das Signal des Beschleunigungssensors wird mit Hilfe eines Analog-Reglers im Signalpfad angepasst. Als geeignet für die Erfassung der Gehäusebeschleunigung am 10:1 Modell hat sich der Sensortyp ADXL103 von Analog Devices erwiesen. Einige, aus dem Datenblatt dieses Sensors entnommene Kennwerte, zeigt Tabelle A.3 im Anhang dieser Arbeit. Die elektrische Ansteuerung der piezoelektrischen Elemente von Aktor und KE erfolgt jeweils über einen Leistungsverstärker sowie einen Vorwiderstand $R = 100\ \Omega$. Die Vorwiderstände stellen eine frequenzunabhängige Last für die Leistungsverstärker dar und limitieren deren Ausgangsströme. So werden Signalverzerrungen an den Aktoren aufgrund von Strombegrenzungen der Leistungsverstärker vermieden. Zudem ist die maximale Spannung im Messaufbau ist auf $|\underline{u}_{\text{Makro}}| = 40$ V begrenzt, um eine mechanische Zerstörung der piezoelektrischen Elemente im Falle eines Aufschwingen des Systems zu verhindern.

Mit Hilfe eines Miniatur-Kraftsensors wird die in die Last eingeleitete Kraft bestimmt. Die Geschwindigkeiten in der Mitte der Aktor-Unimorph-Biegeplatte sowie am Gehäuse werden mit einem Einpunkt-Laservibrometer gemessen.

Weiterhin gehört zu dem Messplatz ein PC mit einer 2-Kanal-Messkarte. Diese erlaubt die Aufzeichnung von gemessenen Signalen und die Auswertung mittels des Programmes „LabView". In einigen Experimenten wird dies genutzt, um die Frequenzgänge von Übertragungsfunktionen $\underline{H}(f)$ am Modell zu messen. Dabei dient ein stationäres Sinussignal des Signalgenerators als Referenzsignal. Die Frequenz des Referenzsignals wird manuell eingestellt. Messsignal ist beispielsweise die Spannung am Sensor oder der Spannungsausgang am Laservibrometer. Durch eine Fourier-Transformation wird die jeweils aktuelle Frequenz des Messsignals bestimmt. Die Amplitude und Phase des Messsignals bei dieser Frequenz wird anschließend in Bezug zum Referenzsignal gesetzt.

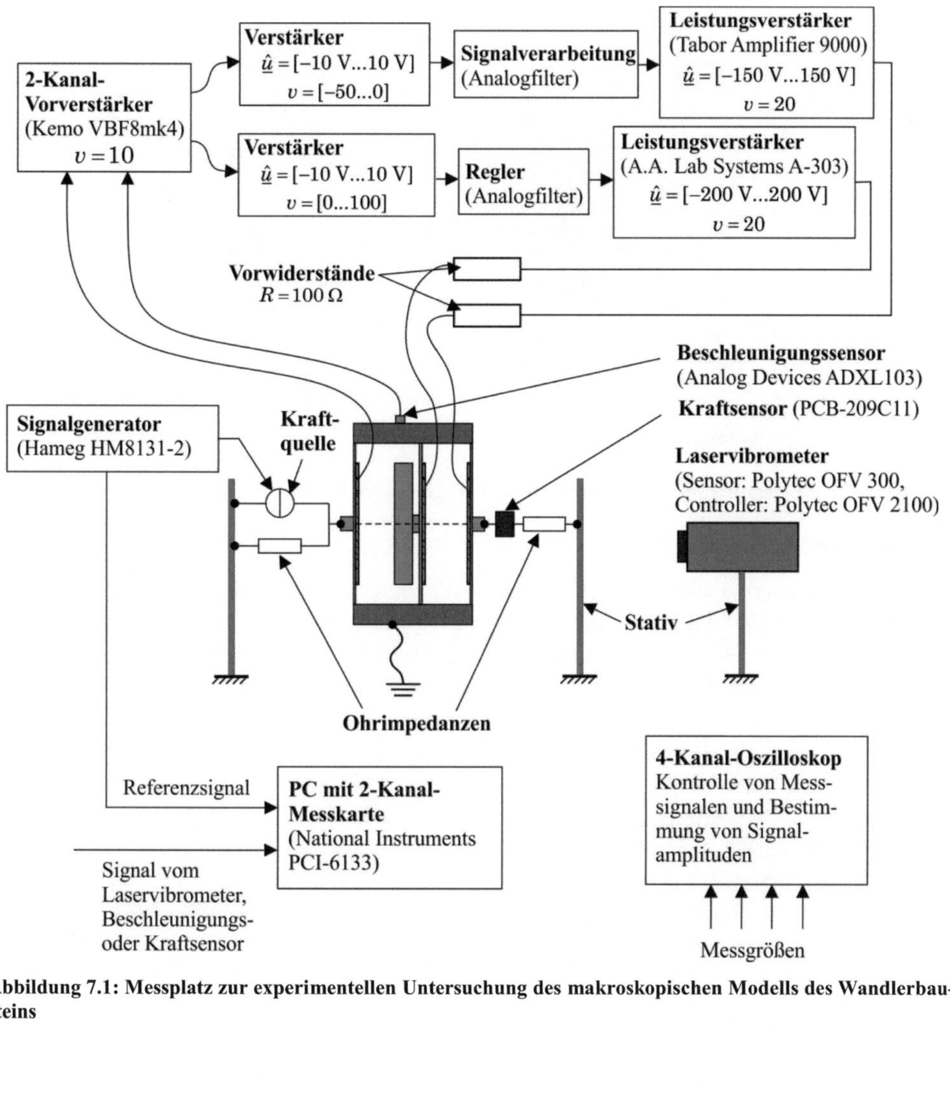

Abbildung 7.1: Messplatz zur experimentellen Untersuchung des makroskopischen Modells des Wandlerbausteins

7.2.2 Nachbildung der Quell- und Lastimpedanz

Bei den simulationsgestützten Untersuchungen in Kapitel 6 wurde gezeigt, dass die Ohrimpedanzen das Verhalten des Wandlerbausteins beeinflussen. Die maßstabsgerechte makroskopische Nachbildung der Quell- und Lastimpedanz $\underline{z}_{\mathrm{Q}}$ und $\underline{z}_{\mathrm{St,C}}$ im Messaufbau ist daher entscheidend für die Übertragbarkeit der Messergebnisse auf den Originalmaßstab. Die Literaturanalyse in Kapitel 3 hat weiterhin gezeigt, dass der Amplitudengang der Ohrimpedanzen eine hohe individuelle Streuung aufweist. Der Messaufbau muss die Quell- und Lastimpedanz innerhalb dieses Streubereiches nachbilden. Wie schon in den Netzwerksimulationen zuvor wird die makroskopischen Quell- und Lastimpedanz durch möglichst lineare, zeitinvariante Bauteile abgebildet. Damit können zur Beurteilung der Kraftverstärkung am Steigbügel ersatzweise auch andere physikalische Größen wie z. B. die Geschwindigkeit gemessen und ausgewertet werden. Anschließend lässt sich die entsprechende Kraft- und Hörverstärkung aus den Ersatzgrößen ableiten. Ein Strukturschema der nachgebildeten Quell- und Lastimpedanz zeigt Abbildung 7.2.

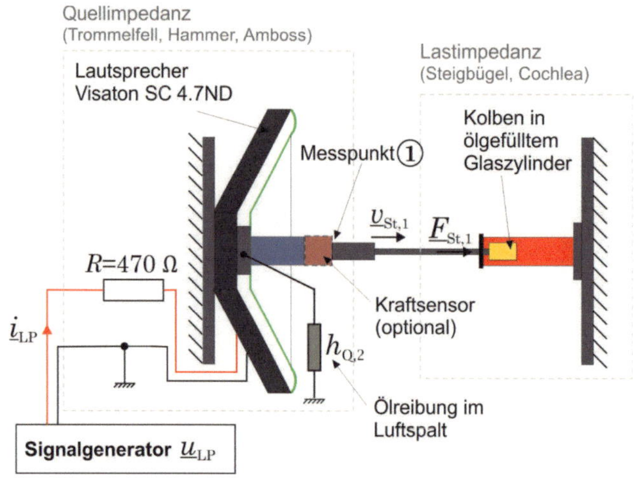

Abbildung 7.2: Struktur der im Experimentalaufbau nachgebildeten Quell- und Lastimpedanz

Quellimpedanz

Die Quellimpedanz von Trommelfell, Hammer und Amboss wird mit Hilfe eines Lautsprechers (Visaton SC 4.7ND) nachgebildet. Der über einen hohen Vorwiderstand $R = 470\,\Omega$ stromgespeiste Lautsprecher ermöglicht, analog zur Kraftanregung am Trommelfell, eine frequenzunabhängige Krafteinleitung in das System. Zusätzlich ist am Lautsprecher ein Massestück angebracht. Dieses bildet das Gewicht der Mittelohrknöchelchen ab. Gleichzeitig dient das Massestück zur Ankopplung der Quellimpedanz an den Wandlerbaustein. Zähflüssiges Silikonöl im Luftspalt des Lautsprechers senkt zudem dessen mechanische Güte und ermöglicht eine bessere Anpassung an das reale Verhalten der Mittelohrknöchelchen. Die Wirkung des zähflüssigen Silikonöls im Spalt verdeutlicht Abbildung 7.3 anhand der mit dem Laservibrometer am Messpunkt (1) gemessenen Geschwindigkeit $|\underline{v}_{\mathrm{LP}}|$. Quell- und Lastimpedanz sind in diesem Experiment voneinander getrennt. Der Vergleich mit dem gleichen Lautsprecher ohne Öl im Luftspalt zeigt eine starke Dämpfung der Geschwindigkeitsamplitude um die Resonanz des Lautsprechers.

Zur stromgespeisten Anregung am Lautsprecher mittels Signalgenerator werden stationäre Sinussignale $\underline{i}_{\mathrm{LP}}$ oder gepulste Sinussignale $i_{\mathrm{LP}}(t)$ verwendet. Ein beispielhaftes Anregungssignal $i_{\mathrm{LP}}(t)$ zeigt Abbildung 7.3.

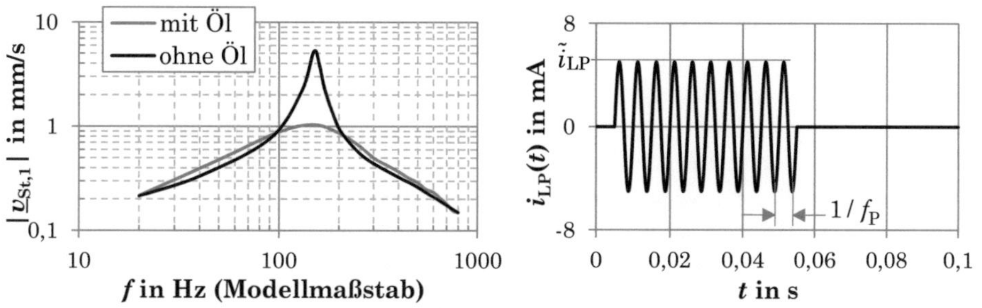

Abbildung 7.3: Geschwindigkeit am Lautsprecher ölgedämpft und ungedämpft (links), beispielhaftes, transientes Anregungssignal am Lautsprecher (rechts)

Die gepulsten Signale sind durch ihre Amplitude $\tilde{i}_{LP}$ und die Frequenz der Sinusschwingung f_P definiert. Die transienten Signale ermöglichen die Analyse von Ein- und Ausschwingvorgängen von am Wandlerbaustein gemessenen Signalen. Desweiteren lässt sich ein beginnendes Aufschwingen des Wandlerbausteins bei zu hohen Verstärkungen v mit Hilfe dieser Anregungssignale einfach beobachten. Zur Bestimmung der Hörverstärkung werden daher stets gepulste Anregungssignale mit $f_P \in f_{Nutz,Makro}$ verwendet.

Lastimpedanz

Die makroskopische Nachbildung der Impedanz $\underline{z}_{St,C}$ von Steigbügel und Cochlea wurde durch einen ölgelagerten Kolben realisiert. Bei Bewegung des Kolbens fließt das Öl zwischen dem Kolben und der umgebenden Wandung hindurch und erzeugt eine mechanische Reibung. Zusätzlich wirkt die Kolbenmasse als Last.

Die Bestimmung von $\underline{z}_{St,C} = \underline{F}_{St,1} / \underline{v}_{St,1}$ erfolgt durch Kraft- und Geschwindigkeitsmessungen bei verbundener Quell- und Lastimpedanz. Die in die Last eingeleitete Kraft $\underline{F}_{St,1}$ bei angeregtem Lautsprecher wird mit dem Miniaturkraftsensor gemessen. Dieser ist zwischen Lautsprecher und dem ölgelagerten Kolben eingebaut. Die Geschwindigkeitsreaktion an der Last $\underline{v}_{St,1}$ kann mit dem Laservibrometer im Messpunkt (1) bestimmt werden. Der Kraftsensor muss auch bei der Geschwindigkeitsmessung eingebaut sein, da dessen Eigenmasse $m_{KS} = 10\,\text{g}$ beide Messgrößen beeinflusst. Ein Ausbau des Sensors bei der Geschwindigkeitsmessung würde ein falsches Verhältnis von Kraft zu Geschwindigkeit liefern. Den Amplitudengang $|\underline{z}_{St,C}|$ der Lastimpedanz der aus den Messungen berechnet wurde, zeigt Abbildung 7.4.

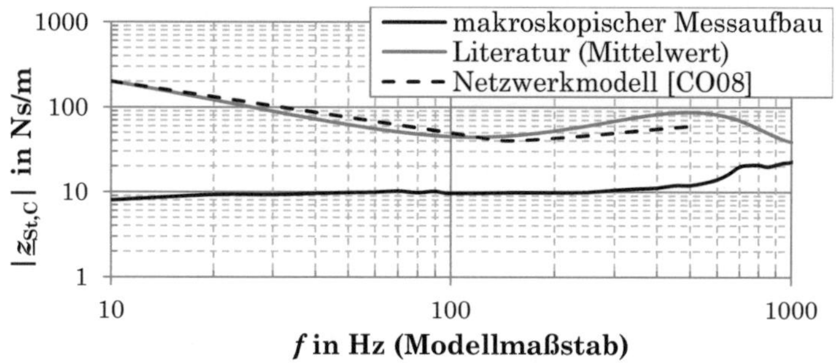

Abbildung 7.4: Vergleich der am Messaufbau gemessenen Lastimpedanz mit Literaturangaben bzw. Netzwerksimulationen

Die nachgebildete Lastimpedanz weist im Nutzfrequenzbereich überwiegend Reibungsverhalten auf. Nur im makroskopischen Hochtonbereich ab $f > 500\,\text{Hz}$ besitzt die Impedanz $\underline{z}_{St,C}$ masseartigen Charakter. Das Diagramm zeigt ebenfalls den gemittelten Verlauf $\left|\underline{z}_{\mathrm{St,C}}\right|$ nach Abbildung 3.3 sowie die mit dem Netzwerkmodell von O'Connor und Puria simulierte Lastimpedanz. Diese wurden basierend auf Gleichung (7.3) in den makroskopischen Maßstab transformiert. Im Vergleich zu den beiden anderen Impedanzverläufen ist die im Messaufbau nachgebildete Lastimpedanz kleiner. Sie liegt dennoch stets innerhalb der bereits diskutierten individuellen Streuung. Eine höhere Impedanz $\underline{z}_{\mathrm{St,C}}$ ließe sich im Modell durch eine Vergrößerung der mechanischen Reibung erreichen. Experimente haben jedoch gezeigt, dass Öle mit höherer Viskosität schlecht zwischen Kolben und Wandung entlangfließen. Dies äußert sich durch Signalverzerrungen von Kraft und Geschwindigkeit an der Last.

*Ersatzhörverstärkung g**

Die Kenntnis der in die Last eingeleiteten Kraft $\underline{F}_{\mathrm{St,1}}$ ist für die Bestimmung der Hörverstärkung g notwendig. Durch die Messung dieser Kraft mit Hilfe des Kraftsensors wird die Eigenmasse m_{KS} des Sensors in den Messpfad eingebracht. Diese Masse beeinflusst nicht nur die absoluten Beträge der Kraft $\underline{F}_{\mathrm{St,1}}$ und der Geschwindigkeit $\underline{v}_{\mathrm{St,1}}$, sondern wirkt als zusätzliche Last auf den Aktor des Wandlerbausteins.

Ersatzweise kann die Geschwindigkeit an der Lastimpedanz zur Bestimmung der Hörverstärkung genutzt werden. Verhält sich die Lastimpedanz $\underline{z}_{\mathrm{St,C}}$ linear, so ist $\underline{v}_{\mathrm{St,1}} \sim \underline{F}_{\mathrm{St,1}}$. Eine Geschwindigkeitsänderung lässt sich somit direkt in eine Kraftänderung überführen. Die in Gleichung (4.1) definierte Hörverstärkung g kann somit ersatzweise durch das logarithmierte Verhältnis der Geschwindigkeitsamplituden

$$g^* = 20 \cdot \lg \left| \frac{\tilde{v}_{\mathrm{St,2}}}{\tilde{v}_{\mathrm{St,1}}} \right| \mathrm{dB} \Bigg|_{\tilde{i}_{\mathrm{LP}} = \mathrm{konst.}} \tag{7.7}$$

beschrieben werden. Dabei stellt $v_{\mathrm{St,2}}(t)$, bzw. $\underline{v}_{\mathrm{St,2}}$ im Falle stationärer Anregungssignale, die Geschwindigkeit am Steigbügel dar, nachdem der Wandlerbaustein eingebaut wurde.

Um die Ersatzhörverstärkung g^* verwenden zu können, muss zuvor die Linearität der Lastimpedanz sichergestellt werden. Zu diesem Zweck wurde die in die Last eingeleitete Kraft $\underline{F}_{\mathrm{St,1}}$ für verschiedene Anregungsströme $\underline{i}_{\mathrm{LP}}$ gemessen. Die zusätzliche Masse des Kraftsensors ist in diesem Experiment nicht relevant, da sie die nachzuweisende Linearität der Impedanz $\underline{z}_{\mathrm{St,C}}$ nicht beeinflusst. Abbildung 7.5 zeigt den gemessenen Amplituden- und Phasengang der auf den Anregungsstrom am Lautsprecher normierten Kraft $\underline{F}_{\mathrm{St,1}}$.

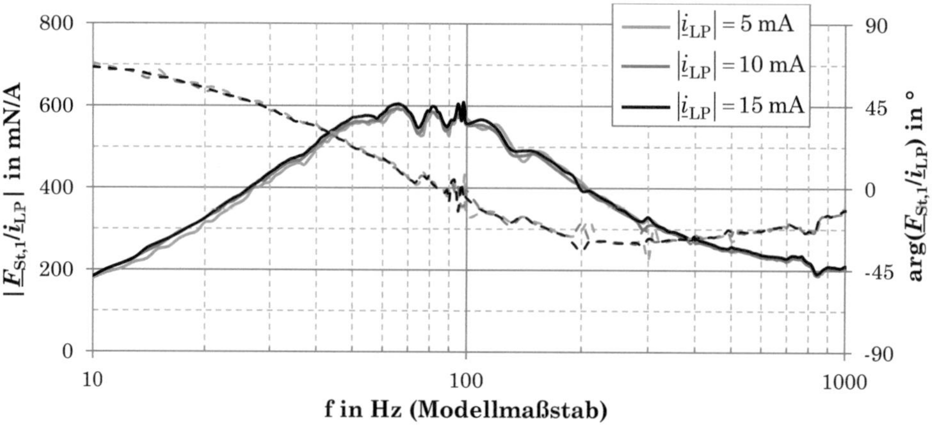

Abbildung 7.5: In den Steigbügel eingeleitete Kraft, normiert auf den Anregungsstrom am Lautsprecher

Aus dem Diagramm wird deutlich, dass zwischen der Krafteinleitung in die Last $\underline{F}_{\mathrm{St},1}$ und dem Anregungsstrom $\underline{i}_{\mathrm{LP}}$ der Zusammenhang $|\underline{F}_{\mathrm{St},1}| \sim |\underline{i}_{\mathrm{LP}}|$ und $\arg(\underline{F}_{\mathrm{St},1} / \underline{i}_{\mathrm{LP}}) = \text{konst.}$ gilt. Somit kann von einem hinreichend linearen Verhalten der Last ausgegangen werden. In den folgenden Untersuchungen wird die in Gleichung (7.7) definierte Ersatzhörverstärkung g^* verwendet.

Geschwindigkeitsreaktion am Steigbügel

Die Basis für die Berechnung der Ersatzhörverstärkung g^* bildet der gemessene Amplitudengang der Geschwindigkeit $|\underline{v}_{\mathrm{St},1}|$ am Steigbügel vor dem Einbau des Wandlerbausteins. Abbildung 7.6 zeigt den am Messpunkt (1) (Abbildung 7.2) gemessenen Amplitudengang $|\underline{v}_{\mathrm{St},1}|$ bei Speisung des Lautsprechers mit einem Strom $|\underline{i}_{\mathrm{LP}}| = 5\,\mathrm{mA}$. Für den gewählten Lautsprecher mit einem elektromagnetischen Transformationsfaktor $Bl = 1{,}2\,\mathrm{Tm}$ erzeugt dieser Strom eine Kraft $|\underline{F}_{\mathrm{TF}}| = Bl \cdot |\underline{i}_{\mathrm{LP}}| = 6\,\mathrm{mN}$. Die äquivalente Schalldruckamplitude am Trommelfell beträgt $|\underline{p}_{\mathrm{TF}}| = |\underline{F}_{\mathrm{TF}}| \cdot A_{\mathrm{TF,Makro}} = 1\,\mathrm{Pa}$. Die Fläche des Trommelfells entspricht dabei im makroskopischen Maßstab $A_{\mathrm{TF,Makro}} = 60\,\mathrm{cm}^2$.

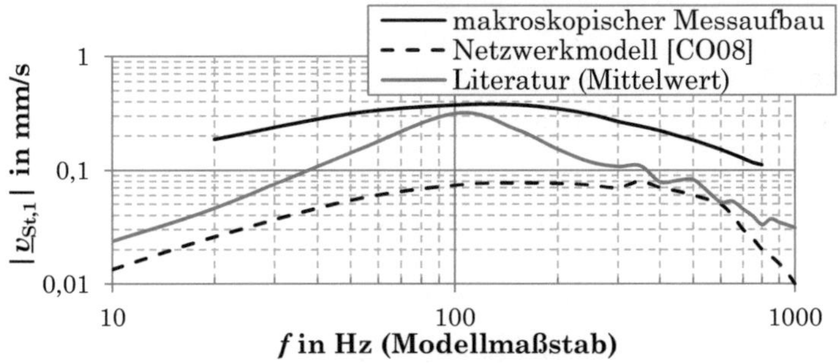

Abbildung 7.6: Vergleich der am Messaufbau gemessenen Geschwindigkeit am Steigbügel mit Literaturangaben bzw. Netzwerksimulationen bei Kraftanregung am Trommelfell

Das Diagramm enthält zusätzlich die Steigbügelgeschwindigkeiten aus dem Netzwerkmodell von O'Connor und Puria sowie den mittleren Geschwindigkeitsverlauf $|\overline{\underline{v}_{\mathrm{St}}}| = \omega |\overline{\underline{\xi}_{\mathrm{St}}}|$ der Mittelohrübertragungsfunktion nach Abbildung 3.1 bei gleichem Anregungsschalldruck.

Der Verlauf der am Aufbau gemessenen Geschwindigkeit stimmt qualitativ mit den beiden Vergleichskurven überein. Da die nachgebildete Lastimpedanz $\underline{z}_{\mathrm{St,C}}$ in Abbildung 7.4 geringer ausfällt als der Literatur-Mittelwert bzw. das Simulationsergebnis, ist es plausibel, dass die gemessene Geschwindigkeit am Steigbügel größer ist. Die Abweichung der Messkurve von den Vergleichskurven liegt stets innerhalb der individuellen Streuung. Der gemessene Amplitudenverlauf $\tilde{v}_{\mathrm{St},1}$ für transiente Anregungssignale $i_{\mathrm{LP}}(t)$ am Lautsprecher ist für $f_{\mathrm{P}} \in f_{\mathrm{Nutz,Makro}}$ identisch zum experimentell ermittelten Verlauf von $|\underline{v}_{\mathrm{St},1}|$ in Abbildung 7.6.

Netzwerkmodell der makroskopischen Quell- und Lastimpedanz

Die makroskopisch nachgebildeten Ohrimpedanzen werden in ein Netzwerkmodell überführt. Das Netzwerk dient zur Verifizierung der am Messaufbau gewonnenen Messergebnisse. Zudem lassen sich anhand des Netzwerkes Ursachen für in Messungen auftretende Effekte herausstellen. Weiterhin können am Netzwerkmodell Einflüsse einzelner Parameter wie z. B. der Gehäusemasse untersucht werden, ohne den Messaufbau abzuändern.

Das elektromechanische Netzwerkmodell zur Abbildung der makroskopischen Quell- und Lastimpedanz zeigt Abbildung 7.7. Die Rahmenfarben der umrandeten Bauelemente bezeichnen dabei die entsprechenden Komponenten der Impedanzen aus Abbildung 7.2.

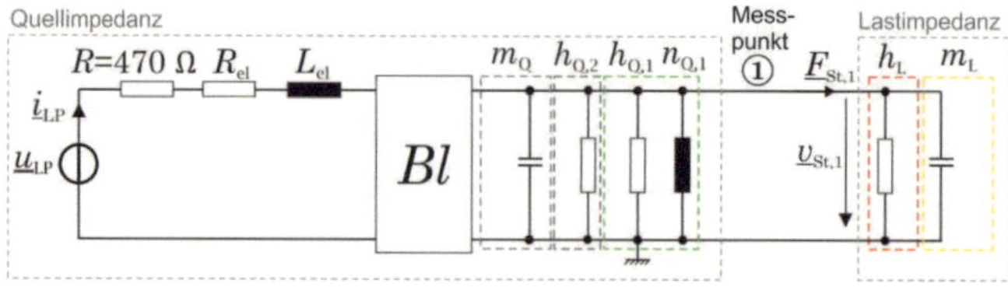

$R_{\mathrm{el}} = 8\,\Omega$	$L_{\mathrm{el}} = 0{,}3\,\mathrm{mH}$	$Bl = 1{,}2\,\mathrm{Tm}$	$n_{\mathrm{Q,1}} = 0{,}25\,\mathrm{mm/N}$
$m_{\mathrm{Q}} = 8\,\mathrm{g}$	$h_{\mathrm{Q,1}} \| h_{\mathrm{Q,2}} = 0{,}13\,\mathrm{m/Ns}$	$h_{\mathrm{L}} = 0{,}08\,\mathrm{m/Ns}$	$m_{\mathrm{L}} = 4\,\mathrm{g}$

Abbildung 7.7: Netzwerkmodell der makroskopischen Quell- und Lastimpedanz

Die Quellimpedanz wurde durch die bekannte elektromechanische Schaltung eines elektrodynamischen Lautsprechers nach Lenk et al. [LE10] (Abschnitt 8.2) abgebildet. Die Bauelemente in der elektrischen Ebene R_{el} und L_{el} wurden dem Datenblatt des Lautsprechers entnommen. Die mechanische Masse am Lautsprecher m_{Q} sowie die Masse der Last m_{L} wurden mittels Wiegen bestimmt. Aus dem in Abbildung 7.3 gezeigten Geschwindigkeitsverlauf wurden die Nachgiebigkeit $n_{\mathrm{Q,1}}$ und die wirkende Reibungsadmittanz $h_{\mathrm{Q}} = h_{\mathrm{Q,1}} \| h_{\mathrm{Q,2}}$ experimentell ermittelt. Der Wert der Admittanz h_{L} wurde basierend auf der gemessenen Steigbügelgeschwindigkeit $\underline{v}_{\mathrm{St,1}}$ in Abbildung 7.6 sowie der Lastimpedanz $\underline{z}_{\mathrm{St,C}}$ in Abbildung 7.4 bestimmt.

7.2.3 Makroskopische Nachbildung des Wandlerbausteins

Aufbau

Ein Bild des makroskopischen Wandlerbausteins mit angeschlossener Quell- und Lastimpedanz zeigt Abbildung 7.8. Im Gegensatz zum Wandlerbaustein im Originalmaßstab, welcher aus Titan hergestellt werden soll, ist der makroskopische Wandlerbaustein aus dem leichter zu bearbeitenden Werkstoff Aluminium gefertigt.

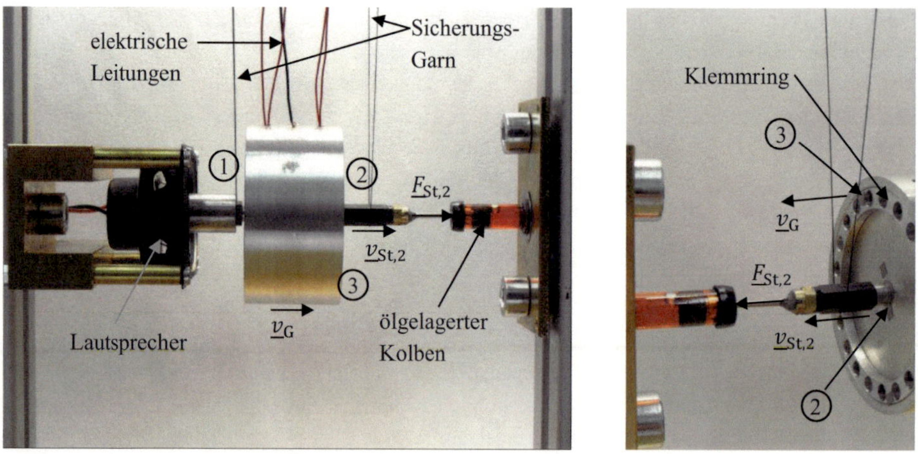

Abbildung 7.8: Kompletter makroskopischer Experimentalaufbau mit Quell- und Lastimpedanz sowie Wandlerbaustein (links), Detailansicht aktorseitig (rechts)

Am gekennzeichneten Messpunkt (2) nahe des Mittelpunktes der Aktor-Biegeplatte wird die Geschwindigkeit $\underline{v}_{\mathrm{St,2}}$ gemessen, die zur Berechnung der Ersatzhörverstärkung dient. Die Geschwindigkeit am Gehäuse $\underline{v}_G$ kann am Messpunkt (3) ermittelt werden. Die Ankopplung des Wandlerbausteins an die nachgebildete Quell- und Lastimpedanz erfolgt über Schraubverbindungen. Die im Bild gezeigten Garne dienen ausschließlich zur Sicherung des Wandlerbausteins und haben keinen Einfluss auf das dynamische Verhalten des Messaufbaus.

Abbildung 7.9 zeigt die im makroskopischen Wandlerbaustein eingesetzten Unimorph-Biegeplatten von Aktor und KE.

Abbildung 7.9: Im Experimentalmodell eingesetzte Aktoreinheit (links) und Kompensationseinheit (rechts)

Die Simulationen in Abschnitt 6.2.5 haben bereits gezeigt, dass durch eine Lochung der Trägerplatte der KE akustische Wechselwirkungen der KE mit dem Sensor eliminiert werden können. Die Lochung der Trägerplatte der makroskopischen KE wurde deshalb so gewählt, dass keine akustische Rückkopplung der KE auf den Sensor stattfindet. Als piezoelektrische Elemente wurden kostengünstige konventionelle Keramiken des Typs PIC151 von PI Ceramic [PI11] verwendet. Die Abmessungen dieser Elemente wurden auf Grundlage der in Abschnitt 6.1 herausgestellten Optima sowie der zu diesem Zeitpunkt beim Hersteller verfügbaren Produkte ausgewählt.

Die Wandlereinheiten sind durch Klemm- und Abstandsringe miteinander verschraubt. Ein Gehäusering beinhaltet die komplette Baugruppe. Die Gehäusemasse m_G bezeichnet die Summe der Einzelmassen von Klemm- und Abstandsringen sowie Gehäusering und beträgt $m_G = 95\,\mathrm{g}$. Das Gewicht der Zusatzmasse in der Mitte der KE beträgt $m_{ZM} = 10\,\mathrm{g}$. Tabelle 7.1 zeigt eine Zusammenfassung der Maße aller Komponenten des 10:1 Wandlerbausteins.

Tabelle 7.1: Abmessungen am makroskopischen Wandlerbaustein

	Sensor	**Aktor**	**KE**
Trägerplatten	$h_{Platte} = 0{,}5\,\mathrm{mm}$, $d_{Platte} = 50\,\mathrm{mm}$ (Platte der KE enthält zusätzlich $N_L = 10$ Löcher mit jeweils $d_{Loch} = 5\,\mathrm{mm}$)		
Piezoelektrische Elemente (PIC151)	$h_{Piezo} = 0{,}25\,\mathrm{mm}$, $d_{Piezo} = 20\,\mathrm{mm}$	$h_{Piezo} = 0{,}5\,\mathrm{mm}$, $d_{Piezo} = 25\,\mathrm{mm}$	
Klemm- und Abstandsringe	$d_{R,Außen} = 50\,\mathrm{mm}$, $d_{R,Innen} = 40\,\mathrm{mm}$, $h_{R,Ges} = 28{,}5\,\mathrm{mm}$		
Gehäusering	$h_G = 30\,\mathrm{mm}$, $d_{G,Außen} = 55\,\mathrm{mm}$, $d_{G,Innen} = 50\,\mathrm{mm}$		

Einbaudämpfung

Im Vergleich zu dem „unversorgten Ohr“, d.h. der verbundenen Quell- und Lastimpedanz, bewirkt der Einbau des Wandlerbausteins eine Reduzierung der am Steigbügel wirkenden Kraft $\underline{F}_{St,2}$ und Geschwindigkeit $\underline{v}_{St,2}$ über den Großteil des Nutzfrequenzbereiches. Das Maß für diese Reduzierung wird folgend Einbaudämpfung D genannt. Die Berechnung der Einbaudämpfung erfolgt durch den Zusammenhang

$$D = 20 \cdot \lg \left| \frac{\tilde{v}_{\mathrm{St},1}}{\tilde{v}_{\mathrm{St},2}} \right| \mathrm{dB} \Bigg|_{\tilde{i}_{\mathrm{LP}} = \mathrm{konst.}} . \tag{7.8}$$

Somit gilt $D = -g^*$. Abbildung 7.10 zeigt die Einbaudämpfung D im makroskopischen Nutzfrequenzbereich. Die Messung der Geschwindigkeit am Steigbügel $\tilde{v}_{\mathrm{St},2}$ erfolgte unter Berücksichtigung der Randbedingung, dass alle Wandlereinheiten inaktiv, d.h. elektrisch kurzgeschlossen sind $(\underline{u}_{\mathrm{S}} = \underline{u}_{\mathrm{A}} = \underline{u}_{\mathrm{KE}} = 0\,\mathrm{V})$. In diesem Fall gilt $\tilde{v}_{\mathrm{St},2} = \tilde{v}_{\mathrm{St,TF}}$.

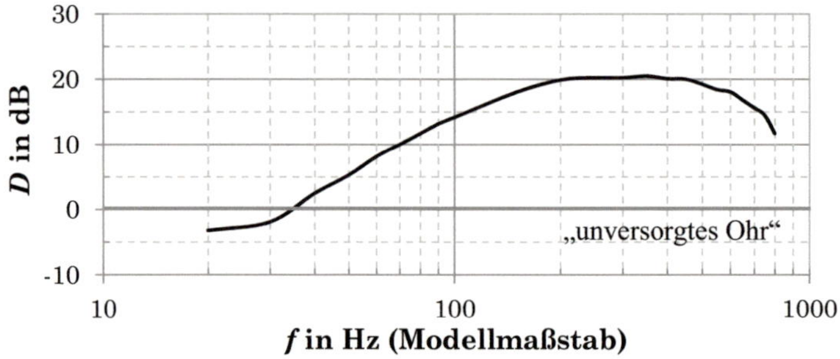

Abbildung 7.10: Einbaudämpfung am Steigbügel durch den inaktiven Wandlerbaustein

Für das Experimentalmodell des Wandlerbausteins beträgt die Einbaudämpfung bis zu $D = 20\,\mathrm{dB}$. Nur im tieffrequenten Bereich $f > 40\,\mathrm{Hz}$ ist D negativ. Dies ist auf eine Verschiebung der mechanischen Lautsprecherresonanz zurückzuführen, die auf der zusätzlichen Massebelastung durch den Wandlerbaustein beruht. Die Einbaudämpfung muss bei aktivem Betrieb des Wandlerbausteins ausgeglichen werden, bevor durch das System eine positive Ersatzhörverstärkung $g^* > 0\,\mathrm{dB}$ erreicht wird.

Netzwerkmodell des makroskopischen Wandlerbausteins

Die Erweiterung des elektromechanischen Netzwerkes der makroskopischen Ohrimpedanzen um den Wandlerbaustein zeigt Abbildung 7.11.

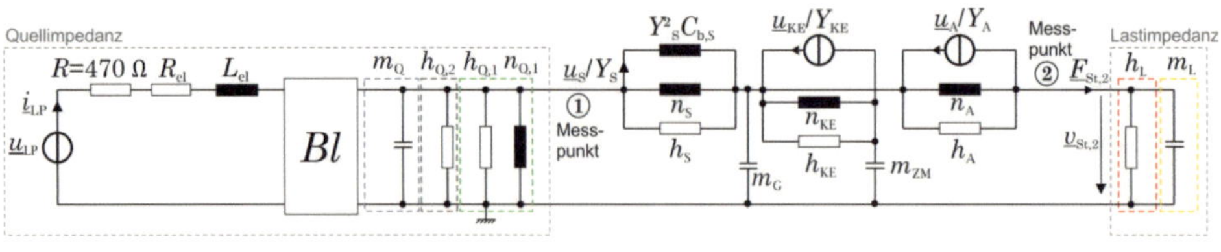

$n_{\mathrm{S}} = 4{,}76\,\mu\mathrm{m/N}$	$n_{\mathrm{A}} = 2{,}36\,\mu\mathrm{m/N}$	$Y_{\mathrm{KE}} = 37{,}96\,\mathrm{m/As}$	$Y_{\mathrm{S}} = 44{,}68\,\mathrm{m/As}$	$h_{\mathrm{S}} = 5{,}7\,\mathrm{s/kg}$
$h_{\mathrm{KE}} = 3{,}0\,\mathrm{s/kg}$	$n_{\mathrm{KE}} = 2{,}67\,\mu\mathrm{m/N}$	$C_{\mathrm{b}} = 16{,}2\,\mathrm{nF}$	$Y_{\mathrm{A}} = 34{,}36\,\mathrm{m/As}$	$h_{\mathrm{A}} = 2{,}9\,\mathrm{s/kg}$

Abbildung 7.11: Netzwerkmodell des kompletten makroskopischen Experimentalaufbaus

Die akustische Ebene des Wandlerbaustein-Netzwerkes aus Abbildung 5.9 wurde im Netzwerk des makroskopischen Wandlerbausteins vernachlässigt. Aufgrund der sehr geringen akustischen Wechselwirkungen der KE mit anderen Komponenten des Wandlerbausteins hat dies keinen wesentlichen Einfluss auf das dynamische Verhalten des Wandlerbausteins im Nutzfrequenzbereich sowie die Ergebnisse der folgenden Untersuchungen. Weiterhin wurden die Bauelemente der elektrischen Ebene von Sensor, Aktor und KE in die mechanische Ebene transformiert.

Da die Abmessungen der makroskopischen Wandler nicht mit den im simulationsgestützten Entwurf herausgestellten Optima identisch sind, wurden die Werte der mechanischen Netzwerkelemente (Abbildung 7.11) zur Abbildung von Sensor, Aktor und KE neu bestimmt. Dies erfolgte nach den bekannten Methoden der kombinierten Simulation (siehe Abschnitt 5.1) mit Hilfe von Simulationsexperimenten an dem FE-Modell aus Abschnitt 5.3. Die Modellabmessungen wurden dazu an die Abmessungen der makroskopischen Wandler angepasst. Eine Übersicht zu den in den Simulationsexperimenten verwendeten Werkstoffkonstanten von Aluminium und der piezoelektrischen Keramik PIC151 liefern Tabelle A.1 sowie Tabelle A.2 in Anhang A der Arbeit.

7.3 Betrieb des Wandlerbausteins mit inaktiver Kompensationseinheit

Das dynamische Verhalten des Wandlerbausteins wird zunächst bei inaktiver KE untersucht. Die KE ist daher bei den folgenden Experimenten elektrisch kurzgeschlossen ($\underline{u}_{\mathrm{KE}} = 0\ \mathrm{V}$). Ziel der messtechnischen Untersuchungen ist es, systematisch die Parameter herauszuarbeiten, die das stabile Schwingungsverhalten des Wandlerbausteins und somit die erreichbare Hörverstärkung begrenzen. Dazu sind vorwiegend Betrachtungen zum Rückkopplungsverhalten des Wandlerbausteins notwendig.

7.3.1 Rückkopplung im Sensor-Aktor-Kreis

Die maximale Verstärkung $\upsilon_{1,\mathrm{max}}$ der Sensorspannung wird von der Stabilität des Sensor-Aktor-Kreises begrenzt. Bei inaktiver KE ist diese Stabilität nur von der Rückkopplungsübertragungsfunktion $\underline{H}_{\mathrm{S,A}}(f) = \underline{u}_{\mathrm{S}}' / \underline{u}_{\mathrm{A}}$ (Gleichung (4.3)), welche die mechanische Rückkopplung vom Aktor über das Gehäuse auf den Sensor beschreibt, abhängig.

Der Frequenzgang von $\underline{H}_{\mathrm{S,A}}(f)$ bei elektrisch offener Sensor-Aktor-Strecke und ohne zusätzliche Signalverarbeitung wurde experimentell bestimmt. Die Anregung am Aktor erfolgte mit einer Spannung von $|\underline{u}_{\mathrm{A}}| = 1\ \mathrm{V}$. Die Sensor-Aktor-Verstärkung beträgt $\upsilon_1 = 1$. Abbildung 7.12 zeigt die gemessene und im Netzwerk des makroskopischen Messaufbaus (Abbildung 7.11) simulierte Funktion $\underline{H}_{\mathrm{S,A}}(f)$. Der Lautsprecher ist bei diesem Experiment ebenfalls kurzgeschlossen ($\underline{u}_{\mathrm{LP}} = 0\ \mathrm{V}$).

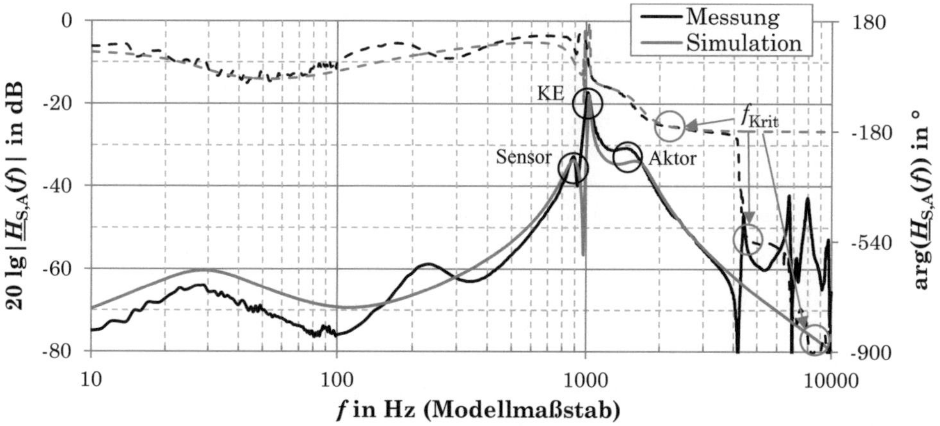

Abbildung 7.12: Rückkopplungsübertragungsfunktion vom Aktor auf den Sensor bei inaktiver Kompensationseinheit

Im Amplitudengang $\left|\underline{H}_{\mathrm{S,A}}(f)\right|$ sind deutlich die ersten Resonanzen von Sensor, Aktor sowie KE zu erkennen. Diese treten außerhalb des makroskopischen Nutzfrequenzbereiches auf. Die Zuordnung der im Diagramm markierten Resonanzen zu den jeweiligen Wandlern erfolgt mittels Netzwerksimulationen. Temporäre Änderungen an den Werten der Netzwerkelemente, die Sensor, Aktor und KE abbilden, bewirken Verschiebungen der Resonanzen im simulierten Amplitudengang von $\underline{H}_{\mathrm{S,A}}(f)$. Anhand der Netzwerkelemente lassen sich die zugehörigen Wandler identifizieren.

Die Resonanzen im Amplitudengang bewirken jeweils Phasendrehungen von –180° bzw. +180° im Phasengang von $\underline{H}_{\mathrm{S,A}}(f)$. Abhängig davon, ob die Sensorspannung $\underline{u}_{\mathrm{S}}$ invertiert oder nicht invertiert verstärkt wird, sind für die Frequenzen, bei denen die Amplitude $\left|\underline{H}_{\mathrm{S,A}}(f)\right| > 0\ \mathrm{dB}$ ist und der zugehörige Phasenwinkel

$$\begin{aligned} &\varphi = -2n \cdot 180° \text{ (invertiert) bzw.} \\ &\varphi = -(2n-1) \cdot 180° \text{ (nicht invertiert), mit } n \in \mathbb{N} \end{aligned} \tag{7.9}$$

beträgt, die Bedingungen für eine Mitkopplung erfüllt (Gleichung (4.3)). Für eine invertierte Verstärkung von $\underline{u}_{\mathrm{S}}$ sind diese Frequenzen in Abbildung 7.12 als kritische Frequenzen f_{Krit} gekennzeichnet. Die maximale Sensor-Aktor-Verstärkung $\upsilon_{1,\max}$ lässt sich direkt aus der Amplitudenreserve

$$A_{\mathrm{r}} = 0\ \mathrm{dB} - \left|\underline{H}_{\mathrm{S,A}}(f)\right| \tag{7.10}$$

bei diesen Frequenzen ableiten. Es gilt $A_{\mathrm{r}}(f_{\mathrm{Krit}}) = \upsilon_{1,\max}$.

Experimente am Modell bei geschlossenem Sensor-Aktor-Kreis zeigen, dass aufgrund der geringen Amplitudenreserve $A_{\mathrm{r}}(f_{\mathrm{Krit}})$ die maximale nichtinvertierte Verstärkung der Sensorspannung $\upsilon_{1,\max} = 6$ beträgt. Mit einem invertierenden Verstärker dagegen wurde messtechnisch eine Verstärkung $\upsilon_{1,\max} = -200$ nachgewiesen. Bei dieser Sensor-Aktor-Verstärkung ist für einen Großteil des betrachteten makroskopischen Nutzfrequenzbereiches die Einbaudämpfung $D > 0\ \mathrm{dB}$. Eine Hörverstärkung $g > 0\ \mathrm{dB}$ wird erst für Frequenzen $f > 600\ \mathrm{Hz}$ erreicht.

Abbildung 7.12 zeigt, dass der simulierte und der gemessene Frequenzgang von $\underline{H}_{\mathrm{S,A}}(f)$ bis 4 kHz gut übereinstimmen. Die Abweichung der Simulation zum Messergebnis oberhalb dieser Frequenz ist auf die beschränkte Gültigkeit des Netzwerkmodells bis zur jeweils ersten Wandlerresonanz zurückzuführen. Dadurch werden die weiteren gemessenen Wandlerresonanzen bei Frequenzen $f > 4\ \mathrm{kHz}$ nicht abgebildet. Diese bewirken jedoch zusätzliche negative Phasendrehungen und erzeugen weitere kritische Frequenzen. Die eingeschränkte Gültigkeit des Netzwerkmodells hat zur Folge, dass in Simulationen das Verhalten des Wandlerbausteins auch für Verstärkungen $\upsilon_1 < -200$ stabil bleibt, da die Phase im simulierten Frequenzgang von $\underline{H}_{\mathrm{S,A}}(f)$ stets $\varphi > -180°$ ist. Bei der Auswertung von am Netzwerkmodell gewonnenen Simulationsergebnissen ist der eingeschränkte Gültigkeitsbereich auf Frequenzen $f \leq 4\ \mathrm{kHz}$ zu beachten.

Aufgrund der hohen mechanischen Rückkopplung auf den Sensor muss eine zusätzliche Signalverarbeitung in die elektrische Sensor-Aktor-Strecke eingebracht werden. Aufgabe dieser Signalverarbeitung ist es, die Sensorspannung $\underline{u}_{\mathrm{S}}$ so anzupassen, dass im Bereich um die kritischen Frequenzen die mechanische Rückkopplung auf den Sensor reduziert wird.

7.3.2 Signalverarbeitung in der Sensor-Aktor-Strecke

Das Übertragungsverhalten der Signalverarbeitung zur Anpassung des Sensorsignals wird durch die Übertragungsfunktion $\underline{H}_{\mathrm{V}}(f)$ beschrieben. Die Funktion $\underline{H}_{\mathrm{V}}(f)$ muss so dimensioniert sein, dass der Amplitudengang $\left|\underline{H}_{\mathrm{S,A}}(f)\right|$ um die Wandlerresonanzen gesenkt bzw. die kritischen Frequenzen f_{Krit} in

Bereiche niedrigerer Amplituden von $\underline{H}_{S,A}(f)$ verschoben werden. Auf diese Weise wird eine Erhöhung der Stabilität des Sensor-Aktor-Kreises erreicht.

Aufgrund der Resonanzen im gemessenen Frequenzgang von $\underline{H}_{S,A}(f)$ und der damit verbundenen Phasendrehungen ist der Entwurf von $\underline{H}_{V}(f)$ sehr komplex. Beispielsweise ermöglicht die Korrektur des Phasenganges durch analoge Filterelemente mit positiv drehendem Phasengang (z. B. Hochpass), einzelne kritische Frequenzen f_{Krit} zu eliminieren. Der Amplitudengang dieser Filter bewirkt jedoch gleichzeitig eine Reduzierung der Amplitudenreserve $A_r(f_{Krit})$ und somit der maximalen Verstärkung $v_{1,max}$. Umgekehrt verursacht die gezielte Dämpfung der Amplitude von $\underline{H}_{S,A}(f)$ im Bereich der kritischen Frequenzen weitere negative Phasendrehungen. Dadurch werden die Frequenzen f_{Krit} in niedrigere Frequenzbereiche verschoben.

Die Methoden der Regelungstechnik umfassen eine Vielzahl von analogen und digitalen Regelungsmechanismen, mit Hilfe derer die optimale Übertragungsfunktion $\underline{H}_{V}(f)$ realisiert werden kann. Der Entwurf einer optimalen Signalverarbeitung ist jedoch nicht Gegenstand dieser Arbeit. In weiterführenden Arbeiten muss eine Optimierung der Signalverarbeitung im Sensor-Aktor-Kreis erfolgen, um die maximal mögliche Leistungsfähigkeit des Wandlerbausteins herauszustellen.

Folgend wird eine mögliche Signalverarbeitung basierend auf analogen Filterbausteinen diskutiert. Diese Signalverarbeitung umfasst ein Tiefpassfilter sowie ein Bandstoppfilter. Die Grenzfrequenz des Tiefpassfilters beträgt $f_{TP} = 30\text{ Hz}$. Das Bandstoppfilter mit einer Mittenfrequenz im Sperrbereich $f_N = 1{,}5\text{ kHz}$ dient dazu, die Amplitude der ersten kritischen Frequenz, bei der das System beginnt sich aufzuschwingen, gezielt abzudämpfen. Die Übertragungsfunktion $\underline{H}_{V}(f)$ der Signalverarbeitung wird durch die Gleichung

$$\underline{H}_{V}(f) = \underbrace{\frac{1}{1 + j\dfrac{f}{f_{TP}}}}_{\text{Tiefpassfilter}} \cdot \underbrace{\frac{1 - \left(\dfrac{f}{f_N}\right)^2}{1 + j\dfrac{f}{Q \cdot f_N} - \left(\dfrac{f}{f_N}\right)^2}}_{\text{Bandstoppfilter}} \quad \text{mit } f_{TP} = 30\text{ Hz}, f_N = 1{,}5\text{ kHz}, Q = 0{,}5 \tag{7.11}$$

beschrieben. Den gemessenen Frequenzgang von $\underline{H}_{S,A}(f)$ mit zusätzlicher Signalverarbeitung ($\underline{H}_{V}(f)$ nach Gleichung (7.11)) in der Sensor-Aktor-Strecke und einer Verstärkung $v_1 = 1$ zeigt Abbildung 7.13.

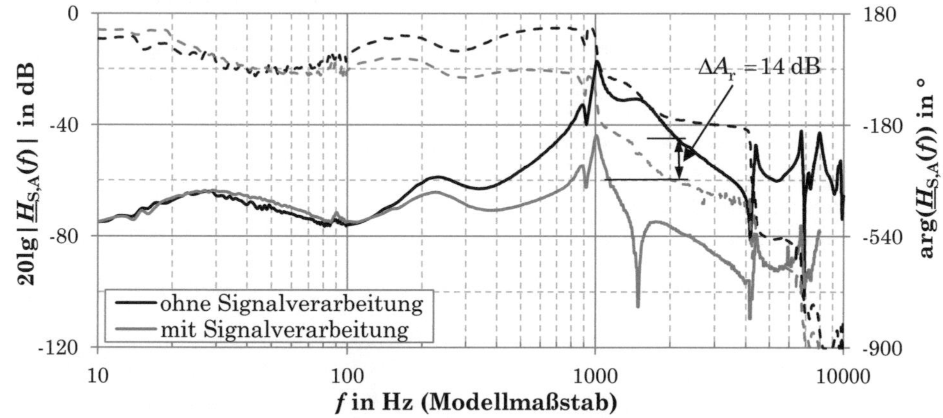

Abbildung 7.13: Rückkopplungsübertragungsfunktion vom Aktor auf den Sensor bei inaktiver Kompensationseinheit und zusätzlicher Signalverarbeitung in der Sensor-Aktor-Strecke

Durch die Filterung der Sensorspannung $\underline{u}_S$ erhöht sich die Amplitudenreserve um $\Delta A_r = 14\,\text{dB}$. Die Sensor-Aktor-Verstärkung kann im Experiment auf $v_{1,max} = -1000$ erhöht werden.

Mit dem angepassten Übertragungsverhalten der Sensor-Aktor-Strecke wurden die Geschwindigkeitsamplituden $\tilde{v}_{St,2}$ am Steigbügel bei transienter Anregung des Systems am Lautsprecher mit $i_{LP}(t)$ $\left(f_P = [20\,\text{Hz}...800\,\text{Hz}]\right)$ gemessen. Die nach Gleichung (7.7) daraus abgeleitete Ersatzhörverstärkung g^* zeigt Abbildung 7.14.

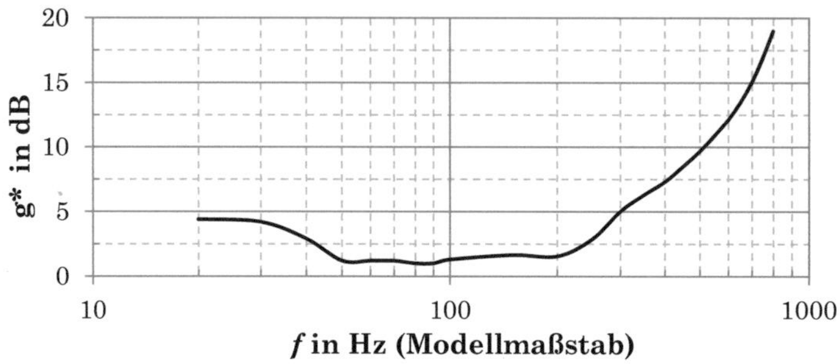

Abbildung 7.14: Maximale Ersatzhörverstärkung bei inaktiver Kompensationseinheit

Durch den Einsatz der Signalverarbeitung kann eine positive Hörverstärkung über dem gesamten Nutzfrequenzbereich erzielt werden. Die Einbaudämpfung D wird vollständig kompensiert. Im makroskopischen Hochton-Frequenzbereich $f > 500\,\text{Hz}$ wird bereits eine Hörverstärkung $g^* > 10\,\text{dB}$ erreicht. Die maximale Hörverstärkung bei $f = 800\,\text{Hz}$ beträgt $g^* = 19\,\text{dB}$. Aufgrund der niedrigen Hörverstärkung im Tieftonbereich ist der Wandlerbaustein noch nicht zur Versorgung von Schwerhörigkeiten geeignet.

Weitere Experimente haben gezeigt, dass die Hörverstärkung durch den Einsatz zusätzlicher Bandstoppfilter in der Sensor-Aktor-Strecke noch vergrößert werden kann. Der Phasengang dieser Filter bewirkt jedoch eine Verschiebung der kritischen Frequenzen f_{Krit} in den Nutzfrequenzbereich. Erste exemplarische Messungen zeigen, dass die dadurch hervorgerufenen Resonanzen im Nutzfrequenzbereich die Verständlichkeit von Sprachsignalen negativ beeinflussen.

7.3.3 Einfluss der Gehäusemasse auf das Verhalten des Wandlerbausteins

Bei der Optimierung der KE wurde bereits gezeigt, dass die Kompensationsleitung bei Reduzierung der Gehäusemasse von $m_G = 95\,\text{mg}$ auf $m_G = 50\,\text{mg}$ nahezu konstant bleibt, bzw. bei gleichzeitiger Zunahme der Zusatzmasse m_{ZM} sogar erhöht werden kann.

Am Netzwerkmodell des 10:1 Messaufbaus (Abbildung 7.11) wurde das Verhalten des Wandlerbausteins bei verschiedenen Gehäusemassen $m_{G,Makro}$ mit dem Ziel, den Einfluss der Gehäusemasse auf die erreichbare Hörverstärkung herauszustellen, simuliert. Betrachtet werden die reduzierten makroskopischen Gehäusemassen $m_{G,Makro} = 50\,\text{g}$ und $m_{G,Makro} = 25\,\text{g}$.

Geschwindigkeit am Steigbügel

Abbildung 7.15 zeigt den Amplitudengang der auf die Anregungsspannung $\underline{u}_A$ am Aktor normierten Geschwindigkeiten am Steigbügel $\underline{v}_{St,2}$ für die untersuchten Gehäusemassen. Lautsprecher, Sensor sowie die KE sind im Simulationsexperiment kurzgeschlossen. Ohne Anregung am Trommelfell resultiert die Geschwindigkeitsreaktion $\underline{v}_{St,2}$ nur aus der vom Aktor am Steigbügel bewirkten Geschwindigkeit $\underline{v}_{St,A}$. In diesem Fall gilt $\underline{v}_{St,2} = \underline{v}_{St,A}$.

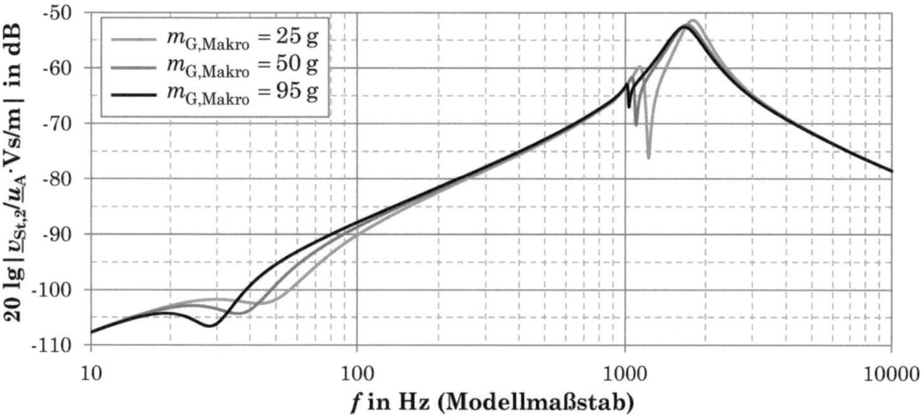

Abbildung 7.15: Amplitudengang der Geschwindigkeit am Steigbügel bei Anregung am Aktor und variabler Gehäusemasse

Das Diagramm zeigt, dass innerhalb des Nutzfrequenzbereiches die Geschwindigkeitsreaktion am Steigbügel mit zunehmender Frequenz steigt. Für hohe Frequenzen wird eine bessere Krafteinleitung in den Steigbügel ermöglicht. Dieses Verhalten ist durch die Abhängigkeit der Geschwindigkeit in der Mitte der Aktor-Unimorph-Biegeplatte von deren mechanischer Quelladmittanz begründet. Diese Admittanz $\underline{h}_A = j\omega n_A$ steigt linear zur Anregungsfrequenz. Weiterhin ist im makroskopischen Nutzfrequenzbereich die Geschwindigkeit am Steigbügel und somit die in den Steigbügel eingeleitete Kraft nahezu unabhängig von den betrachteten Gehäusemassen. Nur im tieffrequenten Bereich $f < 100$ Hz (Modellmaßstab) beeinflusst die Gehäusemasse die Resonanzstelle im Amplitudengang von $\underline{v}_{St,2}$. Dieses Verhalten ist darauf zurückzuführen, dass die Lastimpedanz $\underline{z}_{St,C}$ klein gegenüber der des Wandlerbausteins ist. Für den Entwurf des Wandlerbausteins ist dieses Verhalten vorteilhaft, da selbst bei kleinerer Gehäusemasse die annähernd gleiche Kraft in den Steigbügel eingeleitet wird.

Der geringe Einfluss der betrachteten Gehäusemassen auf die vom Aktor am Steigbügel bewirkte Geschwindigkeit hat Konsequenzen für den Betrieb des Wandlerbausteins mit aktiver KE. So ist bei einer virtuellen Masseerhöhung von $m_{G,Makro}$ keine zusätzliche Stützwirkung für den Aktor durch die KE zu erwarten. Das Gehäuse hat für die betrachteten Gehäusemassen bereits eine hohe Stützwirkung.

Rückkopplung auf den Sensor

Der Einfluss der Gehäusemasse $m_{G,Makro}$ auf die Stabilität des Sensor-Aktor-Kreises wird anhand der Rückkopplungsübertragungsfunktion $\underline{H}_{S,A}(f)$ analysiert. Abbildung 7.16. zeigt die mit dem Netzwerk simulierten Frequenzgänge von $\underline{H}_{S,A}(f)$ in Abhängigkeit der Gehäusemasse.

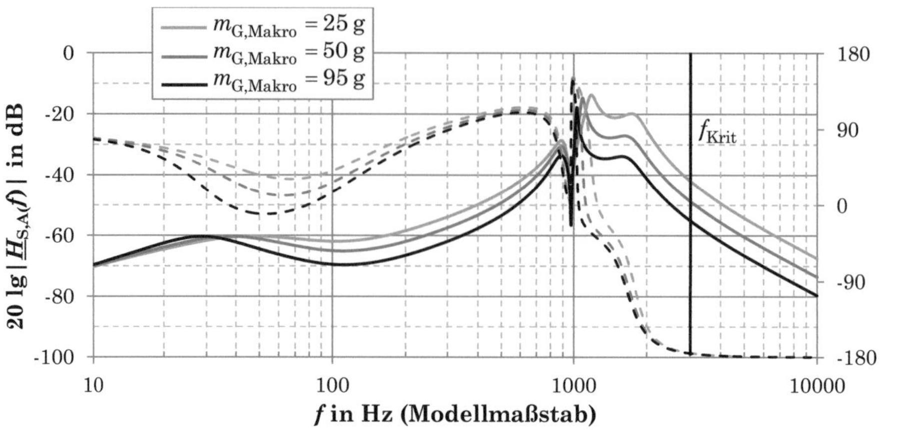

Abbildung 7.16: Simulierte Rückkopplungsübertragungsfunktion für verschiedene Gehäusemassen

Aus den Simulationen geht hervor, dass für den Amplitudengang von $\underline{H}_{S,A}(f)$ der Zusammenhang

$$\left|\underline{H}_{S,A}(f)\right| \sim \frac{1}{m_{G,Makro}} \tag{7.12}$$

gilt. Die Amplitudenreserve nimmt für kleinere Gehäusemassen $m_{G,Makro}$ im Bereich um die im Diagramm gekennzeichnete kritische Frequenz f_{Krit} ab. Der Phasengang von $\underline{H}_{S,A}(f)$ ist jedoch in diesem Frequenzbereich nahezu konstant. Aus der Änderung der Amplitudenreserve $A_r(f_{Krit})$ in Abhängigkeit der Gehäusemasse folgt für die maximal einstellbare Sensor-Aktor-Verstärkung

$$\upsilon_{1,max} \sim m_{G,Makro}. \tag{7.13}$$

Daraus lässt sich ableiten, dass sich die maximal einstellbare Sensor-Aktor-Verstärkung $\upsilon_{1,max}$ proportional zur Gehäusemasse $m_{G,Makro}$ verhält.

Änderung der Hörverstärkung

Die Abhängigkeit der maximalen Verstärkung $\upsilon_{1,max}$ von der Gehäusemasse nach Gleichung (7.13) hat auch Einfluss auf die erreichbare Hörverstärkung g. Abbildung 7.17 zeigt die auf den Anregungsstrom am Lautsprecher $\underline{i}_{LP}$ normierten Frequenzgänge der Steigbügelgeschwindigkeit $\underline{\upsilon}_{St,2}$ für den inaktiven und aktiven Betrieb des Wandlerbausteins und verschiedene Gehäusemassen $m_{G,Makro}$.

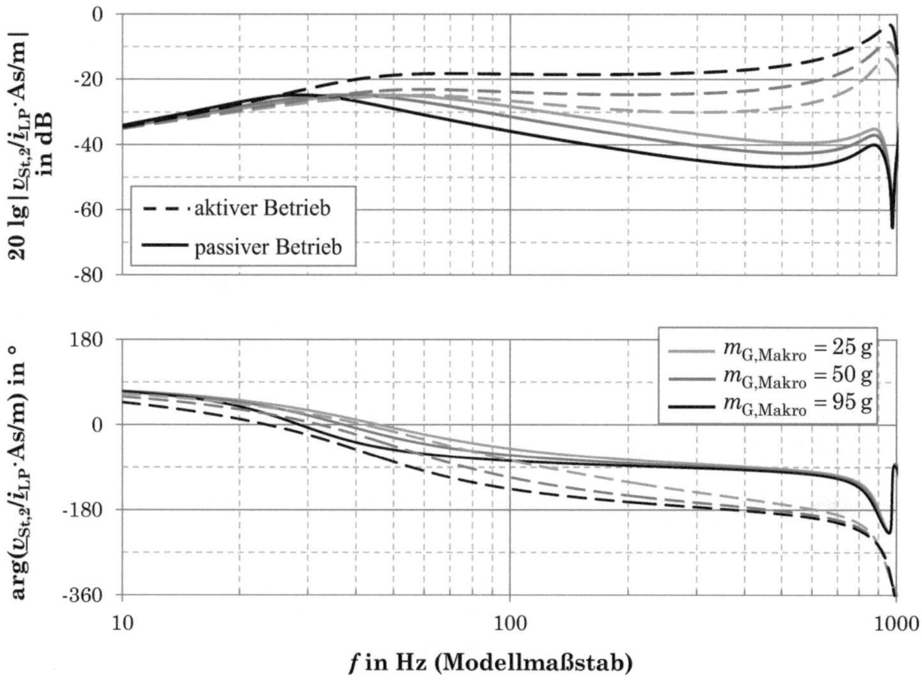

Abbildung 7.17: Frequenzgang der Geschwindigkeit am Steigbügel für den inaktiven und aktiven Betrieb des Wandlerbausteins bei verschiedenen Gehäusemassen und Anregung am Lautsprecher

Im aktiven Betrieb wurde die für die jeweilige Gehäusemasse maximal mögliche Verstärkung $v_{1,\max}$ eingestellt. Anhand der experimentell ermittelten Maximalverstärkung $v_{1,\max} = -1000$ für $m_{G,\text{Makro}} = 95\,\text{g}$ und dem Zusammenhang in Gleichung (7.13) lassen sich die anderen Maximalverstärkungen $v_{1,\max} = -500$ ($m_{G,\text{Makro}} = 50\,\text{g}$) sowie $v_{1,\max} = -250$ ($m_{G,\text{Makro}} = 25\,\text{g}$) berechnen.

Im inaktiven Betrieb des Wandlerbausteins ist die Steigbügelgeschwindigkeit über einen Großteil des Nutzfrequenzbereiches von der Gehäusemasse abhängig. Dabei ist

$$\left|\underline{v}_{St,2}\right| \sim \frac{1}{m_{G,\text{Makro}}}. \tag{7.14}$$

In diesem Frequenzbereich gilt daher auch $D \sim m_{G,\text{Makro}}$. Eine geringere Einbaudämpfung D bei kleineren Gehäusemassen ist von Vorteil, da geringere Verstärkungen v_1 erforderlich sind, um mit Hilfe des Wanderbausteins die gleiche Hörverstärkung wie mit einem schwereren Gehäuse zu erzielen. Dies ist jedoch nur der Fall, wenn sich die von dem Trommelfell und dem Aktor bewirkten Steigbügelreaktionen $\underline{v}_{St,TF}$ und $\underline{v}_{St,A}$ phasengleich überlagern und damit eine Addition der Geschwindigkeitsamplituden $\left|\underline{v}_{St,2}\right| = \left|\underline{v}_{St,TF}\right| + \left|\underline{v}_{St,A}\right|$ ermöglichen.

Die Phasengänge von $\underline{v}_{St,2}$ in Abbildung 7.17 zeigen jedoch, dass zwischen der Steigbügelgeschwindigkeit im inaktiven und aktiven Betrieb des Wandlerbausteins ein Phasenunterschied von bis zu $\Delta\varphi_{\max} = 90°$ besteht. Die geringere Einbaudämpfung D bei kleineren Gehäusemassen $m_{G,\text{Makro}}$ ist im aktiven Betrieb nicht nutzbar. Die im aktiven Betrieb erzielbaren Steigbügelgeschwindigkeiten sind somit nur von der maximal einstellbaren Verstärkung $v_{1,\max}$ abhängig, die von der Gehäusemasse nach Gleichung (7.13) beeinflusst wird. Folglich zeigen die Amplitudengänge in Abbildung 7.17 des Wandlerbausteins, dass

$$\left|\underline{v}_{\mathrm{St},2}\right| \sim m_{\mathrm{G,Makro}} \sim v_{1,\max} \,. \tag{7.15}$$

Aus diesem Zusammenhang lässt sich ableiten, dass die Ersatzhörverstärkung g^* mit Zunahme der Gehäusemasse ansteigt. Es gilt

$$g^* \sim m_{\mathrm{G,Makro}} \,. \tag{7.16}$$

Durch eine breitbandige Änderung des Phasenganges von $\underline{H}_{\mathrm{V}}(f)$ über den gesamten Nutzfrequenzbereich ließe sich eine phasengleiche Addition der Steigbügelreaktionen im inaktiven und aktiven Betrieb erzielen. Dies hätte für die untersuchten Gehäusemassen eine Unabhängigkeit der Hörverstärkung g von der Gehäusemasse zur Folge. Die Herausforderung besteht jedoch darin, die Stabilität des Sensor-Aktor-Kreises bei entsprechender Änderung der Signalverarbeitung in der Sensor-Aktor-Strecke nicht negativ zu beeinflussen.

7.3.4 Einfluss der Ohrimpedanzen auf das Verhalten des Wandlerbausteins

Neben der Gehäusemasse beeinflussen auch die Quell- und Lastimpedanz am Wandlerbaustein die erzielbare Hörverstärkung. Die Analyse der Hörverstärkung in Abhängigkeit der Ohrimpedanzen erfolgt wiederum durch Simulationsexperimente an dem Netzwerkmodell in Abbildung 7.11. Analog zu Abschnitt 6.2.1 erfolgt die Transformation der Ohrimpedanzen um eine Größenordnung durch Anpassung der entsprechenden Netzwerkelemente. Abbildung 7.18 zeigt als Beispiel den Amplitudengang der um eine Größenordnung erhöhten Lastimpedanz $\left|\underline{z}_{\mathrm{St,C}}\right|$. Die Krafteinleitung am Lautsprecher bleibt auch bei den veränderten Ohrimpedanzen konstant.

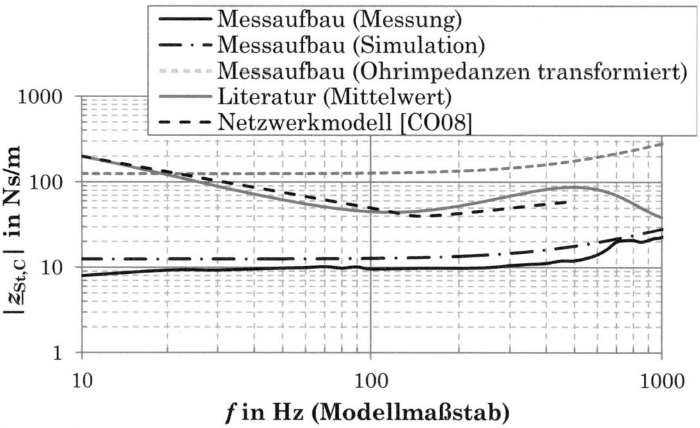

Abbildung 7.18: Vergleich der gemessenen und simulierten Lastimpedanz des Experimentalmodells bei Änderung der Ohrimpedanzen um eine Größenordnung

Reaktion am Steigbügel

Abbildung 7.19 zeigt die Änderung der Steigbügelreaktion bei Anregung des Wandlerbausteins am Aktor. Trotz der gestiegenen Ohrimpedanz um eine Größenordnung beträgt die Änderung der Steigbügelgeschwindigkeit im Nutzfrequenzbereich maximal 10 dB. Daraus folgt, dass durch die höhere Stützwirkung der Lastimpedanz $\underline{z}_{\mathrm{St,C}}$ eine verstärkte Krafteinleitung in den Steigbügel stattfindet.

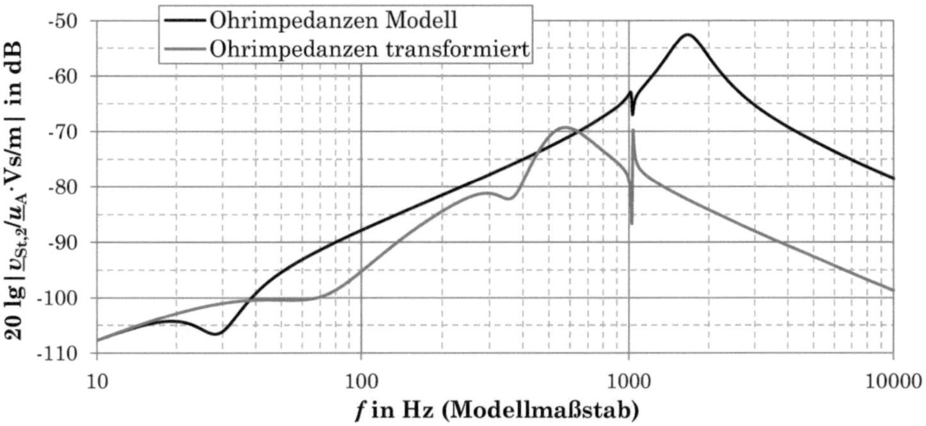

Abbildung 7.19: Simulierter Amplitudengang der Geschwindigkeit am Steigbügel bei Anregung am Aktor für verschiedene makroskopische Ohrimpedanzen

Änderung der Hörverstärkung

Die höhere Stützwirkung der Lastimpedanz beeinflusst auch den Frequenzgang der Rückkopplungsübertragungsfunktion $\underline{H}_{S,A}(f)$. Abbildung 7.20 zeigt die simulierten Funktionen $\underline{H}_{S,A}(f)$ für die Ohrimpedanzen des Experimentalaufbaus sowie die transformierten Ohrimpedanzen. Die Übertragungsfunktion der Signalverarbeitung $\underline{H}_V(f)$ in der Sensor-Aktor-Strecke entspricht der aus Gleichung (7.11).

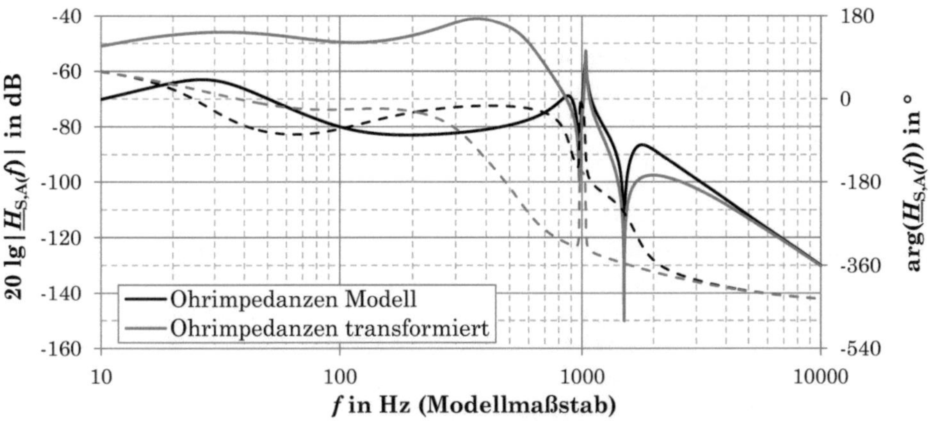

Abbildung 7.20: Simulierter Frequenzgang der Rückkopplungsübertragungsfunktion mit zusätzlicher Signalverarbeitung in der Sensor-Aktor-Strecke für verschiedene makroskopische Ohrimpedanzen

In Abschnitt 7.3.2 wurde beschrieben, dass im gemessenen Frequenzgang von $\underline{H}_{S,A}(f)$ mit zusätzlicher Signalverarbeitung die Amplitudenreserve $A_r(f_{Krit}) = 60\ \mathrm{dB}$ beträgt. Die Amplitudenreserve im Amplitudengang der transformierten Ohrimpedanzen ist mit $A_r = 44\ \mathrm{dB}$ bei einem Phasenwinkel von $\varphi = -180°$ um 16 dB geringer. Die maximale Verstärkung beträgt somit bei den transformierten Ohrimpedanzen nur $v_{1,max} = -160$.

Die mit dieser Verstärkung $v_{1,max} = -160$ simulierte Hörverstärkung zeigt Abbildung 7.21. Zum Vergleich ist im Diagramm auch die messtechnisch bestimmte Ersatzhörverstärkung g^* aus Abbildung 7.14 eingezeichnet.

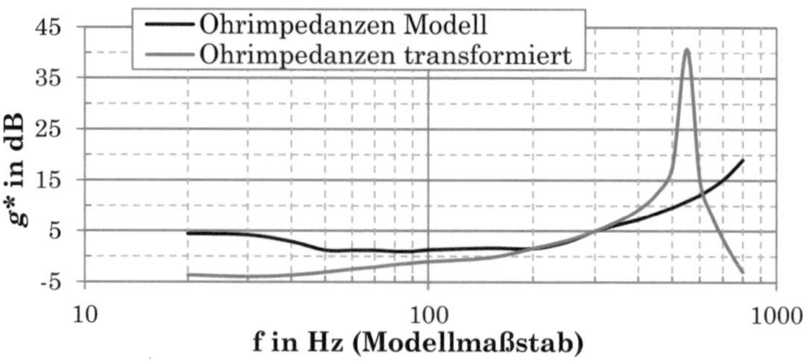

Abbildung 7.21: Vergleich der erreichbaren Ersatzhörverstärkung für verschiedene Ohrimpedanzen

Mit steigenden Ohrimpedanzen sinkt die durch den Wandlerbaustein erzielte Hörverstärkung. Im Gegensatz zu den am makroskopischen Modell nachgebildeten Ohrimpedanzen wird für die transformierten Ohrimpedanzen erst ab einer Frequenz von $f = 140\ \mathrm{Hz}$ (Modellmaßstab) eine positive Hörverstärkung erzielt. Die starke Resonanzüberhöhung von über 40 dB in der Hörverstärkung ist aufgrund von Spannungsbegrenzungen der Geräte zur Signalverarbeitung und -verstärkung in der Sensor-Aktor-Strecke praktisch nicht zu realisieren. Zudem sinkt g^* für Frequenzen oberhalb der Resonanzüberhöhung stark. Es ist festzuhalten, dass sich eine Erhöhung der Ohrimpedanzen negativ auf die durch den Wandlerbaustein erreichbare Hörverstärkung auswirkt.

7.4 Betrieb des Wandlerbausteins mit aktiver Kompensationseinheit

In den bisher beschriebenen messtechnischen und simulationsgestützten Untersuchungen am Experimentalaufbau konnten bereits Einflüsse auf die Stabilität des Sensor-Aktor-Kreises herausgestellt werden. Die Analyse der Rückkopplungsübertragungsfunktion $\underline{H}_{\mathrm{S,A}}(f)$ zeigte, dass eine komplexe Signalverarbeitung in der Sensor-Aktor-Strecke erforderlich ist, um die Stabilität des Sensor-Aktor-Kreises soweit zu erhöhen, dass hohe Hörverstärkungen möglich sind. Mit Hilfe einer analogen Signalverarbeitung $\underline{H}_{\mathrm{V}}(f)$ im Sensor-Aktor-Pfad kann beim Betrieb des Wandlerbausteins mit inaktiver KE teilweise nur eine geringe Hörverstärkung im Nutzfrequenzbereich erzielt werden. Der Einsatz der KE zur Rückkopplungsreduzierung ist somit notwendig, um die Hörverstärkung weiter zu erhöhen.

Im folgenden Abschnitt wird der Betrieb des Wandlerbausteins mit aktiver KE beschrieben. Der Betrieb der KE erfolgt dabei geregelt. Die Funktionsweise der KE wird anhand des Signalflussschemas in Abbildung 7.22 verdeutlicht. Dazu wird das Signalflussschema des offenen Sensor-Aktor-Kreises in Abbildung 4.2 um den Regelkreis der KE erweitert.

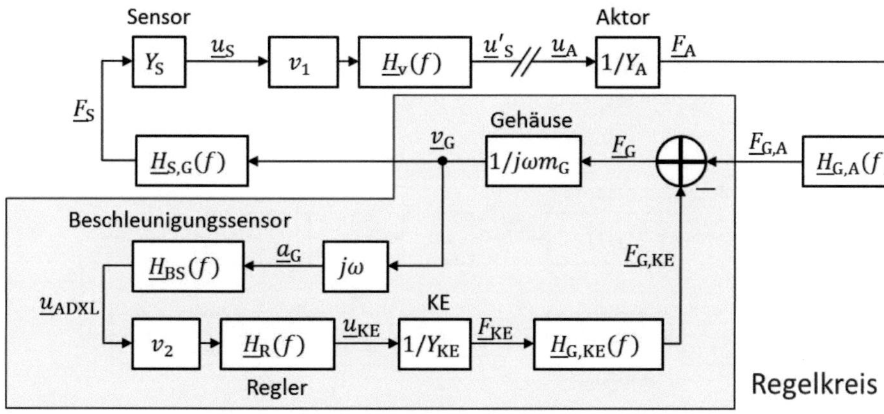

Abbildung 7.22: Signalflussschema der Verkopplung von Regelkreis und Sensor-Aktor-Kreis über das Gehäuse

Regelgröße ist die Geschwindigkeit $\underline{v}_G$ am Gehäuse. Da diese reduziert werden soll, beträgt die Führungsgröße des Regelkreises $w = 0$. Eingangsgröße für den Regelkreis ist somit nur die Regelabweichung, d. h. die Gehäuseschwingung. Bedingt durch die Baugröße des Experimentalmodells wird die Regelabweichung mit Hilfe eines am Gehäuse angebrachten Miniaturbeschleunigungssensors (ADXL103) gemessen. Dessen Ausgangsgröße ist eine zur Gehäusebeschleunigung $\underline{a}_G$ proportionale Spannung $\underline{u}_{ADXL}$. Das Spannungssignal des Beschleunigungssensors wird mit Hilfe der Reglerverstärkung v_2 sowie einem Regler mit der Übertragungsfunktion $\underline{H}_R(f)$ angepasst und als Spannungssignal $\underline{u}_{KE}$ zur Ansteuerung des Antriebes der KE bereitgestellt. Der Zusammenhang zwischen der Stellgröße $\underline{u}_{KE}$ und der in das Gehäuse eingeleiteten Kraft wird im Schema durch den elektromechanischen Wandlerfaktor Y_{KE} sowie die Übertragungsfunktion $\underline{H}_{G,KE}(f)$ beschrieben.

Das Schema zeigt, dass die Geschwindigkeit $\underline{v}_G$ die Differenz der vom Aktor und der KE am Gehäuse bewirkten Schwingungen darstellt. Bei einer idealen Auslöschung der vom Aktor am Gehäuse bewirkten Geschwindigkeit durch die KE würde keine Rückwirkung auf den Sensor stattfinden. Die Auswirkungen des geregelten Betriebes der KE auf das Schwingungsverhalten des Wandlerbausteins lassen sich in zwei Punkte unterteilen:

1. Die Gehäuseschwingung wird durch die KE sehr stark abgebremst. Das Gehäuse dient als virtuelles Stützlager für den Aktor, wodurch eine erhöhte Krafteinleitung in den Steigbügel bei gleicher Verstärkung v_1 ermöglicht wird. Zudem wird die mechanische Rückkopplung vom Aktor auf den Sensor über ein weniger bewegtes Gehäuse reduziert. Gilt dies auch für den Frequenzbereich von $\underline{H}_{S,A}(f)$, in dem die kritischen Frequenzen f_{Krit} auftreten, kann zusätzlich die Sensor-Aktor-Verstärkung erhöht werden.

2. Die von der KE erzeugte Kraft $\underline{F}_{G,KE}$ beeinflusst den Phasengang der Gehäusebewegung in der Weise, dass eine Verschiebung der kritischen Frequenzen im Phasengang von $\underline{H}_{S,A}(f)$ in Bereiche niedrigerer Amplituden bewirkt wird. Die Stabilität des Sensor-Aktor-Kreises wird erhöht (siehe Abschnitt 7.3). Dadurch können größere Verstärkungen v_1 eingestellt und höhere Hörverstärkungen erzielt werden. Eine Reduzierung der Gehäuseschwingung im Nutzfrequenzbereich steht nicht im Vordergrund.

7.4.1 Stabilität des Regelkreises

Anhand der Übertragungsfunktion des offenen Regelkreises $\underline{H}_{\mathrm{L}}(f) = \underline{u}'_{\mathrm{KE}} / \underline{u}_{\mathrm{KE}}$ in Abbildung 7.23 wird die Stabilität des Regelkreises analysiert. Für Regler sowie Reglerverstärkung gilt zunächst $\underline{H}_{\mathrm{R}}(f) = v_2 = 1$.

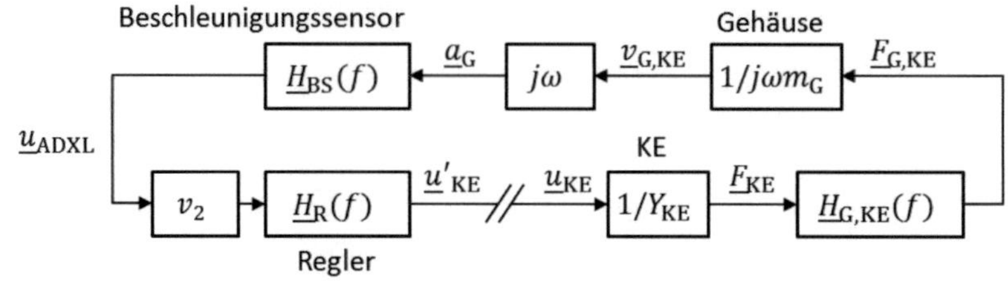

Abbildung 7.23: Signalflussschema des offenen Regelkreises

Abbildung 7.24 zeigt die gemessene Übertragungsfunktion $\underline{H}_{\mathrm{L}}(f)$ im Vergleich zum Simulationsergebnis des Netzwerkmodells.

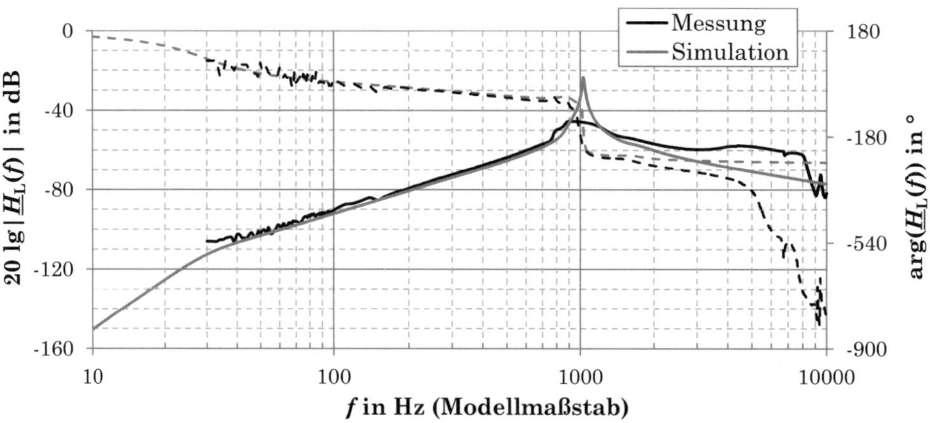

Abbildung 7.24: Übertragungsfunktion des offenen Regelkreises gemessen und simuliert

Der Amplitudengang $|\underline{H}_{\mathrm{L}}(f)|$ weist eine Überhöhung im Bereich der Resonanzfrequenz der KE $f_{0,\mathrm{KE}}$ auf. Die Dämpfung der gemessenen Resonanz gegenüber der Simulation ist auf die begrenzte Ausgangsspannung des Beschleunigungssensors zurückzuführen. Die zusätzlichen Phasendrehungen in Bereiche $\varphi < -270°$ in der Messkurve werden durch weitere Resonanzen im Übertragungsfrequenzgang verursacht, die das Netzwerkmodell nicht abbildet. Aus der Regelungstheorie ist bekannt, dass für

$$|\underline{H}_{\mathrm{L}}(f)| \geq 1 \text{ und } \arg\left(\underline{H}_{\mathrm{L}}(f)\right) = -2n \cdot 180°, \text{ mit } n \in \mathbb{Z} \tag{7.17}$$

der Regelkreis instabil wird. Die maximale experimentelle Reglerverstärkung ohne zusätzlichen Regler beträgt $v_{2,\max} = 180$. Messungen der Gehäusegeschwindigkeit $\underline{v}_{\mathrm{G}}$ zeigen, dass bei dieser Reglerverstärkung noch keine Kompensationswirkung durch die KE eintritt. Es muss daher ein Regler mit einer Übertragungsfunktion $\underline{H}_{\mathrm{R}}(f) \neq 1$ in den Regelkreis eingebracht werden, der eine Erhöhung der Reglerverstärkung und damit auch der Kompensationswirkung ermöglicht.

Wie schon bei der Dimensionierung der Übertragungsfunktion $\underline{H}_{\mathrm{V}}(f)$ der Signalverarbeitung in der Sensor-Aktor-Strecke begrenzen die starken negativen Phasendrehungen im Phasengang von $\underline{H}_{\mathrm{L}}(f)$ die Entwurfsmöglichkeiten des Reglers mit analoger Regeltechnik. Eine Anhebung des Amplitudenganges durch den Regler und eine damit verbundene positive Phasendrehung im Phasengang von $\underline{H}_{\mathrm{L}}(f)$ wären vorteilhaft. Jedoch müsste dann aufgrund der geringen Amplitudenreserve im gesamten Frequenzbereich $-180° < \arg(\underline{H}_{\mathrm{L}}(f)) < 180°$ gelten, damit das System stabil bleibt. Bereits im Frequenzbereich bis $10\,\mathrm{kHz}$ bedeutet dies nach Abbildung 7.24 eine Phasenkorrektur von über $540°$. Die entsprechende Anhebung des Amplitudenganges von über $120\,\mathrm{dB}$ bei $f = 10\,\mathrm{kHz}$ ist mit analogen Filterbausteinen ohne Überschreitung der maximal zulässigen Spannung kaum möglich.

Ein alternativer Lösungsweg ist die Absenkung des Amplitudenganges $|\underline{H}_{\mathrm{L}}(f)|$ im Bereich der kritischen Frequenzen bei minimaler zusätzlicher Phasendrehung. Als Reglerelemente wurden in dieser Arbeit, analog zur Signalverarbeitung in der Sensor-Aktor-Strecke, ein Tiefpass sowie ein Bandstoppfilter ausgewählt. Die Übertragungsfunktion

$$\underline{H}_{\mathrm{R}}(f) = \underbrace{\frac{1}{1 + j\dfrac{f}{f_{\mathrm{TP}}}}}_{\text{Tiefpassfilter}} \cdot \underbrace{\frac{1 - \left(\dfrac{f}{f_{\mathrm{N}}}\right)^2}{1 + j\dfrac{f}{Q \cdot f_{\mathrm{N}}} - \left(\dfrac{f}{f_{\mathrm{N}}}\right)^2}}_{\text{Bandstoppfilter}} \quad \text{mit } f_{\mathrm{TP}} = 30\,\mathrm{Hz},\, f_{\mathrm{N}} = 1\,\mathrm{kHz},\, Q = 0{,}5 \tag{7.18}$$

entspricht daher bis auf die Mittenfrequenz f_{N} des Bandstoppfilters der bereits aus Gleichung (7.11) bekannten Funktion. Die Übertragungsfunktion des offenen Regelkreises $\underline{H}_{\mathrm{L}}(f)$ mit Regler und $v_2 = 1$ zeigt Abbildung 7.25. Durch die Regler-Übertragungsfunktion $\underline{H}_{\mathrm{R}}(f)$ wird die Amplitude von $\underline{H}_{\mathrm{L}}(f)$ im Bereich der kritischen Frequenz um ca. 30 dB gedämpft. Experimentell konnte eine maximale Reglerverstärkung $v_{2,\max} = 5000$ bestimmt werden.

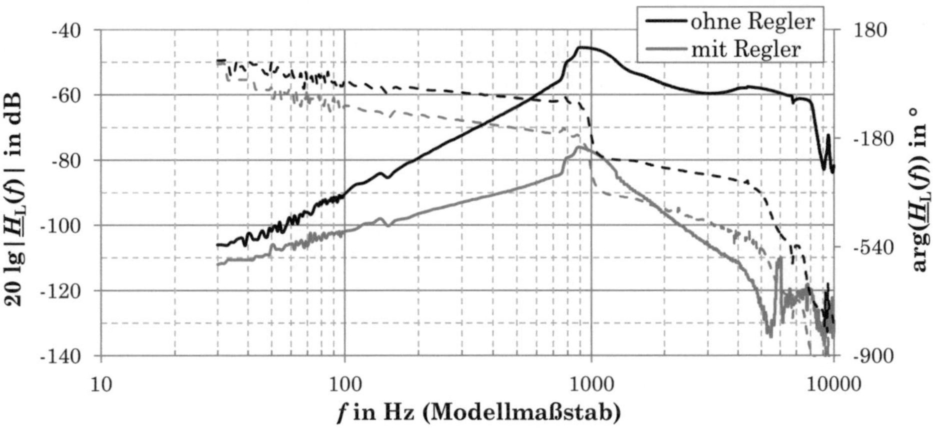

Abbildung 7.25: Übertragungsfunktion des offenen Regelkreises ohne und mit Analogregler

7.4.2 Wirkung der Kompensationseinheit

Stützwirkung für den Aktor

Bei der simulationsgestützten Analyse der Hörverstärkung in Abhängigkeit von der Gehäusemasse m_{G} wurde gezeigt, dass durch den Einsatz der KE bei der verwendeten Masse $m_{\mathrm{G,Makro}} = 95\,\mathrm{g}$ keine zusätzliche Stützwirkung für den Aktor zu erwarten ist. Dies wird durch Experimente am Messaufbau bestätigt.

Abbildung 7.26 zeigt die gemessenen Geschwindigkeiten $\underline{v}_{St,2}$ und $\underline{v}_G$ am Steigbügel und am Gehäuse im Vergleich. Die Anregung erfolgte am Aktor mit $|\underline{u}_A| = 1\ V$. Über einen weiten Frequenzbereich $f > 70\ Hz$ ist die Geschwindigkeit am Steigbügel um mindestens 10 dB höher als am Gehäuse. Bei Anregung des Aktors und gleichzeitig aktiver KE ($v_{2,max} = 5000$) ist im Experiment keine erhöhte Geschwindigkeit am Steigbügel $\underline{v}_{St,2}$ gegenüber dem Betrieb mit inaktiver KE im Nutzfrequenzbereich zu beobachten.

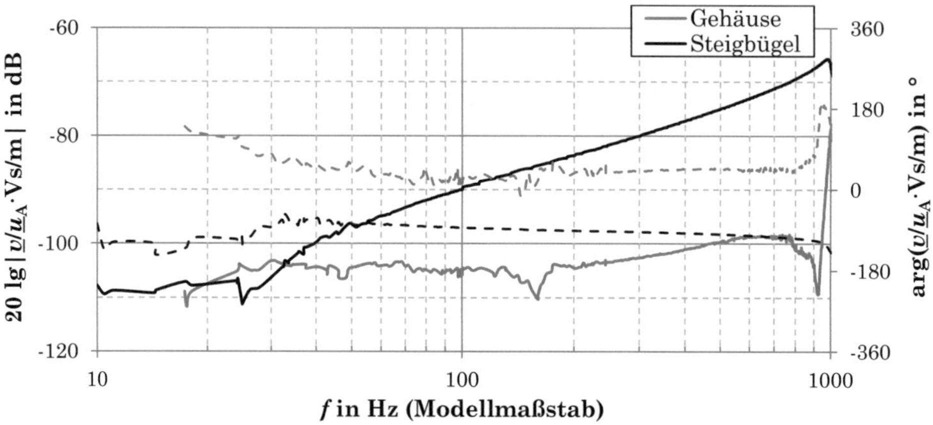

Abbildung 7.26: Normierte Geschwindigkeit am Steigbügel und am Gehäuse bei Anregung am Aktor

Gehäusegeschwindigkeit und Rückkopplung auf den Sensor

Abbildung 7.27 zeigt die experimentell ermittelte Geschwindigkeit am Gehäuse bei abwechselnder Anregung des Wandlerbausteins am Aktor und der KE mit $|\underline{u}_A| = |\underline{u}_{KE}| = 1\ V$. Der jeweils inaktive Wandler sowie Sensor und Lautsprecher sind kurzgeschlossen.

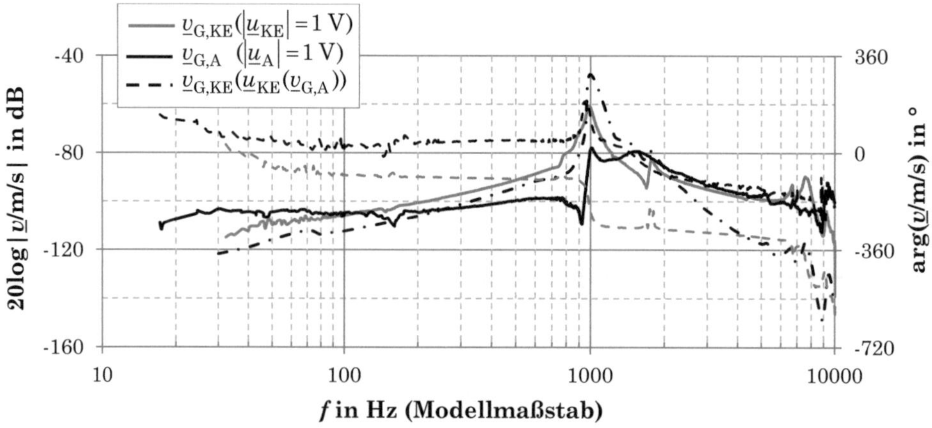

Abbildung 7.27: Normierte Geschwindigkeiten am Gehäuse bei abwechselnder Anregung des Aktors und der Kompensationseinheit

Das Experiment zeigt, dass bei gleicher elektrischer Anregung die Amplitude der von der KE am Gehäuse verursachten Geschwindigkeit $\underline{v}_{G,KE}$ im Bereich $f = [150\text{ Hz}...1{,}4\text{ kHz}]$ größer als die Amplitude der vom Aktor am Gehäuse bewirkten Geschwindigkeit $\underline{v}_{G,A}$ ist. Wird die KE basierend auf der Geschwindigkeit $\underline{v}_{G,A}$ angeregt, lässt sich anhand des Signalflussschemas in Abbildung 7.22 die frequenzabhängige Stellgröße $\underline{u}_{KE}(\underline{v}_{G,A})$ nach

$$\underline{u}_{KE}(\underline{v}_{G,A}) = j\omega \cdot \underline{v}_{G,A} \cdot \underline{H}_{BS}(f) \cdot v_2 \cdot \underline{H}_R(f) \tag{7.19}$$

berechnen. Das Übertragungsverhalten des Beschleunigungssensors wird in der Gleichung durch die Übertragungsfunktion $\underline{H}_{BS}(f) = \underline{u}_{ADXL} / \underline{a}_G$ berücksichtigt. Die mit dieser Spannung $\underline{u}_{KE}(\underline{v}_{G,A})$ am Gehäuse erzeugte Geschwindigkeit $\underline{v}_{G,KE}$ zeigt ebenfalls Abbildung 7.27. Es wird nur im Frequenzbereich $f = [300\text{ Hz}...1{,}6\text{ kHz}]$ eine höhere Geschwindigkeit $\underline{v}_{G,KE}$ durch die KE am Gehäuse erzielt. In diesem Frequenzbereich ist die KE in der Lage, die vom Aktor über das Gehäuse auf den Sensor übertragenen Schwingungen zu kompensieren.

Den Einfluss der KE auf die Rückkopplungsübertragungsfunktion $\underline{H}_{S,A}(f)$ zeigt Abbildung 7.28. In der Abbildung sind der Amplituden- und Phasengang von $\underline{H}_{S,A}(f)$ bei inaktiver und aktiver KE und maximaler Reglerverstärkung $v_{2,max}$ im Vergleich dargestellt. Die Sensor-Aktor-Verstärkung beträgt $v_1 = 1$.

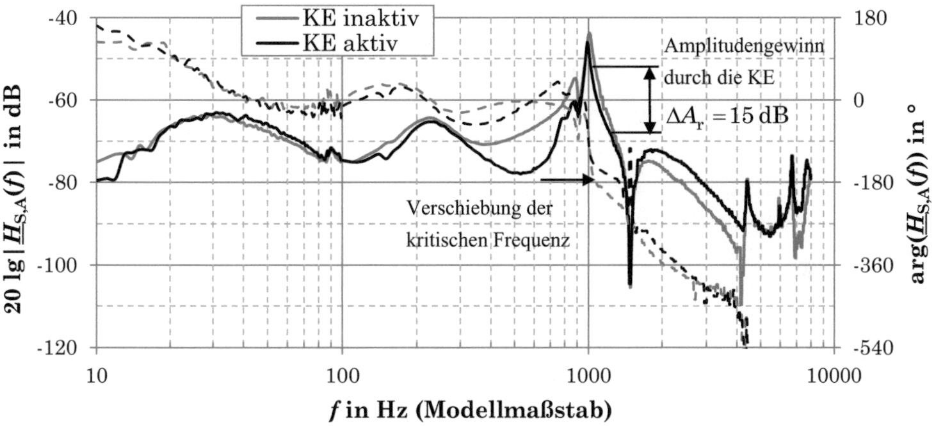

Abbildung 7.28: Vergleich der Rückkopplungsübertragungsfunktion bei inaktiver und aktiver Kompensationseinheit

Durch die Wirkung der KE auf das Gehäuse verschiebt sich die kritische Frequenz bei der $\arg(\underline{H}_L(f)) = -180°$ zu höheren Frequenzen hin. Dadurch steigt die Amplitudenreserve auf $A_r(f_{Krit}) = 75\text{ dB}$. Damit kann die Sensor-Aktor-Verstärkung im Experiment auf $v_{1,max} = -5000$ erhöht werden. Die Wirkung der KE besteht somit darin, den Phasengang von $\underline{H}_{S,A}(f)$ so zu verändern, dass eine höhere Sensor-Aktor-Verstärkung v_1 eingestellt werden kann. Die Veränderung des Phasenganges ohne gleichzeitige Änderung des Amplitudenganges wäre allein mit Analogfiltern in der Sensor-Aktor-Strecke nicht realisierbar.

Zunahme der Hörverstärkung durch virtuelle Masseerhöhung

Die Wirkung der KE kann in eine virtuelle Masseerhöhung des Gehäuses $\Delta m_{G,virt}$ überführt werden. Dies gelingt anhand der folgenden Überlegung. Die Erhöhung der Amplitudenreserve im Frequenzgang von $\underline{H}_{S,A}(f)$ durch den Einsatz der KE hätte nach Gleichung (7.12) auch durch eine größere Gehäusemasse $m_{G,Makro}$ realisiert werden können. Die virtuelle Zunahme der Gehäusemasse lässt sich direkt aus der Erhöhung der Amplitudenreserve ΔA_r ableiten. Praktisch entspricht diese gewonnene Amplitudenreserve dem Verhältnis der Sensor-Aktor-Verstärkung v_1 bei aktiver und inaktiver KE. Daraus folgt:

$$\Delta m_{G,virt} = \left|\frac{-5000}{-1000}\right| \cdot m_G = 5 \cdot m_G \,. \qquad (7.20)$$

Die Masse des Gehäuses nimmt virtuell um den Faktor fünf zu. Die virtuelle Masse des Gehäuses beträgt somit $m_{G,virt} = 475\,\text{g}$. Eine Erhöhung der Sensor-Aktor-Verstärkung bewirkt eine Zunahme der Hörverstärkung. Die aus den gemessenen Geschwindigkeitsamplituden $\tilde{v}_{St,2}$ abgeleitete Ersatzhörverstärkung des Wandlerbausteins mit aktiver KE zeigt Abbildung 7.29.

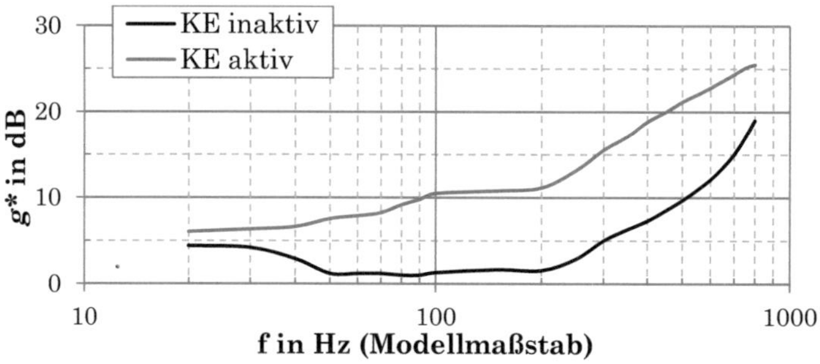

Abbildung 7.29: Vergleich der erreichten Ersatzhörverstärkung bei inaktiver und aktiver Kompensationseinheit

Mit Hilfe der KE kann die Hörverstärkung um bis zu 10 dB gesteigert werden. Dabei ist die Wirkung der KE im Frequenzbereich $f = [100\,\text{Hz} ... 800\,\text{Hz}]$ größer als im Tieftonbereich $f < 100\,\text{Hz}$ (makroskopischer Maßstab). Dies ist dadurch zu erklären, dass die Kompensationswirkung der KE für $f < 1\,\text{kHz}$ nach Abbildung 7.27 mit der Frequenz abnimmt.

Die Hörverstärkung umfasst somit über dem Nutzfrequenzbereich eine Spanne von $6\,\text{dB}$ bis $25\,\text{dB}$. Die Hörverstärkung im Hochtonbereich eignet sich bereits zur Versorgung von Hochtonschwerhörigkeiten. Das Konzept des Wandlerbausteins mit einem Gehäuse ohne Fixierung und KE zur Rückkopplungskompensation ist für die Anwendung als Mittelohr-Hörgerät nutzbar.

Transiente Steigbügelreaktion

Die durch den Wandlerbaustein verstärkten Signale am Steigbügel müssen in ihrem zeitlichen Verlauf den Anregungssignalen am Trommelfell entsprechen, da Signalverzerrungen das ursprüngliche Hörereignis verfälschen. Abbildung 7.30 zeigt exemplarisch die mit dem Laservibrometer am Steigbügel des Experimentalaufbaus gemessenen Zeitverläufe $u_{LV}(t)$. Die Anregung am Trommelfell erfolgte mit transienten Signalen (Abbildung 7.3 rechts) bei den Frequenzen $f = \{100\,\text{Hz}; 500\,\text{Hz}\}$.

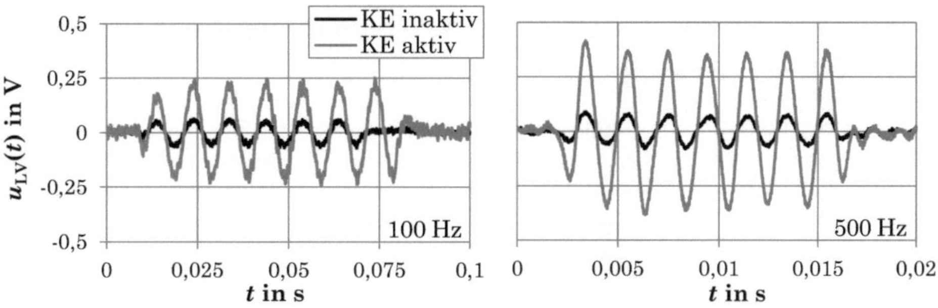

Abbildung 7.30: Transiente Steigbügelreaktion am Experimentalmodell bei 100 Hz (links) und 500 Hz (rechts) beim Betrieb des Wandlerbausteins mit inaktiver und aktiver Kompensationseinheit

Die in die Last eingeleiteten Signale weisen keine wesentlichen Amplitudenverzerrungen gegenüber den Anregungssignalen am Trommelfell auf. Dies gilt sowohl für den inaktiven als auch aktiven Betrieb der KE. Daraus folgt, dass die in den Experimenten verwendete Signalverarbeitung im Sensor-Aktor- und Regelkreis keine Verfälschung des Hörereignisses bewirkt.

7.5 Zusammenfassung der messtechnischen Untersuchungen

In diesem Kapitel wurde das dynamische Verhalten des Wandlerbausteins an einem makroskopischen Experimentalmodell messtechnisch untersucht. Vorteile des makroskopischen Aufbaus sind, dass Messgrößen leichter erfasst und Herausforderungen der mikromechanischen Fertigung nicht berücksichtigt werden müssen.

Experimente am Messaufbau haben gezeigt, dass die durch das Modell nachgebildeten Ohrimpedanzen innerhalb der aus der Literatur bekannten individuellen Streuung liegen. Mit Hilfe von Messungen konnten Netzwerkparameter eines Netzwerkmodells bestimmt werden, anhand dessen sich Parameterabhängigkeiten untersuchen ließen, ohne das makroskopische Modell zu verändern. Ebenso konnte das mechanische Verhalten des makroskopischen Wandlerbausteins in diesem Netzwerkmodell nachgebildet werden.

Das dynamische Verhalten des Wandlerbausteins wurde sowohl mit inaktiver als auch aktiver KE untersucht. Beim experimentellen Betrieb des Wandlerbausteins mit inaktiver KE wurde festgestellt, dass eine zusätzliche Signalverarbeitung in die Sensor-Aktor-Strecke eingebracht werden muss, um eine positive Hörverstärkung über dem gesamten Nutzfrequenzbereich zu erzielen. Durch die Verwendung analoger Filterbausteine wurde eine maximale Hörverstärkung von bis zu 19 dB erreicht. Durch den Einsatz der KE konnte diese Hörverstärkung noch um bis zu 10 dB gesteigert werden. Die Ansteuerung der KE erfolgte dabei basierend auf der Beschleunigung des Gehäuses. Als Regler wurden analoge Filterbausteine eingesetzt. Insgesamt konnte in den messtechnischen Untersuchungen eine Hörverstärkung von 6 dB im Tieftonbereich um 30 Hz (makroskopischer Maßstab) bis zu 25 dB im Hochtonbereich um 800 Hz (makroskopischer Maßstab) nachgewiesen werden. Die erzielte Hörverstärkung wäre bereits zur Versorgung von Hochtonschwerhörigkeiten geeignet. Die transienten Messsignale zur Bestimmung der Hörverstärkung wiesen eine gute Übereinstimmung mit den Anregungssignalen auf. Dies lässt auf eine gute Wiedergabe des ursprünglichen Hörereignisses durch den Wandlerbaustein schließen.

In weiteren Untersuchungen konnten dominante Einflussparameter auf die maximal erreichbare Hörverstärkung herausgestellt werden. Dazu gehören die Masse des Gehäuses $\mathrm{m_G}$, die umgebenden Ohrimpedanzen $\underline{\mathrm{z}}_{\mathrm{Ohr}}$ sowie die Übertragungsfunktionen $\underline{H}_{\mathrm{V}}(f)$ und $\underline{H}_{\mathrm{R}}(f)$ der in der Sensor-Aktor-Strecke und im Regelkreis verwendete Signalverarbeitungen.

7.6 Ausblick auf regelungstechnische Maßnahmen zur Erhöhung der Hörverstärkung

In den Untersuchungen am makroskopischen Experimentalmodell des Wandlerbausteins konnte nachgewiesen werden, dass die Signalverarbeitung zur Anpassung der Sensorspannung eine Erhöhung der Stabilität des Sensor-Aktor-Kreises bewirkt. Ebenso trägt der Regler zur Zunahme der Regelkreisstabilität bei. Signalverarbeitung und Regelung ermöglichen eine signifikante Zunahme der Hörverstärkung und stellen somit wichtige Maßnahmen beim Entwurf des Wandlerbausteins dar.

Die Realisierung der jeweiligen Übertragungsfunktionen $\underline{H}_\mathrm{V}(f)$ und $\underline{H}_\mathrm{R}(f)$ erfolgte in dieser Arbeit mit Hilfe einfacher analoger Filterbausteine. Offen ist bisher die Fragestellung, ob andere Konzepte zur Anpassung von Sensor- und Beschleunigungssensor-Signal die Stabilität des Sensor-Aktor- sowie des Regelkreises erhöhen und eine Zunahme der Hörverstärkung ermöglichen können. Diese Fragestellung muss Inhalt weiterführender Arbeiten sein, da derzeit unklar ist, welches Potential alternative Signalverarbeitungen besitzen. Als Beispiel zur alternativen Realisierung der Funktionen $\underline{H}_\mathrm{V}(f)$ und $\underline{H}_\mathrm{R}(f)$ seien an dieser Stelle frequenzverschiebende Algorithmen oder auch Zwei-Punkt-Regelungen genannt. Ebenso müssen adaptive Algorithmen in die Untersuchungen einbezogen werden.

Zudem muss in Folgearbeiten die Möglichkeit einer Steuerung zur Rückkopplungskompensation betrachtet werden. Die Steuerung der KE basierend auf dem Sensorsignal hat den Vorteil, dass der Beschleunigungsaufnehmer zur Beobachtung der Gehäuseschwingung eingespart werden kann. Die Herausforderung einer Steuerung besteht dabei auch in der Rückkopplung der KE auf den Sensor. Dadurch kann der Steuerkreis instabil werden. Erste Untersuchungen dazu zeigen, dass die Wandlerresonanzen wiederum die Stabilität des Steuerkreises dominieren.

8 Ausblick auf die Miniaturisierung des Wandlerbausteins

In den vorangegangenen Kapiteln wurde anhand von Messungen sowie simulationsgestützten Untersuchungen am Experimentalmodell gezeigt, dass der neuartige Wandlerbaustein zur Versorgung von Hochtonschwerhörigkeiten geeignet ist. Dieses Kapitel gibt einen kurzen Ausblick darauf, welche Herausforderungen bei der Überführung des makroskopischen Wandlerbausteins in den Originalmaßstab auftreten. Der Fokus der Betrachtungen liegt dabei auf der mikromechanischen Fertigung des Wandlerbausteins sowie auf der Leistungsfähigkeit von Miniatur-Beschleunigungssensoren, die zur Regelung der Gehäuseschwingung notwendig sind.

Mikromechanische Fertigung

Die Fertigung des Wandlerbausteins im Originalmaßstab erfolgt mit Verfahren der Feinwerk- und Präzisionsgerätetechnik. Geeignet zur Herstellung der einzelnen Metallkomponenten des Wandlerbausteins erscheinen die von Risse in [RI12] (Kapitel 10) beschriebenen Mikrostrukturtechnik-Verfahren

- Mikroformätzen,
- Lasermikrobearbeitung und
- Ultra-Präzisionszerspanung.

Das Fügen der Einzelteile aus Metall kann mit Hilfe von Laserschweißprozessen erfolgen. Die piezoelektrischen Elemente von Sensor, Aktor und KE werden auf die jeweiligen Trägerplatten aufgeklebt. Einige der genannten Fertigungsverfahren kommen bereits beim Aufbau des von Koch et al. [KO13] beschriebenen Mittelohrmikrofons zum Einsatz. Daraus lässt sich ableiten, dass die Verfahren auch zur Fertigung des Wandlerbausteins geeignet sind. Herausforderung der mikromechanischen Fertigung ist daher die Beherrschung dieser Fertigungsverfahren bei gleichzeitig wirtschaftlich vertretbaren Herstellungskosten des Wandlerbausteins.

Miniatur-Beschleunigungssensoren

Die virtuelle Erhöhung der Gehäusemasse m_{G} basiert auf der Regelung der Gehäuseschwingung. Am Experimentalmodell wird die Regelgröße Gehäusebeschleunigung mit dem Beschleunigungssensor des Typs ADXL103 gemessen. Bei der Überführung des makroskopischen Wandlerbausteins in den Originalmaßstab muss ein Beschleunigungssensor gefunden werden, der ausreichend geringe Abmessungen besitzt und gleichzeitig in der Lage ist, die Gehäusebeschleunigung über einen weiten Frequenzbereich mit einem Signal-Rausch-Abstand von $20\ \mathrm{dB}$ zu messen.

Abbildung 8.1 zeigt die mit dem vollständigen Netzwerkmodell des Wandlerbausteins (Abbildung 5.9) simulierte Beschleunigung am Gehäuse $\underline{a}_{\mathrm{G}}$ bei Anregung am Trommelfell mit $|\underline{p}_{\mathrm{TF}}| = 10\ \mathrm{mPa}$ (entspricht $L_{\mathrm{P,TF}} = 54\ \mathrm{dB}$, Gesprächslautstärke) und einer Sensor-Aktor-Verstärkung $v_1 = -1000$. Zusätzlich sind im Diagramm die Rauschgrenzen von einigen aus der Literatur bekannten bzw. kommerziellen Miniatur-Beschleunigungssensoren eingezeichnet.

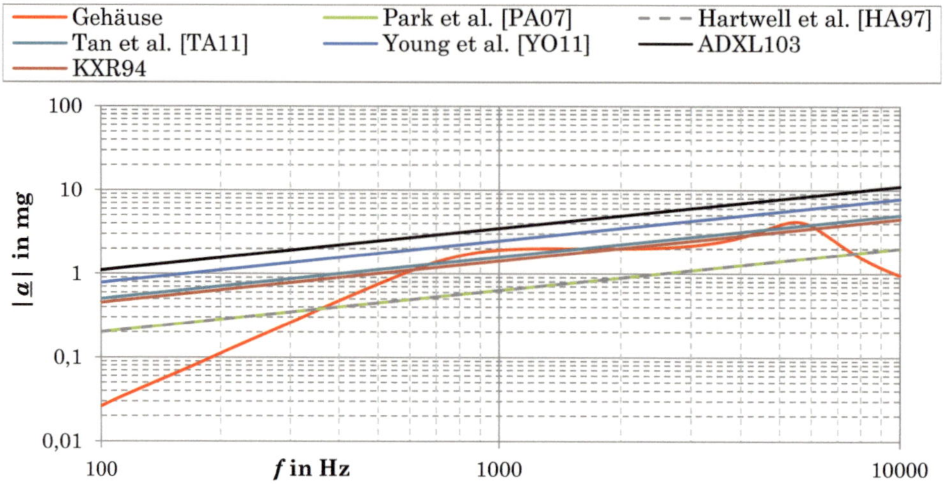

Abbildung 8.1: Simulierte Beschleunigung am Gehäuse bei aktivem Wandlerbaustein (Kompensationseinheit inaktiv) und Anregung am Trommelfell mit Gesprächslautstärke im Vergleich mit Rauschgrenzen veröffentlichter und kommerzieller Miniatur-Beschleunigungssensoren

Aus dem Diagramm ist zu entnehmen, dass nur die in den Arbeiten von Park et al. [PA07] und Hartwell et al. [HA97] betrachteten Beschleunigungssensoren zur Messung der Gehäusebeschleunigung geeignet erscheinen. Das Eigenrauschen dieser Sensoren ist im Frequenzbereich $f = \left[400\,\text{Hz}...7\,\text{kHz}\right]$ deutlich kleiner als die simulierte Beschleunigung am Gehäuse. Ein Signal-Rausch-Abstand von 20 dB wird jedoch für keine Frequenz im dargestellten Frequenzband erzielt. Hinzu kommt, dass die Grenzfrequenzen, bis zu der die Sensoren ein annähernd lineares Übertragungsverhalten besitzen, innerhalb des Nutzfrequenzbereiches f_{Nutz} liegen. Oberhalb dieser Grenzfrequenzen sinkt die Sensitivität der Sensoren. Anhand der Literaturanalyse wird deutlich, dass die Messung der Gehäuseschwingung bei geringen Schalldrücken am Trommelfell schwierig ist. Derzeit ist kein Beschleunigungssensor bekannt, der ein niedrigeres Eigenrauschen bei gleichzeitig hinreichend geringer Baugröße und ausreichend großem Messbereich aufweist.

Um dennoch die KE in Abhängigkeit der Gehäuseschwingung anzusteuern, muss zuvor die Rückkopplungsübertragungsfunktion vom Aktor auf das Gehäuse $\underline{H}_{\text{G,A}}(f) = \underline{a}_{\text{G}} / \underline{u}_{\text{A}}$ bei ausreichend hoher Anregungsspannung $\underline{u}_{\text{A}}$ bestimmt werden. Dies kann beispielsweise beim Einschalten des Hörsystems geschehen. Diese Übertragungsfunktion wird in einem Speicher hinterlegt. Bei geringen Schalldruckpegeln am Trommelfell erfolgt die Ansteuerung der KE schließlich auf Basis der Aktorspannung $\underline{u}_{\text{A}}$ sowie der gespeicherten Übertragungsfunktion $\underline{H}_{\text{G,A}}(f)$.

9 Zusammenfassung

In der vorliegenden Arbeit wurde ein neuartiger Sensor-Aktor-Wandlerbaustein auf seine Eignung als vollimplantierbares Mittelohr-Hörsystem untersucht. Gegenüber bereits existierenden Mittelohr-Hörsystemen besitzt dieser Wandlerbaustein den Vorteil, dass er aus nur einem Bauteil besteht und ohne zusätzliche Fixierung in der Paukenhöhle zwischen die Mittelohrknöchelchen geklemmt werden kann. Das System ist daher leichter als aktuelle Mittelohr-Hörsysteme im Mittelohr zu implantieren. Die Abmessungen des untersuchten rotationssymmetrischen Wandlerbausteins betragen dabei nur $5\,\mathrm{mm}$ im Durchmesser sowie $3\,\mathrm{mm}$ in der Höhe.

Im Gegensatz zu anderen Mittelohr-Hörsystemen können bei dem untersuchten Wandlerbaustein mechanische Schwingungen vom Aktor über das nicht fixierte Gehäuse auf den Sensor übertragen werden. Diese Rückkopplungen können ein Aufschwingen des Wandlerbausteins verursachen und beschränken die durch den Wandlerbaustein erreichbare Hörverstärkung. Die mechanischen Rückkopplungen sollen mit Hilfe einer zusätzlichen Aktoreinheit im Wandlerbaustein kompensiert werden. Diese Kompensationseinheit im Inneren des Wandlerbausteins wird so angesteuert, dass sie am Gehäuse entgegengesetzte Schwingungen zu den vom Aktor am Gehäuse verursachten Schwingungen erzeugt. Auf diese Weise wird durch die Kompensationseinheit die Wirkung eines schwereren Gehäuses erzielt und die maximale erreichbare Hörverstärkung erhöht.

Bisher gab es keine Erfahrungen zum dynamischen Verhalten des einteiligen Systems. Es musste daher in einem simulationsgestützten und messtechnischen Entwurfsprozess untersucht werden. Ziel des Entwurfsprozesses war die Analyse und Optimierung der einzelnen Komponenten hinsichtlich ihrer Aufgabe im Wandlerbaustein sowie die Untersuchung von Einflussparametern auf die Hörverstärkung.

Nach den Methoden der Kombinierten Simulation wurde der Wandlerbaustein in ein Netzwerkmodell überführt, welches Wechselwirkungen der elektrischen, mechanischen und akustischen Ebene berücksichtigt. Das unidirektionale Netzwerk ist bis zur ersten mechanischen und akustischen Resonanz der einzelnen Wandler gültig. Die Berechnung der Netzwerkelemente erfolgte teilweise mit FE-Methoden. Diese Vorgehensweise ermöglicht

- die schnelle Simulation des frequenzabhängigen Systemverhaltens mit Netzwerkmethoden,
- flexible Änderungen von Parametern an Netzwerkmodellen,
- einen effizienten Entwurf durch Parameterstudien am Netzwerkmodell,
- die Bestimmung von Netzwerkparametern mit einfachen statischen Simulationsexperimenten und Modalanalysen am FE-Modell.

Sensor- und Aktoreinheit des Wandlerbausteins bestehen aus piezoelektrischen Unimorph-Biegeplatten. Das Abmessungsverhältnis des piezoelektrischen Elementes aus einkristallinem PZN in Bezug auf die Geometrie der Trägerplatte wurde hinsichtlich der elektromechanischen Anwendung der Wandler optimiert. Der Optimierungsprozess anhand eines 2D-FE-Modells der Unimorph-Biegeplatte hatte zum Ergebnis, dass unterschiedliche optimale Modellparameter für Sensor- und Aktoreinheit existieren. Die Optima sind dabei unabhängig von der Einspannung am Plattenrand (Festlager oder Drehlager). Die am optimalen Sensor auszuwertende Spannung bei Gesprächslautstärke $\left(L_{\mathrm{P,TF}} = 54\,\mathrm{dB}\right)$ liegt dabei im Bereich $10\,\mu V$, der maximal vom Aktor erzeugte äquivalente Schalldruckpegel am Trommelfell beträgt $L_{P,Äq} = 117\,dB$.

Die optimale Struktur der Kompensationseinheit war zunächst unbekannt und musste in einem systematischen Analyseprozess, der die Betrachtung aller potentiell geeigneten Strukturen einschloss, herausgestellt werden. Für die Betrachtungen konnte das Netzwerkmodell des Wandlerbausteins bei annähernd konstantem dynamischem Systemverhalten auf die mechanische Ebene reduziert werden. Da Literaturstudien gezeigt haben, dass das Übertragungsverhalten des Mittel- und Innenohres hohen individuellen Schwankungen unterliegt, wurden unterschiedliche Ohrimpedanzen in den Analysen berücksichtigt. Anhand der Kriterien

- Wirkung am Gehäuse,
- fertigungstechnischer Aufwand und
- Wechselwirkung mit anderen Komponenten des Wandlerbausteins

wurde aus neun Strukturen eine Struktur als besonders geeignet für den Einsatz als Kompensationseinheit ausgewählt. Die optimale Struktur der Kompensationseinheit ist ebenfalls eine piezoelektrische Unimorph-Biegeplatte. Eine konzentrierte Zusatzmasse, die mit der Mitte der Trägerplatte verbunden ist, erhöht die Krafteinleitung in das Gehäuse. Löcher zwischen dem piezoelektrischen Element und dem Rand der Trägerplatte ermöglichen zudem einen Luftaustausch zwischen den durch die Kompensationseinheit getrennten Luftvolumina. 30 Löcher mit einem Lochradius $r_L = 0{,}1\,mm$ eliminieren bereits akustische Rückkopplungen der Kompensationseinheit auf den Sensor.

Simulationen haben gezeigt, dass bei Reduzierung der Gehäusemasse des Wandlerbausteins von $m_G = 100\,mg$ auf $m_G = 50\,mg$ die Kompensationswirkung nahezu konstant ist. Zudem kann das Gewicht der Zusatzmasse erhöht werden, um die Kompensationswirkung zu steigern. Dabei ist jedoch auf die mechanische Resonanzfrequenz der Kompensationseinheit zu achten, die außerhalb des Nutzfrequenzbereiches von $f_{Nutz} = [300\,Hz ... 8\,kHz]$ liegen sollte.

Im zweiten Teil dieser Arbeit wurde das dynamische Verhalten des Wandlerbausteins an einem neu aufgebauten Experimentalmodell untersucht. Die Nachbildung des Wandlerbausteins sowie der Ohrimpedanzen erfolgte dabei im makroskopischen Maßstab 10:1.

Experimente am Modell bei inaktiver Kompensationseinheit zeigten, dass ohne Signalverarbeitung die Stabilität des Sensor-Aktor-Kreises gering ist. Es konnte zunächst keine positive Hörverstärkung erzielt werden. Anhand der Rückkopplungsübertragungsfunktion vom Aktor über das Gehäuse auf den Sensor ließen sich die mechanischen Wandlerresonanzen außerhalb des Nutzfrequenzbereiches als Ursache für die begrenzte Stabilität des Sensor-Aktor-Kreises ausmachen. Diese Resonanzen wurden durch die Simulationsmodelle nicht abgebildet. Eine zusätzliche Filterung des Sensorsignals zur Rückkopplungsreduzierung im Bereich der Wandlerresonanzen ist daher zwingend erforderlich. Messungen zeigten, dass bereits mit einer einfachen analogen Filterung die maximale Sensor-Aktor-Verstärkung gegenüber dem ungefilterten Betrieb um $14\,dB$ gesteigert werden kann. Die damit erzielte Hörverstärkung ist über dem gesamten Nutzfrequenzbereich positiv. Im Hochtonbereich um $8\,kHz$ wurden bereits Hörverstärkungen von bis zu $19\,dB$ erreicht.

Die Ansteuerung der Kompensationseinheit in den Experimenten erfolgte geregelt. Als Regelgröße diente die am Gehäuse gemessene Beschleunigung. Experimente mit aktiver Kompensationseinheit haben gezeigt, dass durch die Kompensationseinheit keine zusätzliche Stützwirkung für den Aktor im Nutzfrequenzbereich erzielt wird. Die Wirkung der Kompensationseinheit besteht stattdessen in der Reduzierung der Rückkopplung vom Aktor auf den Sensor bei der Frequenz, für die der Sensor-Aktor-Kreis bei inaktiver Kompensationseinheit instabil wird. Die aktive Kompensationseinheit ist somit wirkungsgleich mit einem schwereren Gehäuse, welches das gleiche Rückkopplungsverhalten auf den Sensor aufweisen würde. Durch den geregelten Einsatz der Kompensationseinheit konnte die Gehäusemasse virtuell um den Faktor fünf erhöht werden. Der Anstieg der Hörverstärkung beträgt bis zu 10 dB. Die im Nutzfrequenzbereich erzielte Hörverstärkung beträgt somit 6 dB im Frequenzbereich um 200 Hz und steigt kontinuierlich bis auf 25 dB im Hochtonbereich um 8 kHz an.

Mit Hilfe von Simulationen am Netzwerkmodell des makroskopischen Messaufbaus wurde weiterhin der Einfluss der Gehäusemasse sowie der Ohrimpedanzen auf die durch den Wandlerbaustein erzeugte Hörverstärkung untersucht. Anhand dieser simulationsgestützten Untersuchungen sowie der messtechnischen Analysen am Experimentalmodell des Wandlerbausteins ließen sich folgende dominierende Einflüsse auf die maximal erreichbare Hörverstärkung ausmachen:

- die Ohrimpedanzen $\underline{z}_{\mathrm{Ohr}}$, vor allem die Lastimpedanz von Steigbügel und Cochlea am Aktor des Wandlerbausteins. Zwischen den Ohrimpedanzen und der Hörverstärkung gilt qualitativ der Zusammenhang $g \sim 1/\underline{z}_{\mathrm{Ohr}}$.
- die Masse m_{G} des Wandlerbaustein-Gehäuses. Dabei gilt $g \sim m_{\mathrm{G}}$. Durch Änderung der Signalverarbeitung im Sensor-Aktor-Kreis kann diese Einflussgröße eliminiert werden. Dann ist die erzielbare Hörverstärkung in Grenzen unabhängig von der Gehäusemasse.
- die Signalverarbeitung im Sensor-Aktor-Kreis. Bei entsprechender Auslegung kann die Stabilität des Sensor-Aktor-Kreises und damit die Sensor-Aktor-Verstärkung erhöht werden.
- die Übertragungsfunktion des Reglers im Regelkreis. Durch den Entwurf eines optimalen Reglers kann die Stabilität des Regelkreises erhöht und die rückkopplungsreduzierende Wirkung der Kompensationseinheit verstärkt werden.

Die Realisierung der zusätzlichen Signalverarbeitung zur Anpassung der Sensorspannung sowie des Reglers erfolgte in dieser Arbeit mittels einfacher analoger Tiefpass- und Bandstoppfilter. In weiteren Arbeiten muss geprüft werden, ob andere Filter oder Regelungsalgorithmen eine weitere Anhebung der Hörverstärkung bewirken. Inhalt weiterer Arbeiten sollten zudem Untersuchungen sein, welche die gesteuerte Anregung der KE basierend auf dem Sensorsignal betrachten. Eine solche Umsetzung hätte zum Vorteil, dass der Beschleunigungssensor zur Messung der Gehäuseschwingung eingespart werden könnte.

Die mikromechanische Fertigung des Wandlerbausteins kann mit Verfahren der Fein- und Präzisionsgerätetechnik realisiert werden. Die Herstellung der Komponenten mittels Laserbearbeitung und das Zusammenfügen der Einzelteile durch Laserschweißprozesse erscheinen dabei als besonders geeignete Fertigungsverfahren. Eine Herausforderung bei der Fertigung des mikroelektromechanischen Systems besteht in der Auswahl bzw. Herstellung eines Miniatur-Beschleunigungssensors zur Regelung der Gehäusebewegung. Derzeit ist kein Sensor bekannt, der die Gehäusebewegung bei Schalldrücken im Bereich von Gesprächen mit hinreichendem Signal-Rausch-Abstand messen kann. In Folgearbeiten muss ein solcher Sensor gefunden oder Maßnahmen zur alternativen Ansteuerung der Kompensationseinheit untersucht werden.

Basierend auf den Ergebnissen dieser Arbeit kann die Aussage getroffen werden, dass der einteilige Wandlerbaustein zur Versorgung von Hochton-Schwerhörigkeiten geeignet erscheint. Die Grundlagenuntersuchungen dieser Arbeit müssen jedoch um weitere Arbeiten ergänzt werden, welche die Signalverarbeitung sowie die Herausforderungen bei der Miniaturisierung des Wandlerbausteins zum Inhalt haben.

Literatur- und Quellenverzeichnis

[AI01] Aibara, R., Welsh, J.T., Puria, S. & Goode, R.L. *Human Middle-Ear Sound Transfer Function and Cochlear Input Impedance.* Hearing Research, 2001, Vol. 152, pp. 100-109

[AN06] Aumüller, G., Aust, G. & Doll, D. *Anatomie. Duale Reihe. Teil M Kopf, Kapitel 6*, Thieme Stuttgart, 2006

[BA12] Bai, W., Shen, B., Fu, F. & Zhai, J. *Dielectric, Ferroelectric, and Piezoelectric Properties of Textured BZT-BCT Lead-Free Thick Film by Screen Printing.* Materials Letters, 2012, Vol. 83, pp. 20-22

[BA09] Barbara, M., Manni, V. & Monini, S. *Totally Implantable Middle Ear Device for Rehabilitation of Sensorineural Hearing Loss: Preliminary Experience with the Esteem®.* Acta Oto-laryngologica, 2009, Vol. 129, pp. 429-432

[BE07] Beutner, D., Stumpf, R., Preuss, S.F., Zahnert, T. & Hüttenbrink, K.B. *Zur Gefahr einer Fraktur der Fußplatte durch unterschiedlich große TORP-Prothesenfüße.* Laryngo-Rhino-Otol., 2007, Vol. 86, pp. 112-116

[BO10] Bornitz, M., Hardtke, H.-J. & Zahnert, T. *Evaluation of Implantable Actuators by Means of a Middle Ear Simulation Model.* Hearing Research, 2010, Vol. 263, pp. 145-151

[BR10] Bruschini, L., Forli, F., Passetti, S., Bruschini, P. & Berrettini, S. *Fully Implantable Otologics MET Carina™ Device for the Treatment of Sensorineural and Mixed Hearing Loss: Audio-Otological Results.* Acta Oto-Laryngologica, 2010, Vol. 130, pp. 1147–1153

[BO07] Böheim, K., Nahler, A. & Schlögel, M. *Rehabilitation der Hochtoninnenohrschwerhörigkeit.* HNO, 2007, Vol. 9, pp. 690-695

[BU09] Büchner, A. *Implantierbare Hörgeräte.* Medizinische Akustik und Audiologie, Kurs 1 der XVII. DGMP-Winterschule 2009, Carl von Ossietzky Universität Oldenburg

[CO08] O'Connor, K.N. & Puria, S. *Middle-Ear Circuit Model Parameters Based on a Population of Human Ears.* Journal of the Acoustical Society of America, 2008, Vol. 123, pp. 197-211

[DA02] Daniel, S.J. *Finite-Element Model of the Human Ear Drum and Middle Ear.* Dissertation, McGill University Montreal, Quebec, 2002

[FE04] Feng, B. & Gan, R.Z. *Lumped Parametric Model of the Human Ear for Sound Transmission.* Biomechan Model Mechanobiol, 2004, Vol. 3, pp. 33-47

[FE11] Febrotec GmbH *Technische Federn.* Online: http://www.febrotec.de, Stand: Juli 2011

[FI01] Fischer, M. *Mikromechanische piezoelektrische Hörer.* Dissertation, Technische Universität Darmstadt, 2001

[GA01] Gan, R.Z., Dyer, R.K., Wood, M.W. & Dormer, K.J. *Mass Loading on Ossicles and Middle Ear Function.* Ann Otol Rhinol Laryngol., 2001, Vol. 110, pp. 478-485

[GE08] Gerlach, G. & Dötzel, W. *Introduction in Microsystem Technology - A Guide for Students. Kapitel 9*, Pething, R. *(ed.),* John Wiley & Sons Ltd., 2008

[GO94] Goode, R.L., Mead Killion, K.N. & Nishihara, S. *New Knowledge about the Function of the Human Middle Ear: Development of an Improved Analog Model.* American Journal of Otology, 1994, Vol. 15 (2), pp. 145-154

[HA97] Hartwell, P.G., Bertsch, F.M., Miller, S.A., Turner, K.L. & MacDonald, N.C. *Single Mask Lateral Tunneling Accelerometer.* School of Electrical Engineering, School of Applied and Engineering Physics, Department of Theoretical and Applied Mechanics, Cornell University, Ithaca, NY

[HE10] Hellmuth, A., Zahnert, T., Hofmann, G., Bornitz, M., Seidler, H. & Hüttenbrink, K.-B. *Implantable Microphone For Hearing Systems.* 2011, Patent US 2011/0144415 A1

[HI10] Hindrichsen, C.C., Almind, N.S., Brodersen, S.H., Lou-Møller, R., Hansen, K. & Thomsen, E.V. *Triaxial MEMS Accelerometer with Screen Printed PZT Thick Film.* J Electroceram, 2010, Vol. 25, pp. 108-115

[HU981] Hudde, H. & Engel, A. *Measuring and Modeling Basic Properties of the Human Middle Ear and Ear Canal. Part III: Eardrum Impedances, Transfer Function and Model Calculations.* Acta Acustica, 1998, Vol. 84, pp. 1091-1109

[HU982] Hudde, H. & Engel, A. *Measuring and Modeling Basic Properties of the Human Middle Ear and Ear Canal. Part II: Ear Canal, Middle Ear Cavities, Eardrum and Ossicles.* Acta Acustica, 1998, Vol. 84, pp. 894-913

[HU983] Hudde, H. & Engel, A. *Measuring and Modeling Basic Properties of the Human Middle Ear and Ear Canal. Part I: Model Structure and Measuring Techniques.* Acta Acustica, 1998, Vol. 84, pp. 720-738

[IS12] InSensor A/S *Gedruckte Dickfilm-Piezoschichten.* Online: http://insensor.com, Stand: August 2012

[JE08] Jenkins, H.A., Atkins, J.S., Horlbeck, D., Hoffer, M.E., Balough, B., Alexiades, G. & Garvis, W. *Otologics Fully Implantable Hearing System: Phase I Trial 1-Year Results.* Otology & Neurotology, 2008, Vol. 29 (4), pp. 534-541

[KI09] Kießling, J. *Versorgung und Rehabilitation mit technischen Hörhilfen.* Medizinische Akustik und Audiologie, Kurs 1 der XVII. DGMP-Winterschule 2009, Carl von Ossietzky Universität Oldenburg

[KI11] Kim, S.-H., Koo, C.Y., Lee, J., Jiang, W. & Kingon, A.I. *Enhanced Dielectric and Piezoelectric Properties of Low-Temperature Processed Pb(Zr,Ti)O3 Thick Film Prepared by Hybrid Deposition Technique with Chemical Solution Infiltration Process.* Materials Letters, 2011, Vol. 65, pp. 3040-3043

[KO13] Koch, M., Seidler, H., Hellmuth, A., Bornitz, M., Lasurashvili, N. & Zahnert, T. *Influence of the Middle Ear Anatomy on the Performance of a Membrane Sensor in the Incudostapedial Joint Gap.* Hearing Research, 2013, Vol. doi: 10.1016/j.heares.2012.12.001

[KO02] Koike, T., Wada, H. & Kobayashi, T. *Modeling of the Human Middle Ear Using the Finite-Element Method.* Journal of the Acoustical Society of America, 2002, Vol. 111, pp. 1306-1317

[KR11] Krause, M., Starke, E., Pfeifer, G. & Fischer, W.-J. *Finite-Elemente-Modell des Sensor-Aktor-Wandlerbausteins eines vollimplantierbaren Mittelohrhörgerätes.* Institutsbericht im Projekt

„Implantierbarer Schallsensor-Schallgeber-Wandlerbaustein im Mittelohr für die apparative Hörrehabilitation“, Arbeitspaket 2, 16.12.2011

[KR12] Krause, M., Starke, E., Pfeifer, G., Fischer, W.-J. & Zahnert, T. *Entwurf der Wandlereinheit eines vollimplantierbaren Mittelohrhörgerätes mit Finite-Elemente-Methoden und Netzwerkmethoden.* 38. Jahrestagung für Akustik (DAGA), 2012

[KR121] Krause, M., Steinert, D., Starke, E., Marschner, U., Pfeifer, G. & Fischer, W.-J. *Piezoelectric Two Layer Plate for Position Stabilization.* Proceedings of the ASME 2012 Conference on Smart Materials, Adaptive Structures and Intelligent Systems, SMASIS 2012, September 19-21, 2012, Stone Mountain, Georgia, USA

[KR122] Krause, M., Starke, E., Pfeifer, G. & Fischer, W.-J. *Entwurf der Kompensationseinheit für ein vollimplantierbares Mittelohrhörgerät - Zwischenbericht für den Bearbeitungszeitraum 01/2011-09/2011.* Institutsbericht im Projekt „Implantierbarer Schallsensor-Schallgeber-Wandlerbaustein im Mittelohr für die apparative Hörrehabilitation“, Arbeitspaket 2, 09.01.2012

[KR13] Krause, M., Starke, E., Pfeifer, G. & Fischer, W.-J. *Verhaltensanalyse am Experimentalmodell des Sensor-Aktor-Wandlerbausteins – Zwischenbericht für den Bearbeitungszeitraum 05/2012-11/2012.* Institutsbericht im Projekt „Implantierbarer Schallsensor-Schallgeber-Wandlerbaustein im Mittelohr für die apparative Hörrehabilitation“, Arbeitspaket 2, 12.02.2013

[LH98] Lehner, R., Maassen, M.M., Leysieffer, H., Plester, D. & Zenner, H.P. *Kaltfließende Elemente zur Ankopplung eines implantierbaren Hörgerätewandlers an Gehörknöchelchen oder Perilymphe.* HNO, 1998, Vol. 46, pp. 29-37

[LE77] Lenk, A. *Elektromechanische Systeme, Band 2: Systeme mit verteilten Parametern.* VEB Verlag Technik, Berlin, 1977

[LE75] Lenk, A. *Elektromechanische Systeme, Band 3: Systeme mit Hilfsenergie.* VEB Verlag Technik, Berlin, 1975

[LE73] Lenk, A. *Elektromechanische Systeme, Band 1: Systeme mit konzentrierten Parametern.* VEB Verlag Technik, Berlin, 1973

[LE10] Lenk, A., Ballas, R., Werthschützky, R. & Pfeifer, G. *Electromechanical Systems in Microtechnology and Mechatronics. Kapitel 2, 3, 5, 8 & 9*, Springer, 2010

[LE88] Letens, U. *Über die Interpretation von Impedanzmessungen im Gehörgang anhand von Mittelohr-Modellen.* Dissertation, Ruhr-Universität Bochum, 1988

[LE02] Levy, M., Ghimire, S., Bandyopadhyay, A.K., Hong, Y.K., Moon, K., Bakhru, S. & Bakhru, H. *PZN-PT Single-Crystal Thin Film Monomorph Actuator.* Ferroelectric Letters, 2002, Vol. 29 (3-4), pp. 29-40

[LE98] Leysieffer, H., Baumann, J.W., Mayer, R., Müller, D., Müller, G., Schön, T., Volz, A. & Zenner, H.P. *Ein vollständig implantierbares Hörsystem für Innenohrschwerhörige: TICA LZ 3001.* HNO, 1998, Vol. 46, pp. 853-863

[MA09] Maurer, J. *Vollimplantierbare Hoersysteme.* HNO, 2009, Vol. 57, pp. 199-207

[MA10] Maurer, J. & Savas, E. *The Esteem System: A Totally Implantable Hearing Device.* Böheim, K. *(ed.)*, Active Middle Ear Implants, Adv Otorhinolaryngol. Basel, Karger, 2010, Vol. 69, pp. 72-84

[ME96] Merchant, S.N., Ravicz, M.E. & Rosowski, J.J. *Acoustic Input Impedance of the Stapes and Cochlea in Human Temporal Bones.* Hearing Research, 1996, Vol. 97, pp. 30-45

[MF11] Microfine Materials Technology Pte Ltd. *PZN-(5-7)%PT Single Crystal Product Brochure.* Online: http://www.microfine-piezo.com, Stand: Juli 2011

[MO02] Moon, K.S., Levy, M., Hong, Y.K. & Ghimire, S. *A Micromechanical Mirror Based on PZN-PT Single Crystal Films.* Yoshizawa, T. *(ed.)*, Optomechatronic Systems III, 2002, Vol. 4902, pp. 146-153

[MO12] Morgan Technical Ceramics *Single Crystal Piezo.* Online: http://www.morganelectroceramics.com/material/piezoelectric/single-crystal-piezo, Stand: September 2012

[OR09] Orlowski, P.F. *Praktische Regeltechnik – Anwendungsorientierte Einführung für Maschinenbauer und Elektrotechniker. Kapitel 5,* 8. bearbeitete Auflage, Springer-Verlag Berlin Heidelberg, 2009

[PA07] Park, W.-T., O'Connor, K.N., Chen, K.-L., Mallon Jr., J.R., Maetani, T., Dalal, P., Candler, R.N., Ayanoor-Vitikkate, V., Roberson Jr., J.B., Puria, S. & Kenny, T.W. *Ultraminiature Encapsulated Accelerometers as a Fully Implantable Sensor for Implantable Hearing Aids.* Biomed Microdevices, 2007, Vol. 9, pp. 939-949

[PF95] Pfeifer, G. *Vorlesung „Elektromechanische Netzwerke / Elektromechanische Systeme".* Technische Universität Dresden, 1995 bis 2010

[PF97] Pfeifer, G. *Piezoelektrische Aktoren für die Signaltonerzeugung.* Elektrotechnisches Kolloquium der Technischen Universität Darmstadt, 27.01.1997

[PF05] Pfeifer, G. *Vorlesung „Kombinierte Simulation".* Technische Universität Dresden, ab 2005

[PI11] PI Ceramic *Piezoelektrische Werkstoffe.* Online: http://piceramic.de, Stand: Juli 2011

[PW89] Pfeifer, G. & Werthschützky, R. *Drucksensoren. Kapitel 2,* VEB Verlag Technik, Berlin, 1989

[PR02] Prasad, S., Sankar, B., Cattafesta, L., Horowitz, S., Gallas, Q. & Sheplak, M. *Two-Port Electroacoustic Model of an Axisymmetric Piezoelectric Composite Plate.* 43rd AIAA/ASME/ASCE/AHS/ASC Structures, Structural Dynamics, and Materials Conference 2002

[PR10] Marschner, U. & Starke, E. *Praktikum zur Vorlesung „Kombinierte Simulation", Material zum Versuch: „Piezoelektrischer Signalgeber".* Technische Universität Dresden, 2010

[PT10] Seidler, H., Bornitz, M. & Zahnert, T. *Mündliche Absprache und Protokoll, 1. Treffen zum BMBF-Projekt: Implantierbarer Schallsensor-Schallgeber-Wandlerbaustein im Mittelohr für die apparative Hörrehabilitation.* Dresden, 03.06.2010

[PU97] Puria, S., Peake, W.T. & Rosowski, J.J. *Sound-Pressure Measurements in the Cochlear Vestibule of Human-Cadaver Ears.* Journal of the Acoustical Society of America, 1997, Vol. 101 (5), pp. 2754-2770

[RA10] Rameh, C., Meller, R., Lavieille, J.-P., Deveze, A. & Magnan, J. *Long-Term Patient Satisfaction With Different Middle Ear Hearing Implants in Sensorineural Hearing Loss.* Otology & Neurotology, 2010, Vol. 31 (6), pp. 883-892

[RE11] Resoseal Resogoo *Technisches Datenblatt Moosgummi EPDM, 60/MoosEPDM.* Online: http://www.resoseal.com/de, Stand: Juli 2011

[RI12] Risse, A. *Fertigungsverfahren der Mechatronik, Feinwerk- und Präzisionsgerätetechnik. Kapitel 10*, Vieweg+Teuber Verlag | Springer Fachmedien Wiesbaden, 2012

[SC97] Schroth, A., Ichiki, M., Akedo, J., Tanaka, M. & Maeda, R. *Properties and Application of Jet Printed Piezoelectric PZT Film for Actuation Purposes.* International Symposium on Micromechatronics and Human Science 1997

[SI12] Siemens AG *Solutions for Individuals. Siemens Hearing Instruments.* Online: http://w1.hearing.siemens.com, Stand: September 2012

[SP95] Sporn, D., Merklein, S., Grond, W., Seifert, S., Wahl, S. & Berger, A. *Sol-Gel Processing of Perovskite Thin Films.* Microelectronic Engineering, 1995, Vol. 29, pp. 161-168

[ST10] Starke, E. *Kombinierte Simulation - eine weitere Methode zur Optimierung elektromechanischer Systeme.* Dissertation, Technische Universität Dresden, TUDpress Verlag der Wissenschaften, Dresden, 2010

[ST11] Starke, E., Marschner, U., Pfeifer, G. & Fischer, W.-J. *Simulation-Based Optimization of a Piezoelectric Sound Generator by Combining a Finite-Element and a Network Model.* Proceedings of the ASME 2011 Conference on Smart Materials, Adaptive Structures and Intelligent Systems, SMASIS2011, 2011

[ST112] Starke, E., Krause, M., Pfeifer G. & Fischer, W.-J. *Applying Network Models to Improve FE-Models.* Active and Passive Smart Structures and Integrated Systems 2011, edited by Mehrdad N. Ghasemi-Nejhad, Proc. of SPIE Vol. 7977, 79771Z

[STA11] Starke, E., Marschner, U., Pfeifer, G., Fischer, W.-J. & Flatau, A. *Combining Network Models and FE-Models for the Simulation of Electromechanical Systems.* SPIE Conference 7977 Smart Structures and Materials, 2011

[STE11] Steinert, D. *Untersuchung der elektrisch-mechanisch-akustischen Eigenschaften gelochter piezoelektrischer Biegeplatten für die Anwendung in mikroelektromechanischen Systemen.* Diplomarbeit, Technische Universität Dresden, Akademikerverlag, 2012

[SU02] Sun, Q., Gan, R.Z., Chang, K.-H. & Dormer, K.J. *Computer-Integrated Finite Element Modeling of Human Middle Ear.* Biomechan Model Mechanobiol, 2002, Vol. 1, pp. 109-122

[TA11] Tan, S.-S., Liu, C.-Y., Yeh, L.-K., Chiu, Y.-H., Lu, M.S.-C. & Hsu, K.Y.J. *An Integrated Low-Noise Sensing Circuit with Efficient Bias Stabilization for CMOS MEMS Capacitive Accelerometers.* IEEE Transactions on Circuits and Systems, 2011, Vol. 58 (11), pp. 2661-2672

[TH01] Thiele, E.S., Damjanovic, D. & Setter, N. *Processing and Properties of Screen-Printed Lead Zirconate Titanate - Piezoelectric Thick Films on Electroded Silicon.* Journal of the American Ceramics Society, 2001, Vol. 84 (12), pp. 2863-2368

[TI09] Tisch, M. & Maier, H. *Teilimplantierbare Hörgeräte bei Schallempfindungsschwerhörigkeit und kombinierter Schwerhörigkeit- Erfahrungen am Bundeswehrkrankenhaus Ulm.* HNO, 2009, Vol. 57, pp. 208-215

[TR11] TRS Technologies Inc. *Single Crystal Piezoelectrics.* Online: http://www.trstechnologies.com, Stand: Juli 2011

[VO00] Voss, S.E., Rosowski, J.J., Merchant, S.N. & Peake, W.T. *Acoustic Responses of the Human Middle Ear.* Hearing Research, 2000, Vol. 150, pp. 43-69

[YA01] Yanga, Y., Kima, K. & Choib, H. *Fabrication of Perovskite-Based Pb(Zn1/3Nb2/3)O3 (PZN) Thin Films Using Charged Liquid Cluster Beam.* Thin Solid Films, 2001, Vol. 396, pp. 97-102

[YO11] Young, D.J., A., Z.M., Semaan, M., Megerian, C.A. & Ko, W.H. *MEMS Capacitive Accelerometer-Based Middle Ear Microphone.* Transactions on Biomedical Engineering, 2012, Vol. 99

[ZJ00] Zenner, H. & Jorge, J. *Totally Implantable Active Middle Ear Implants: Ten Years Experience at the University of Tübingen.* Böheim, K. *(ed.)*, Active Middle Ear Implants, Adv Otorhinolaryngol. Basel, Karger, 2010, Vol. 69, pp. 72-84

[ZN00] Zenner, H., Leysieffer, H., Maasen, M., Lehner, T. & Baumann, J. *Human Studies of a Piezoelectric Transducer and a Microphone for a Totally Implantable Electronic Hearing Device.* Am. J. Otol., 2000, Vol. 21 (2), pp. 196-204

[ZE97] Zenner, H., Maassen, M., ans J.W. Baumann, R.L. & Leysieffer, H. *Ein implantierbares Hörgerät für Innenohrschwerhörigkeiten.* HNO, 1997, Vol. 45, pp. 872-880

[ZH02] Zhang, R., Jiang, B., Cao, W. & Amin, A. *Complete Set of Material Constants of 0.93Pb(Zn1/3Nb2/3)O3-0.07PbTiO3 Domain Engineered Single Crystal.* Journal of Materials Science Letters, 2002, Vol. 21, pp. 1877-1879

[ZW62] Zwislocki, J. *Analysis of the Middle Ear Function. Part I: Input Impedance.* Journal of the Acoustical Society of America, 1962, Vol. 34 (8), pp. 1514-1523

Anhang

A Werkstoffkonstanten und Kennwerte

Mechanische und elektrische Materialeigenschaften

Tabelle A.1 und Tabelle A.2 zeigen die in den Netzwerk- und FE-Simulationen verwendeten Werkstoffkonstanten zur Nachbildung des Wandlerbaustein-Verhaltens im Originalmaßstab und makroskopischen Maßstab.

Tabelle A.1: Werkstoffparameter von Titan und Aluminium

	Titan	Aluminium
Elastizitätsmodul	$E_{\mathrm{Ti}} = 96\,\mathrm{GPa}$	$E_{\mathrm{AL}} = 71\,\mathrm{GPa}$
Dichte	$\rho_{\mathrm{Ti}} = 4500\,\mathrm{kg/m^3}$	$\rho_{\mathrm{AL}} = 2770\,\mathrm{kg/m^3}$
Querkontraktionszahl	$\nu_{\mathrm{Ti}} = 0{,}34$	$\nu_{\mathrm{AL}} = 0{,}33$

Tabelle A.2: Piezoelektrische Konstanten von PZN-8%PT und PIC151

PZN-8%PT [ZH02]	$\rho = 8315\,\mathrm{kg/m^3}$	$s_{11}^E = 87\,\mathrm{pm \cdot s^2/kg}$	$s_{44}^E = 15{,}8\,\mathrm{pm \cdot s^2/kg}$
	$d_{31} = -1460\,\mathrm{pm/V}$	$s_{33}^E = 141\,\mathrm{pm \cdot s^2/kg}$	$s_{12}^E = -13{,}1\,\mathrm{pm \cdot s^2/kg}$
	$d_{33} = 2890\,\mathrm{pm/V}$	$s_{66}^E = 15{,}4\,\mathrm{pm \cdot s^2/kg}$	$\varepsilon_{11}^T / \varepsilon_0 = 1498$
	$d_{15} = 159\,\mathrm{pm/V}$	$s_{13}^E = -70\,\mathrm{pm \cdot s^2/kg}$	$\varepsilon_{33}^T / \varepsilon_0 = 1350$
PIC151 [PI11]	$\rho = 7760\,\mathrm{kg/m^3}$	$s_{11}^E = 16{,}2\,\mathrm{pm \cdot s^2/kg}$	$s_{44}^E = 52{,}4\,\mathrm{pm \cdot s^2/kg}$
	$d_{31} = -154\,\mathrm{pm/V}$	$s_{33}^E = 17{,}8\,\mathrm{pm \cdot s^2/kg}$	$s_{12}^E = -4{,}84\,\mathrm{pm \cdot s^2/kg}$
	$d_{33} = 307\,\mathrm{pm/V}$	$s_{66}^E = 42\,\mathrm{pm \cdot s^2/kg}$	$\varepsilon_{11}^T / \varepsilon_0 = 1498$
	$d_{15} = 539\,\mathrm{pm/V}$	$s_{13}^E = -7{,}05\,\mathrm{pm \cdot s^2/kg}$	$\varepsilon_{33}^T / \varepsilon_0 = 1350$

Kennwerte von Beschleunigungssensoren

Die Beschleunigung am Gehäuse des Experimentalmodells wurde mit einem Beschleunigungssensor des Typs ADXL103 von Analog Devices gemessen. Die vom Hersteller angegebenen Kennwerte dieses Sensors fasst Tabelle A.3 zusammen.

In Kapitel 8 wurde die Eignung des Beschleunigungssensors KXR94 von Kionix zur Messung von Gehäuseschwingungen am Wandlerbaustein basierend auf dessen Rauschgrenze untersucht. Wichtige Kennwerte dieses Sensors sind ebenfalls in Tabelle A.3 zusammengefasst.

Tabelle A.3: Kennwerte der Beschleunigungssensoren ADXL103 (Analog Devices) und KXR94-2050 (Kionix)

Kennwert	ADXL103	KXR94-2050
Sensitivität	1 V / g	0,66 V / g
Rauschleistungsdichte	110 μg / $\sqrt{\text{Hz}}$	45 μg / $\sqrt{\text{Hz}}$
Grenzfrequenz	500 Hz	800 Hz
Masse	1,5 g	-
Abmessungen (BxTxH)	5x5x2 mm	5x5x1,2 mm
Beschaltung im Messaufbau	$C = 10\,\text{nF}$	-

B FE-Simulationsmodelle

Modell des Wandlerbausteins

Die Überführung des Wandlerbausteins in ein FE-Modell wurde mit der „Workbench"-Umgebung des Programms ANSYS (Release 14.0) auf der Workstation des Institutes für Halbleiter- und Mikrosystemtechnik realisiert. Nachfolgend werden die einzelnen Schritte zum Aufbau des Modells erläutert und Simulationsergebnisse mit denen des Netzwerkmodells in Abbildung 5.9 verglichen. Eine detailliertere Betrachtung des FE-Modells erfolgt in der Arbeit von Krause et al. [KR11].

Modellierung der Wandlerbaustein-Struktur

Im „Design-Modeler"-Modul der Workbench wurde die Struktur des Wandlerbausteins erstellt. Aufgrund der Rotationssymmetrie genügt es zunächst den in Abbildung B.1 dargestellten halben Querschnitt des Bausteins oberhalb der Symmetrieachse in einer Ebene zu modellieren. Die Aufteilung des Querschnitts in viele stufenlos aneinandergrenzende Rechtecke stellt sicher, dass bei der Vernetzung ein gleichmäßiges Netz entsteht.

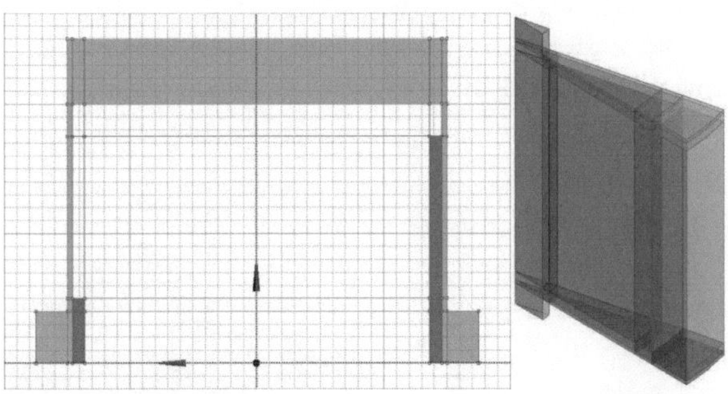

Abbildung B.1: Halber Querschnitt des Sensor-Aktor-Wandlerbaustein (links), Segment des dreidimensionalen Modells des Wandlerbausteins (rechts)

Eine dreidimensionale Struktur wird durch Drehung der Querschnittsebene aus Abbildung B.1 um die Symmetrieachse erzeugt. Die Einstellung „gefrorene Körper" während der Drehoperation verhindert ein Verschmelzen der aneinandergrenzenden Einzelkörper. Da in der Querschnittsskizze das Volumen zwischen den Wandlern ebenfalls mit Rechtecken gefüllt wird, existieren nach der Drehoperation neben den Körpern für Gehäuse, Platten oder Piezokristalle auch solche, die die eingeschlossene Luft im Wandlerbaustein abbilden.

Um Rechenzeit zu sparen, wird lediglich ein Segment mit einem Öffnungswinkel α=15° des Wandlerbausteins simuliert. Diese Vereinfachung ist zulässig, da die erste nicht axialsymmetrische Resonanzmode der Unimorph-Biegeplatten oberhalb des betrachteten Nutzfrequenzbereiches liegt. Den Abschluss der Strukturerstellung im Design-Modeler bildet das Zusammenfügen aller Körper zu einer Baugruppe, wodurch diese nahtlos und untrennbar aneinandergefügt werden. Der weitere Aufbau des FE-Modells sowie die Simulationen am Modell erfolgen im „Mechanical"-Modul der Workbench.

Materialmodifikationen

Da das Modell bisher keine Materialinformationen enthält, müssen die Körper entsprechend der in Tabelle 1 aufgeführten Materialeigenschaften für Titan, Piezokeramik bzw. -einkristall und Luft modifiziert werden. Dazu wird den Volumenelementen der Körper ein Elementtyp mit den entsprechenden Materialeigenschaften zugewiesen. Eine Übersicht aller im Modell genutzten Elementtypen zeigt Tabelle B.4.

Tabelle B.4: Übersicht der im Modell verwendeten Elementtypen

Teil des Wandlerbausteins	Elementtyp
Gehäuse, Platten	SOLID186
piezoelektrische Elemente	SOLID226
Luft	FLUID220

Randbedingungen und Vernetzung

Vor der Simulation des Wandlerbaustein-Verhaltens müssen die in Abbildung B.2 grafisch zusammengefassten Randbedingungen gesetzt werden. Um die Symmetriebedingung des Segmentes zu wahren, dürfen keine Bewegungen in Normalenrichtung (z-Richtung) zu den in der Abbildung rot markierten Symmetrieflächen auftreten. Desweiteren werden die Auslenkungen des Gehäuses sowie der Koppelstellen zum Mittel- und Innenohr auf die y-Richtung beschränkt, um Taumelbewegungen, die nicht parallel zur Symmetrieachse des Segmentes wirken, zu unterbinden.

Der Aufbau des Wandlerbausteins aus einzelnen, stufenlos aneinandergesetzten Körpern erlaubt eine gleichmäßige Vernetzung des Segmentes nach Abbildung B.2. Als Vernetzungsoption wurde die Methode „sweepen" gewählt.

Abbildung B.2: Übersicht aller am Modell gesetzten Randbedingungen (Luft ausgeblendet); rot – Symmetriefläche (links), Gleichmäßig vernetztes Segment des Wandlerbausteins (rechts)

Abbildung der Mittelohrimpedanzen

Eine geometrisch und physikalisch korrekte Abbildung des Mittel- und Innenohres in der Workbench ist sehr aufwendig und würde die im Projekt vorgesehenen Arbeiten zum FE-Modell übersteigen. Über Befehlseinschübe im Mechanical-Modul können mechanische Elemente wie Reibungen oder Massen definiert und zwischen Knoten platziert werden. In den FE-Simulationen wird analog zu den Netzwerksimulationen das von O'Connor und Puria [CO08] beschriebene Netzwerk verwendet. Da nur ein Segment des Wandlerbausteins simuliert wird, müssen zur impedanzrichtigen Abbildung des Mittel- und Innenohres alle mechanischen Impedanzen sowie die Anregungskraft am Trommelfell durch den Wert 360°/15°=24 dividiert werden. Die in ANSYS implementierten Werte der Netzwerkelemente sowie die verwendeten Elementtypen entsprechen denen in Abbildung 3.4. Feder- sowie Dämpferelemente werden durch COMBIN14-Elemente, Massen durch MASS21-Elemente nachgebildet.

Vergleich von Netzwerk- und FE-Modell

Anhand von zwei Simulationsexperimenten wurde die Übereinstimmung von FE- und Netzwerkmodell überprüft. Dazu wurden die Modelle abwechselnd harmonisch am Trommelfell mit einem Schalldruck $|\underline{p}_{\mathrm{TF}}| = 1\ \mathrm{Pa}$ und am Aktor mit einer Spannung $|\underline{u}_{\mathrm{A}}| = 1\ \mathrm{V}$ angeregt. Ausgewertet wurden jeweils die Auslenkungen in der Plattenmitte von Sensor und Aktor $\underline{\xi}_{\mathrm{S,TF}}$ und $\underline{\xi}_{\mathrm{A,TF}}$ (Anregung am Trommelfell) bzw. $\underline{\xi}_{\mathrm{S,A}}$ und $\underline{\xi}_{\mathrm{A,A}}$ (Anregung Aktor) sowie die elektrischen Spannungen an den beiden Wandlern $\underline{u}_{\mathrm{S,TF}}$ und $\underline{u}_{\mathrm{A,TF}}$ (Anregung am Trommelfell) bzw. $\underline{u}_{\mathrm{S,A}}$ (Anregung Aktor). Abbildung B.3 zeigt die in den Simulationsexperimenten ermittelten Amplitudengänge dieser Größen.

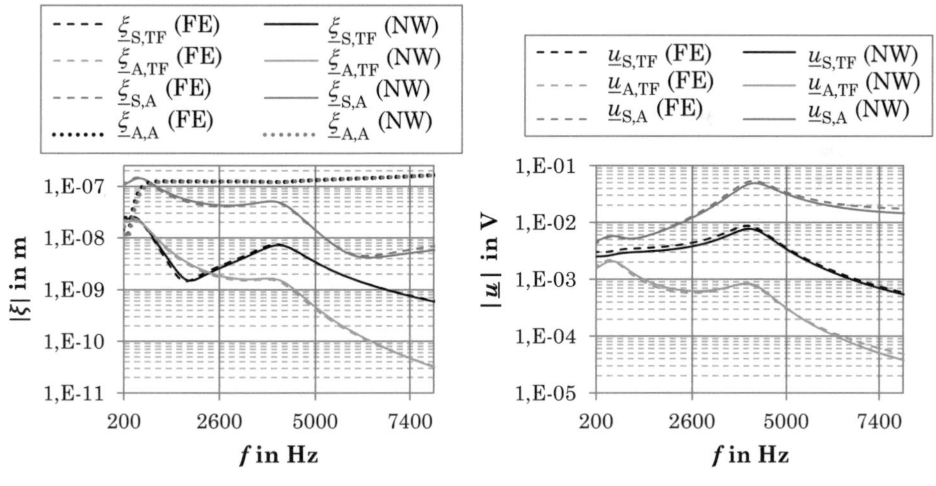

Abbildung B.3: Auslenkung an Sensor und Aktor bei Anregung am Trommelfell bzw. am Aktor (links), Sensor- und Aktorspannungen bei Anregung am Trommelfell bzw. am Aktor (rechts)

Die Simulationsergebnisse weisen eine sehr gute Übereinstimmung zwischen Netzwerk- (durchgezogen) und FE-Modell (gestrichelt) auf. Der relative Fehler zwischen den Lösungen bezogen auf das Ergebnis der FE-Simulation beträgt maximal 35 % bei $f = 8\ \mathrm{kHz}$ im Amplitudengang von $\underline{u}_{\mathrm{A,TF}}$. Das Netzwerkmodell ist somit zur Simulation des dynamischen Verhaltens des Wandlerbausteins geeignet.

Befehlseinschübe in ANSYS Mechanical (APDL)

Die Umsetzung des Wandlerbausteins sowie des umgebenden Mittel- und Innenohres in ANSYS erfordert die Implementierung von Befehlseinschüben im Mechanical–Modul. Diese Einschübe dienen zur Materialmodifikation, Festlegung von Randbedingungen oder Anbindung von Netzwerkelementen an das FE-Modell.

Materialmodifikationen der piezoelektrischen Elemente

```
/com Zuweisung der Piezoeigenschaften an die entsprechenden Körper
/prep7

! Elementdefinition
et,199,solid226,1001,,                    ! Elementtyp für Piezomaterialien

! Materialparameter des einkristallinen Materials PZN-8%PT
/com PZN8%PT Y-polarized
/com stiffness matrix
TB,ANEL,199,1,,0
TBDATA,1,1.1872E+11,1.1292E+11,1.0873E+11,
TBDATA      ,7,   1.1921E+11,1.1292E+11,,
TBDATA      ,12,  1.1872E+11,,,
TBDATA      ,16,  6.3291E+10,,,
TBDATA      ,19,  6.3291E+10,,,
TBDATA      ,21,  4.9950E+09,,,
/com piezoelectric matrix
TB,PIEZ,199,,,
TBDATA      ,2,-4.6056,,,
TBDATA      ,5,15.9235,,,
TBDATA      ,8,-4.6056,,,
TBDATA      ,10,10.0633,,,
TBDATA      ,15,10.0633,,,
/com permittivity
EMUNIT,EPZRO,8.85E-12
MP    ,PERX,199,2719,,
MP    ,PERY,199,986,,
MP    ,PERZ,199,2719,,
/com density
MP    ,DENS,199,8315

!piezoelektrische Elemente modifizieren
cmsel,s,sensor
cmsel,a,aktor
type,199            ! neuer Elementtyp
mat,199             ! neues Material
emodif,all          ! modifizieren
allsel
```

Materialmodifikation der Luft

```
/com Zuweisung der Lufteigenschaften an die entsprechenden Körper
/prep7

! Elementdefinition
et,198,fluid220,0,0                       ! Elementtyp für Luft

mp,dens,198,1.21   ! Dichte
mp,sonc,198,343    ! Schallgeschwindigkeit
```

```
mp,mu,198,1
r,198,20e-6        ! Referenzdruck

! Luftelemente modifizieren
cmsel,s,luft
type,198
mat,198
real,198
emodif,all

! Rand-Luftelemente mit der festen Struktur koppeln
esel,s,ename,,186
esel,a,ename,,226
nsle,s
esel,s,enam,,220
nsle,r
esln,r
sf,all,fsi,1
allsel
```

Setzen der Randbedingungen

```
/com Definition von Randbedingungen
/prep7

! Randbedingungen Piezoeinkristalle
nsel,s,,,Sensor_Elektrode    ! Gleiche Spannung auf der gesamten Elektrode
cp,next,volt,all             ! ideal leitende Elektrode definieren

nsel,s,,,Aktor_Elektrode
cp,next,volt,all

nsel,s,,,Masseelektrode      ! Spannung U=0V auf den Masseelektroden
d,all,volt,0

! Randbedingungen Gehäuse und Verbindungen zum Mittelohr
nsel,s,,,Gehaeuse            ! Einschränkung der Gehäusebewegung in Richtung
d,all,ux,0                   ! der y-Achse
d,all,uz,0

nsel,s,,,Eingang             ! Einschränkung & Kopplung der Bewegung
cp,next,uy,all               ! den Verbindungen zum Mittelohr in Richtung der
d,all,ux,0                   ! y-Achse
d,all,uz,0

nsel,s,,,Ausgang
cp,next,uy,all
d,all,ux,0
d,all,uz,0
allsel
```

Einfügen der Netzwerkelemente der Mittelohrimpedanzen

```
/com Eingabe der Mittelohrimpedanzen als mechanische Elemente nach dem Modell
von O'Connor und Puria

arg1=24     ! Anpassung der Impedanzen an das Segment, 24=360°/15°
```

```
! Netzwerkelemente der Ausgangsimpedanz (Stapes+Cochlea)
ra = 0.5/arg1             ! Reibungen in Ns/m
ka = 1851.58/arg1         ! Steifigkeiten in N/m
ma = 5.915e-6/arg1        ! Massen in kg

! Netzwerkelemente der Eingangsimpedanz (Hammer+Amboss+Trommelfell)
re_0=0.378/arg1
re_1=0.14/arg1
re_2=0.077/arg1
re_3=0.051/arg1

ke_1=504/arg1
ke_2=2467.31/arg1
ke_3=16900.45/arg1

me_1=3.24e-6/arg1
me_2=1.234e-5/arg1

/prep7

! Impedanz am Ausgang anbringen
nsel,s,,,Ausgang              ! Grenzfläche anwählen
*get,Min_Node_Aus,node,,nxth  ! Knoten mit niedrigster Knotennummer
allsel

*get,Max_ETYPE,Etyp,0,num,max ! höchste Elementtypnummer
*get,Max_Real,RCon,0,num,max  ! höchster RC-Satz
*get,Max_Node,node,0,num,max  ! höchste Knotennummer

ET,Max_ETYPE+1,Combin14,0,2   ! 1D Feder-Dämpfer-Element in Y-Richtung
R,Max_Real+1,ka,ra

ET,Max_ETYPE+2,Mass21,0,0,2   ! 3D Masse
R,Max_Real+2,ma

*get,X_POS,node,Min_Node_Aus,loc,x        ! Knotenposition auslesen
*get,Y_POS,node,Min_Node_Aus,loc,y
*get,Z_POS,node,Min_Node_Aus,loc,z

N,Max_Node+1,X_POS, Y_POS, Z_POS+1        ! "0-Knoten", Bezugsknoten erstellen
d,Max_Node+1,all,0

Type,Max_ETYPE+1
real,Max_Real+1
E,Min_Node_Aus,Max_Node+1     ! Feder-Dämpfer-Element am Ausgang platzieren

Type,Max_ETYPE+2
real,Max_Real+2
E,Min_Node_Aus                ! Massen-Element am Ausgang platzieren

! Impedanz am Eingang anbringen
nsel,s,,,Eingang              ! Grenzfläche anwählen
*get,Min_Node_Ein,node,,nxth  ! Knoten mit niedrigster Knotennummer
allsel

N,Max_Node+2,X_POS, Y_POS, Z_POS+2 ! Knoten für Eingangsimpedanz erstellen
N,Max_Node+3,X_POS, Y_POS, Z_POS+3
N,Max_Node+4,X_POS, Y_POS, Z_POS+4 ! Knoten für Krafteinleitung am
                                   ! Trommelfell
```

```
ET,Max_ETYPE+3,Combin14,0,2
R,Max_Real+3,1e-12,re_0          ! Sehr nachgiebiges Federelement einfügen, da
                                 ! im Netzwerk keine Feder parallel zum Dämpfer

ET,Max_ETYPE+4,Combin14,0,2
R,Max_Real+4,ke_1,re_1

ET,Max_ETYPE+5,Combin14,0,2
R,Max_Real+5,ke_2,re_2

ET,Max_ETYPE+6,Combin14,0,2
R,Max_Real+6,ke_3,re_3

ET,Max_ETYPE+7,Mass21,0,0,2
R,Max_Real+7,me_1

ET,Max_ETYPE+8,Mass21,0,0,2
R,Max_Real+8,me_2

Type,Max_ETYPE+6
real,Max_Real+6
E,Min_Node_Ein,Max_Node+2

Type,Max_ETYPE+8
real,Max_Real+8
E,Max_Node+2

Type,Max_ETYPE+5
real,Max_Real+5
E,Max_Node+2,Max_Node+3

Type,Max_ETYPE+4
real,Max_Real+4
E,Max_Node+3,Max_Node+1

Type,Max_ETYPE+7
real,Max_Real+7
E,Max_Node+3

Type,Max_ETYPE+3
real,Max_Real+3
E,Max_Node+3,Max_Node+4
```

Aufbau des FE-Modells der Unimorph-Biegeplatte

In Abschnitt 5.3 wurde das 2D-Modell einer Unimorph-Biegeplatte beschrieben. Die Geometrie dieses Modells im Design-Modeler zeigt Abbildung B.4.

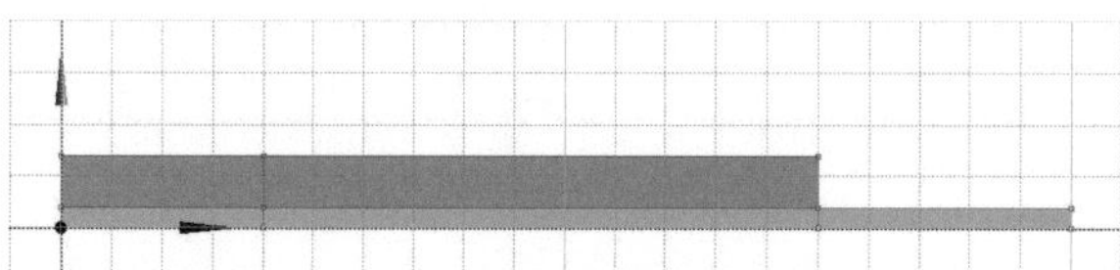

Abbildung B.4: Geometrie des 2D-Modells einer Unimorph-Biegeplatte

Analog zum bereits beschriebenen Modell des Wandlerbausteins ist das Modell aus einzelnen Rechtecken aufgebaut, um eine gleichmäßige Vernetzung zu erzielen. Zudem muss im Mechanical-Modul die

Einstellung „axialsymmetrisches Modell“ ausgewählt sein. Die Trägerplatte besteht aus dem Elementtyp „PLANE183“. Für das piezoelektrische Element wurde der Elementtyp „PLANE223“ ausgewählt.

Befehlseinschübe in ANSYS Mechanical (APDL)

Zur Bestimmung einiger Parameter des Netzwerkes der Unimorph-Biegeplatte dienen die folgend aufgeführten APDL-Befehlseinschübe zur Berechnung von Kapazität und Volumenverschiebung.

Kapazität des piezoelektrischen Elementes

```
/com Auslesen der Kapazität des piezoelektrischen Elementes
/post1
set,last
cmsel,s,elektrode
etable,sene,sene
ssum
*get,E,ssum,,item,sene        ! gesamte Energie auf der Elektrode auslesen
my_C = (2*E)                  ! Ausgabe der Kapazität C=2E/U^2, mit U=1V
fini
```

Berechnung der Volumenverschiebung bei Belastung einer Unimorph-Biegeplatte nach [PR10]

```
/com Berechnung des statisch verdrängten Volumens
set,last                      ! letzten Lösungsschritt laden
*get,Node_Cnt,node,,count     ! Anzahl Knoten lesen
Node_Nbrs=                    ! evtl. bestehende Variablen löschen
Node_Areas=
Node_Displacements=
Node_Displacements_Normiert=
Node_Volumen=

*dim,Node_Nbrs,array,Node_Cnt             ! Arrays dimensionieren
*dim,Node_Areas,array,Node_Cnt
*dim,Node_Displacements,array,Node_Cnt
*dim,Node_Displacements_Normiert,array,Node_Cnt
*dim,Node_Volumen,array,Node_Cnt

*get,Node_Nbrs(1),node,,nxth
Node_Areas(1)=arnode(Node_Nbrs(1))        ! anteiliege Fläche eines Knotens
*get,Node_Displacements(1),node,Node_Nbrs(1),u,y ! Auslesen der Auslenkung

*do,AR21,2,Node_Cnt,1                     ! wiederhole für alle Knoten
*get,Node_Nbrs(AR21),node,Node_Nbrs(AR21-1),nxth
Node_Areas(AR21)=arnode(Node_Nbrs(AR21))
*get,Node_Displacements(AR21),node,Node_Nbrs(AR21),u,y
*enddo

*VSCFUN,Gesamtflaeche, sum, Node_Areas    ! Kontrollgröße: Gesamtfläche der
                                          ! Biegeplatte
*VOPER, Node_Volumen, Node_Displacements, mult, Node_Areas,
*VSCFUN,Volumen,sum, Node_Volumen         ! Berechnung des verdrängten
                                          ! Volumens

Node_Nbrs=  ! Löschen interner Parameter
Node_Areas=
Node_Displacements=
Node_Displacements_Normiert=
Node_Volumen=
allsel
```

C Funktionsparameter für weitere Trägerplatten-Höhen

In Abschnitt 6.1 wurden die Funktionsparameter Sensorspannung U_{S} und Kraft $|\underline{F}_{\mathrm{St}}|$ für den optimalen Modellparameter $h_{\mathrm{Platte}} = 40\ \mu\mathrm{m}$ dargestellt. Die folgenden Diagramme zeigen diese Funktionsparameter für die untersuchten Höhen der Trägerplatte $h_{\mathrm{Platte}} = [50\ \mu\mathrm{m} \ldots 100\ \mu\mathrm{m}]$.

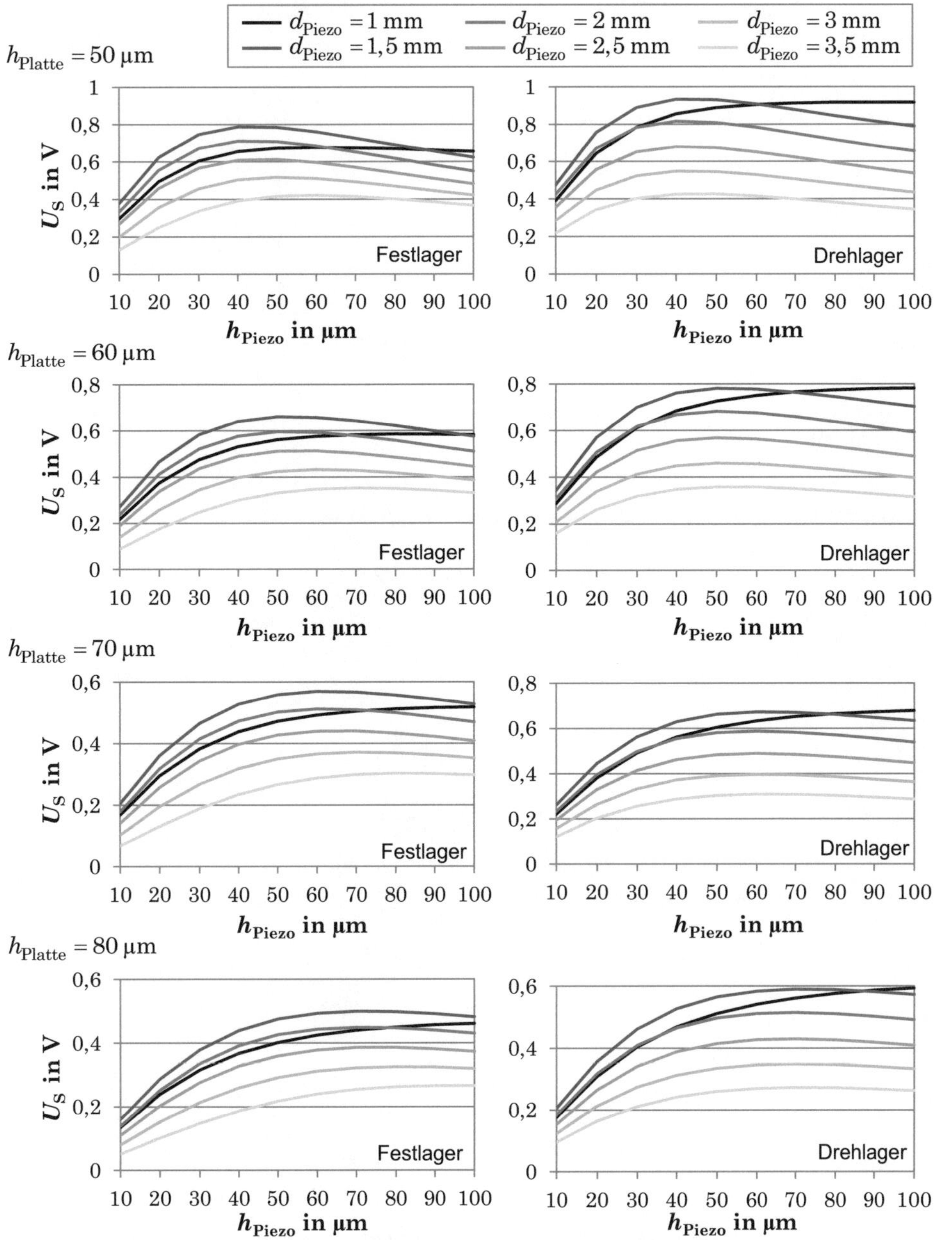

Abbildung C.5: Sensorspannungen für die Modellparameter h_{Platte}=[50 µm…80 µm]

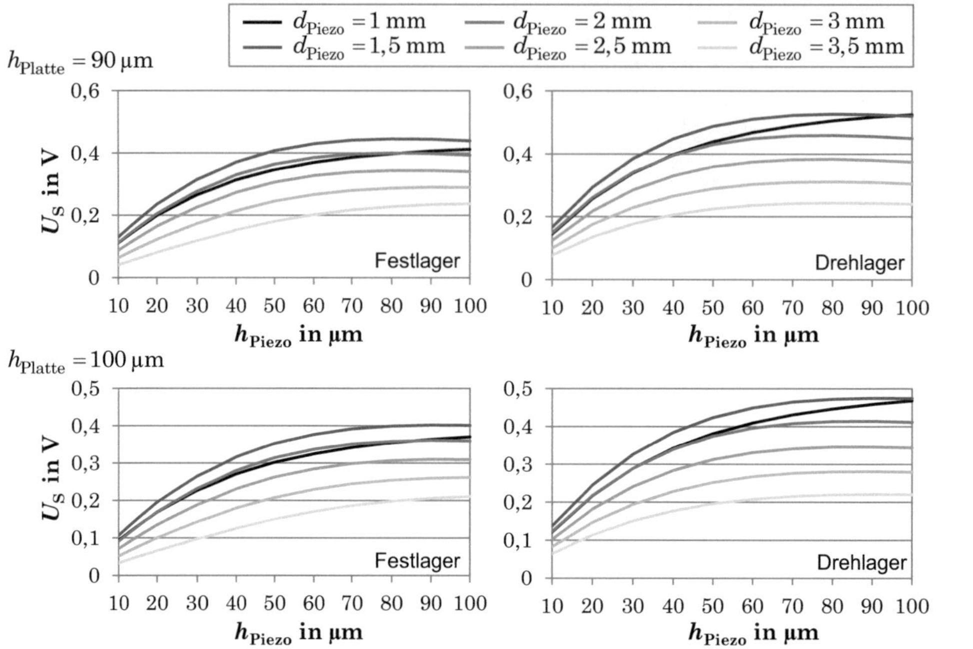

Abbildung C.6: Sensorspannungen für die Modellparameter h_{Platte}={90 µm; 100 µm}

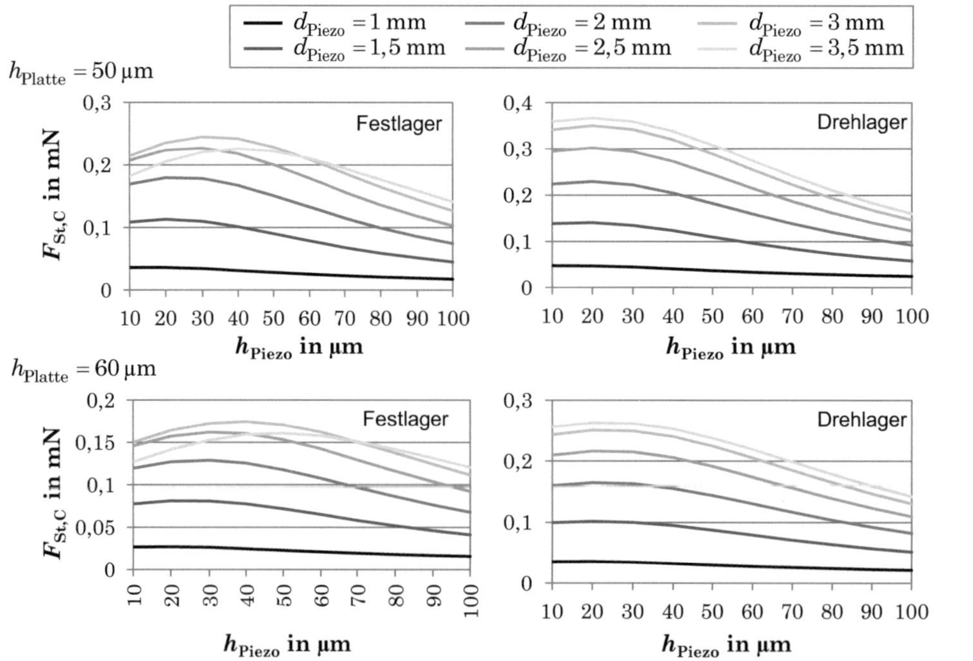

Abbildung C.7: In die Last eingeleitete Kraft für die Modellparameter h_{Platte}={50 µm; 60 µm} bei einer Frequenz f=100 Hz

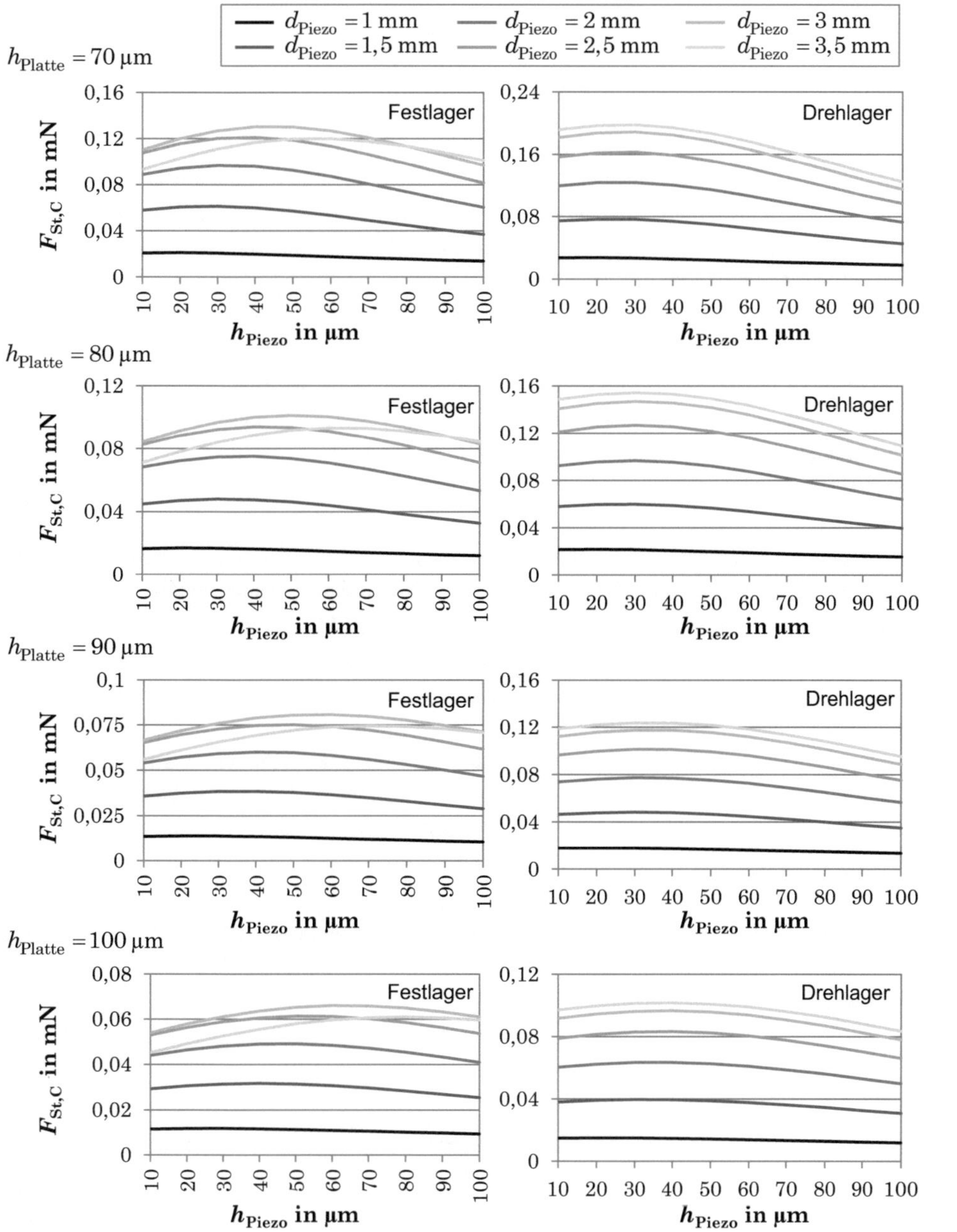

Abbildung C.8: In die Last eingeleitete Kraft für die Modellparameter h_{Platte}=[70 µm…100 µm] bei einer Frequenz f=100 Hz

Studientexte zur Sprachkommunikation

ISSN 0940-6832

Herausgegeben von Rüdiger Hoffmann

Band 68 Dieter Mehnert, Ulrich Kordon und Matthias Wolff (Hgg.): **Systemtheorie Signalverarbeitung Sprachtechnologie.** Rüdiger Hoffmann zum 65. Geburtstag. ISBN: 978-3-944331-19-5. 49,80 EUR

Band 67: **Hongwei Ding: An Acoustic-phonetic Analysis of Chinese in Comparison with German in Text-to-Speech Systems and Foreign Language Speech Learning.** ISBN: 978-3-944331-23-2. 39,80 EUR

Band 66: **Yitagessu B. Gebremedhin: Speech Recognition-Synthesis System for Amharic. A Unified HMM Based Approach.** ISBN: 978-3-944331-14-0. 39,80 EUR

Band 65: Petra Wagner (Hg.): **ESSV 2013.** Tagungsband der 24. Konferenz Bielefeld, 26. – 28. März 2013. ISBN: 978-3-944331-03-4. 49,80 EUR

Band 64: Matthias Wolff (Hg.): **ESSV 2012.** Tagungsband der 23. Konferenz Cottbus, 29.–31. August 2012. ISBN: 978-3-942710-81-7. 49,80 EUR

Band 63: **Sören Wittenberg: Statistische Ein-Klassen-Signalbewertung mit akustischen Datenbasen selbstbeschreibender Daten.** ISBN: 978-3-942710-91-6. 39,80 EUR

Band 62: **Dieter Mehnert: Historische phonetische Geräte.** Katalog der historischen akustisch-phonetischen Sammlung (HAPS) der Technischen Universität Dresden Erster Teil. ISBN: 978-3-942710-95-4. Hardcover, mit 259 Farbseiten. 98,00 EUR

Band 61: Bernd J. Kröger/Peter Birkholz (Hgg.): **Elektronische Sprachsignalverarbeitung 2011.** Tagungsband der 22. Konferenz Aachen, 28.–30. September 2011. ISBN: 978-3-942710-37-4. 59,80 EUR

Band 60: **Constanze Tschöpe: Akustische zerstörungsfreie Prüfung mit Hidden-MARKOV-Modellen.** ISBN: 978-3-942710-76-3. 39,80 EUR

Ältere Bände siehe www.tudpress.de